高职高专信息技术类专业项目驱动模式规划教材

网页设计与制作项目式教程

王彩琴　编著

清华大学出版社
北京

内容简介

本书采用"案例引导、任务驱动"的编写方式，以实用为目的，根据高等职业教育"理论够用、重在实践"的教学特点，注重对学生专业技能、动手能力的培养。本书对知识点进行了细致的取舍和编排，融通俗性、实用性和技巧性于一身。全书以"信息学院"网站设计与制作项目作为课堂讲解与练习的教学主线，分成网站总体规划、信息学院网站制作的前期准备、信息学院网页的制作、网站的整合与测试发布4个子项目，每个子项目由若干个学习任务组成。每个学习任务又由任务布置与分析、操作步骤、主要知识点及操作技能讲解、举一反三练习等几个环节组成。除了课堂练习项目外，还配有一个"美食大嘴"网站和学生分组自选项目作为学生课外巩固练习。

本书适合作为高等职业院校、职业高中、应用类本科院校计算机应用类专业或数字媒体艺术类专业网页设计课程的教材，也可作为相关自学人员的参考用书。

图书在版编目(CIP)数据

网页设计与制作项目式教程 / 王彩琴编著. --北京：清华大学出版社，2013
高职高专信息技术类专业项目驱动模式规划教材
ISBN 978-7-302-33214-5

Ⅰ. ①网…　Ⅱ. ①王…　Ⅲ. ①网页制作工具－高等职业教育－教材　Ⅳ. ①TP393.092

中国版本图书馆 CIP 数据核字(2013)第 160369 号

责任编辑：孟毅新
封面设计：傅瑞学
责任校对：李　梅
责任印制：李红英

出版发行：清华大学出版社
网　址：http://www.tup.com.cn，http://www.wqbook.com
地　址：北京清华大学学研大厦 A 座　**邮　编**：100084
社 总 机：010-62770175　**邮　购**：010-62786544
投稿与读者服务：010-62776969，c-service@tup.tsinghua.edu.cn
质 量 反 馈：010-62772015，zhiliang@tup.tsinghua.edu.cn
课 件 下 载：http://www.tup.com.cn，010-62795764
印 装 者：北京嘉实印刷有限公司
经　销：全国新华书店
开　本：185mm×260mm　**印　张**：13.75　**字　数**：315 千字
版　次：2013 年 9 月第 1 版　**印　次**：2013 年 9 月第 1 次印刷
印　数：1～3000
定　价：30.00 元

产品编号：054732-01

前言

Internet的迅速普及，正是依靠不计其数、丰富多彩的网站。网站是由网页按照一定的链接顺序组成的。现在越来越多的人希望在网络上拥有自己的个人主页或个人网站，来展示个人的个性和特点。同时，也有越来越多的企业通过互联网来展示自身形象，以提供服务和产品资讯，并以这种廉价的方式获取最大的宣传效果。那些视觉效果比较好的网站往往会受到人们的青睐。网页设计与制作已经成为现代社会的一种基本功，越来越多的人希望学习如何设计与制作网页。在目前市面上众多的网页编辑软件中，有的重视效率，有的强调版面设计，而Dreamweaver可以很方便地实现这两方面的完美结合，Dreamweaver的网页动态效果与网页排版功能都优于一般同类软件，即使是初学者也能制作出具有相当水准的网页，所以Dreamweaver是网页设计者的最佳选择，已成为目前最为流行的网页设计工具。

在实际制作中，通常由Fireworks导出切片、图片等，然后在Dreamweaver中绘制表格。较为流行的一种是在Fireworks中做好主要页面，然后导出，并在Dreamweaver中加以修改，添加链接等，便可以做出一个非常好看的页面。

目前，有关Dreamweaver和Fireworks的参考书籍非常多，大多数是以知识点为主线，而一些所谓的案例教学也只是单纯的讲解案例的制作，真正从工作过程出发通过案例分析来激发学生求知欲的教材少之又少。为免去教师在备课的过程中花大量时间去寻找合适案例之苦，笔者根据自己多年网页设计与制作的授课经验，精心选择适合高职学生学习和制作并且在实际工作中非常有用的项目来组织编写。

全书以"信息学院"网页的设计与制作作为课堂教与学的主项目，并把有关网页设计与制作的主要知识及技能技巧贯穿其中，同时配有"美食大嘴"的网页设计与制作作为辅助项目来给学生巩固练习，还有一个分组自选次项目安排学生课外练习。全书分成网站总体规划、信息学院网站制作的前期准备、信息学院网页的制作、网站的整合与测试发布4个子项目，每个子项目由若干个学习任务组成。每个学习任务又由任务布置与分析、操作步骤、主要知识点及操作技能讲解、举一反三练习等几个环节组成。

本书的主要特点如下。

(1) 打破传统教材编写模式，以先进教学理念为指导，以项目为基线，以任务驱动为导向。每个项目都精选了一些在工作中比较常用的，且以能引起学生浓厚兴趣的案例赏析和设计开始，将枯燥的理论化解到具体作品设计的实践过程中，避免了为学而学的惯例学习方法。

(2) 案例的精选以培养学习者的应用能力为目标。根据高等职业教育"理论够用、重在实践”的教学特点，注重对学生专业技能、动手能力的培养。对理论知识不片面苛求知识体系的系统性和完整性，而以够用为原则。采用由浅入深、循序渐进的讲述方法，合理安排 Dreamweaver CS6 /Fireworks CS6 知识点，并结合具有代表性的示例着重介绍一些设计构思过程及操作技巧，使其具有很强的易读性、实用性和可操作性。

(3) 融“教、学、做”于一体，理论与实践密切结合在一起。本书中的主要案例和实训项目既有设计分析又有详细的操作步骤，又配以知识点讲解。通过循序渐进地从案例的构思到使用 Dreamweaver CS6 和 Fireworks CS6 实现进行详细讲解，让读者可以按照书本的操作步骤完成作品的制作，同时知识点也在轻松愉快的设计过程中掌握并得以应用，并通过 DIY 的实践培养了学习者的应用能力和动手能力。

(4) 以职业岗位为导向，以素质为基础，突出能力目标。以学生为主体，以项目为载体，以实训为手段，设计知识、理论、实践一体化的课程。全面培养学生的自我学习能力，以保证学生的持续发展能力。

全书的主要内容由浙江交通职业技术学院王彩琴副教授执笔完成。其中，“信息学院”网站的案例由浙江交通职业技术学院的付初良老师提供，“美食大嘴”网站的案例由何成杰同学提供。

本书提供各项目的举一反三练习的参考答案，全书的教学课件、案例、项目实训、操作题中引用的所有多媒体素材及源程序，读者可以从清华大学出版社网站 http://www.tup.tsinghua.edu.cn 下载。

尽管在编写本书时作者已经尽了最大努力，但由于水平有限，书中难免有不足之处，敬请诸位同行、专家和读者指正。

编　者

2013 年 7 月

目录

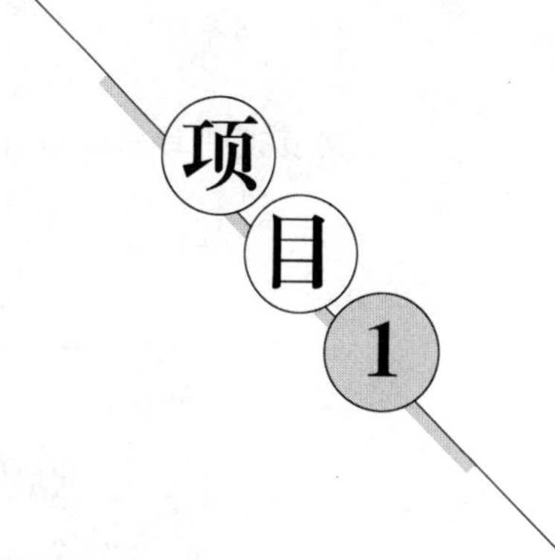

网站总体规划

任务1.1　案例赏析

1.1.1　杭州市政府网站赏析

图1.1所示为杭州市门户网站主页(http://www.hangzhou.gov.cn/)。该主页的主要特点如下。

(1) 页面清新亮丽

① 页面无大幅面的色块,无复杂的线条。以绿色为主色调,红色为点缀色,白色为背景色。

② 整个页面淡雅、亮丽,无复杂的版面的构图,给人简单明了的感觉。

③ 优点:网站给浏览者清新亮丽的感觉,浏览起来一目了然。

(2) 杭州特色鲜明

① 网站的Logo非常简单明了,由杭州的“杭”美化而来。以杭州西湖的代表性景点“三潭印月”的图片作为宣传栏上的内容。

② 视觉流程设计合理,将最重用的功能(如搜索)呈现在页面上部的最重要、最突出的位置。

③ 优点:页面设计从头到脚,非常的协调,无“大头”的累赘,同时兼顾了使用的便捷性。

(3) 无复杂的特效

① 无冗余的特效。动静结合,且网页中只有3处动感,突出重点。

② 无炫目的色彩。

③ 优点:给人以质朴、淳厚的稳重感,与政务网站务实的定位非常协调。

(4) 布局合理、导航清晰

① 站点内容丰富、综合性强,为访问者提供了大量的新闻、资讯、信息,访问量大。页面采用综合性网站常用“国”字形版式,页面的分割合理、结构优化,并且内容具有很强的条理性,界面很有亲和力。

② 优点:网站的内容丰富、功能强大,但繁而不乱、导航清晰、层次分明。

(5) 互动性强

① 以市民为中心,同市民高度互动。

② 在线提交并办理的项目众多。

③ 优点:真正以提升市民满意度为宗旨,方便民众。

图 1.1　杭州市门户网站主页

1.1.2　主要知识及操作技能讲解

1. 网站概述

（1）网页与网站。浏览网页时，在浏览器中看到的一个个页面就是网页，而多个相关的网页的集合就构成了一个网站。例如，www. sohu. com（搜狐网）、www. baidu. com（百度网）、www. youku. com（优酷网）等。

（2）浏览网页的工具——浏览器。它是用于打开显示网页的软件。最常见的是Windows系统自带的IE浏览器。此外，还有火狐Firefox、360安全浏览器、遨游、腾讯TT等。

（3）网址。用于定位某个网站某个页面的一串字符，其格式如下：http://sports. sohu. com/nba. shtml。

（4）主页。当访问网站时，默认打开的第一个页面就是主页，也叫首页。

2. 认识网页的组成元素

网页是网站中的一页，通常是HTML格式，要使用网页浏览器来阅读。它是构成网站的基本元素，是承载各种网站应用的平台。通俗地说，一个网站就是由多个网页组成的，如图1.2所示。

图1.2　网页

网页构成元素主要包含网页标题、导航栏、Logo、Banner、文本、图片、超链接、视频、表单等。文字包括标题、文字信息、文字链接。图形包括标题、背景、主图、连接按钮。除此之外，网页的元素还包括动画、音乐、程序等，如图1.3所示。

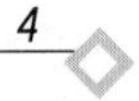

图 1.3 网页的基本元素

(1) Logo(标志)(图 1.4)。Logo 是标志、徽标的意思。它一般会出现在站点的每一个页面上,是网站给人的第一印象。Logo 的作用很多,最重要的就是表达网站的理念、便于人们识别,广泛用于站点的连接、宣传等,有些类似企业的商标。因而,Logo 设计追求的是以简洁的、符号化的视觉艺术形象把网站的形象和理念长留于人们心中。

图 1.4 Logo 案例

① Logo 的位置通常在页面的左上角。

② 图形、符号既要简练、概括,又要讲究艺术性。

③ 色彩要单纯、强烈、醒目。

(2) 导航栏(图 1.5)。顾名思义,就是把基本的板块标题列出来,当用户单击它的时候可以带其去其想去的地方,起一个导航作用。导航栏是一组超链接,用来方便地浏览站点。导航栏一般由多个按钮或者多个文本超链接组成。

① 横排、竖排、一排、两排、多排均可。

② 图片式导航,很漂亮。

③ 动态导航,体积小,变化效果丰富。

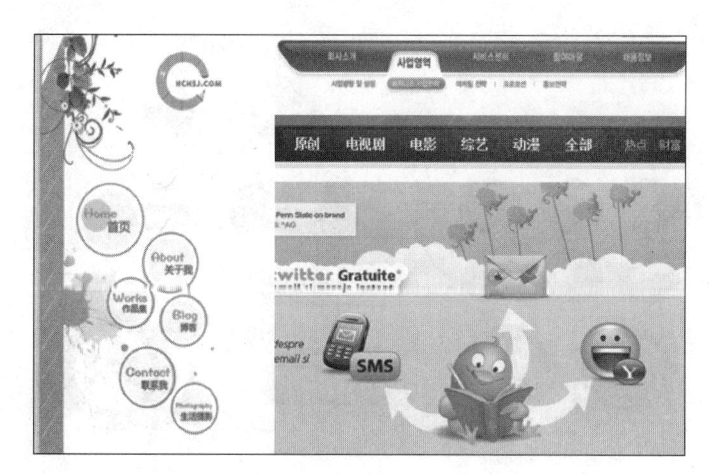

图 1.5　导航栏案例

(3) Banner(图 1.6)。

① 468×60px 为国际标准尺寸,但也可根据具体的画面定制大小。

② 好的 Banner 要符合网站的风格。

③ 一个网页中若有多个 Banner,要做到动静结合。

④ 色彩不宜多,图形要简洁明了,文字不宜太长,一两句话即可。

图 1.6　Banner 案例

(4) 按钮(图 1.7)。

① 按钮也叫下压式按钮，是一种能在被单击时产生事件的控件。

② 每当按钮被单击时,就产生一个动作事件。

③ 从某种意义上来说,只要通过单击能产生另一个动作的地方,都可以看作是一个按钮。

④ 它的设计形式多样化,导航条也是一种特殊的按钮。

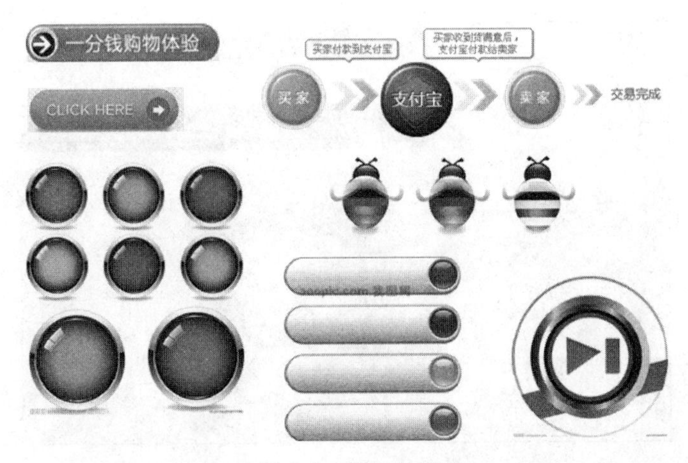

图 1.7　按钮案例

(5) 文本。一般情况下，网页中最多的内容是文本，可以根据需要对其字体、大小、颜色、底纹、边框等属性进行设置。建议用于网页正文的文字一般不要太大，也不要使用过多的字体，中文文字一般可使用宋体，大小一般使用 9～12 像素即可。

(6) 图片。丰富多彩的图片是美化网页必不可少的元素，用于网页上的图片一般为 JPG 格式和 GIF 格式。网页中的图片有用于点缀标题的小图片、介绍性的图片、代表企业形象或栏目内容的标志性图片、用于宣传广告的图片等多种形式。

(7) 超链接。超链接是 Web 网页的主要特色，是指从一个网页指向另一个目的端的链接。这个“目的端”通常是另一个网页，也可以是下列情况之一：相同网页上的不同位置、一个下载的文件、一幅图片、一个 E-mail 地址等。超链接可以是文本、按钮或图片，当鼠标指针指向超链接位置时，会变成小手形状。

(8) 动画。动画是网页中最活跃的元素，创意出众、制作精致的动画是吸引浏览者眼球的最有效方法之一。但是，如果网页动画太多，也会物极必反，使人眼花缭乱，进而产生视觉疲劳。

(9) 表格。表格是 HTML 语言中的一种元素，主要用于网页内容的布局，组织整个网页的外观，通过表格可以精确地控制各网页元素在网页中的位置。

(10) 框架。框架是网页的一种组织形式，可将相互关联的多个网页的内容组织在一个浏览器窗口中显示。例如，在一个框架内放置导航栏，另一个框架中的内容可以随单击导航栏中的链接而改变。

(11) 表单。表单是用来收集访问者信息或实现一些交互作用的网页，浏览者填写表单的方式是输入文本、选中单选按钮或复选框、从下拉菜单中选择选项等。

网页中除了上述这些最基本的构成元素外，还有字幕、悬停按钮、日戳、计算器、音频、视频、Java Applet 等元素。

3. 网页的版式设计

(1) 骨骼型

网页版式的骨骼型是一种规范的、理性的分割方法，类似于报刊的版式。常见的骨骼有竖向通栏、双栏、三栏、四栏和横向的通栏、双栏、三栏和四栏等，一般以竖向分栏居多。这种版式给人以和谐、理性的美。几种分栏方式结合使用，既理性、有条理，又活泼而富有弹性。此类版式一般为门户、新闻媒体类网站所采用，如图1.8～图1.10所示。

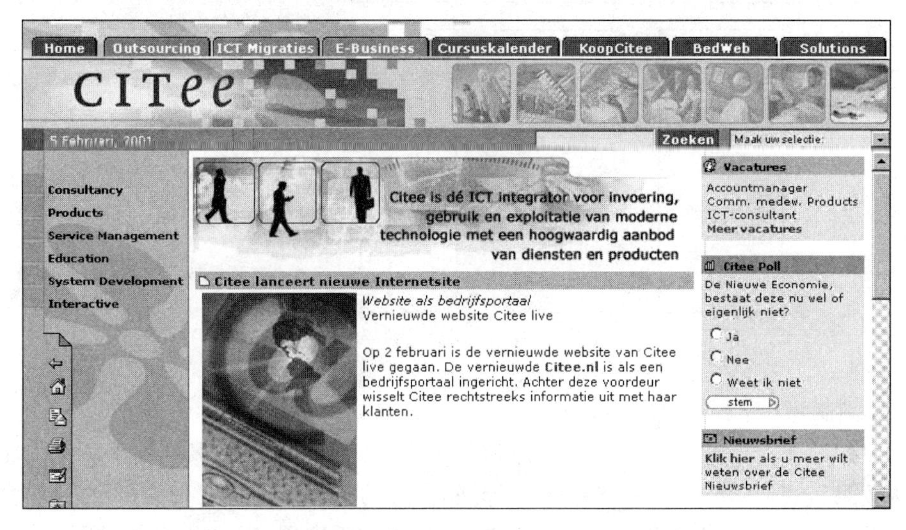

图1.8　骨骼型1

图1.9　骨骼型2

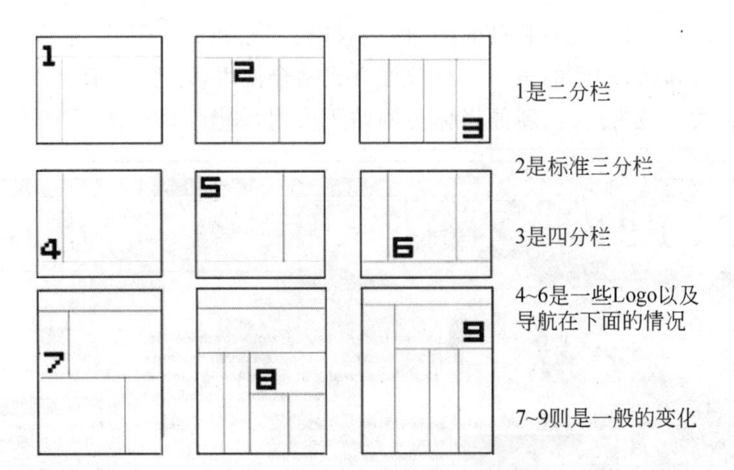

图 1.10　分栏

(2) 满版型(图 1.11 和图 1.12)

页面以图像充满整版。主要以图像为诉求点，也可将部分文字压置于图像之上。视觉传达效果直观而强烈。满版型给人以舒展、大方的感觉。随着宽带的普及，这种版式在网页设计中的运用越来越多。此类版式被各种网站所采用，但运用自如的是韩国网站。韩国网站设计在运用满版和 Flash 方面是人们应当仔细研习的。

图 1.11　满版型 1

图 1.12 满版型 2

(3) 曲线型(图 1.13 和图 1.14)

图片、文字在页面上作曲线的分割或编排构成,产生韵律与节奏。

图 1.13 曲线型 1

(4) 倾斜型

页面主题形象或多幅图片、文字作倾斜编排,形成不稳定感或强烈的动感,引人注目。

(5) 对称型

对称的页面给人稳定、严谨、庄重、理性的感受。对称分为绝对对称和相对对称。一般采用相对对称的手法,以避免呆板。左右对称的页面版式比较常见。

图 1.14　曲线型 2

四角形布局也是对称型的一种，它是指在页面四角安排相应的视觉元素。4 个角是页面的边界点，重要性不可低估。在 4 个角安排的任何内容都能产生安定感。控制好页面的 4 个角，也就控制了页面的空间。越是凌乱的页面，越要注意对 4 个角的控制。

(6) 焦点型

焦点型的网页版式通过对视线的诱导，使页面具有强烈的视觉效果。焦点型分为以下 3 种情况。

① 中心。以对比强烈的图片或文字置于页面的视觉中心。

② 向心。视觉元素引导浏览者视线向页面中心聚拢，就形成了一个向心的版式。向心版式是集中的、稳定的，是一种传统的手法。

③ 离心。视觉元素引导浏览者视线向外辐射，就形成一个离心的网页版式。离心版式是外向的、活泼的，更具现代感，运用时，应注意避免凌乱。

(7) 三角形

网页各视觉元素呈三角形排列。正三角形(金字塔形)最具稳定性，倒三角形则产生动感。侧三角形构成一种均衡版式，既安定又有动感。

(8) 自由型

自由型的页面具有活泼、轻快的风格。

4. 网页的色彩搭配

(1) 颜色原理

① 色相指的是色彩的名称。这是色彩最基本的特征，是一种色彩区别于另一种色彩的最主要的因素。例如，紫色、绿色、黄色等都代表了不同的色相。同一色相的色彩，调整一下亮度或者纯度很容易搭配，例如，深绿、暗绿、草绿、亮绿等(见图 1.15)。

图 1.15　色相反差大，人眼容易辨认

② 明度也叫亮度，指的是色彩的明暗程度，明度越大，色彩越亮。例如，一些购物、儿童类网站，用的是一些鲜亮的颜色，让人感觉绚丽多姿、生气勃勃。明度越低，颜色越暗。主要用于一些游戏类网站，充满神秘感；一些个人网站常为了体现自身的个性，也可以运用一些暗色调来表达个人的一些孤僻或者忧郁等性格。有明度差的色彩更容易调和（图 1.16）。

图 1.16　明度对比强人眼容易辨认

③ 纯度（饱和度）指色彩的鲜艳程度，纯度高的色彩纯、鲜亮。纯度低的色彩暗淡、含灰色（图 1.17）。

图 1.17　饱和度高人眼容易辨认

(2) 色彩所传达的含义

① 红色：热情、浪漫、火焰、暴力、侵略、停止、警告、禁止（见图 1.18 和图 1.19）。

② 橙色：秋天、活跃、新鲜、愉快、能量、食欲（见图 1.20 和图 1.21）。

图 1.18　红色网页 1

图 1.19　红色网页 2

图 1.20　橙色网页 1

图 1.21　橙色网页 2

③ 紫色：创造、谜、忠诚、神秘、稀有(见图 1.22 和图 1.23)。

图 1.22　紫色网页 1

图 1.23　紫色网页 2

④ 蓝色：忠诚、安全、保守、宁静、冷漠、悲伤、忧郁、理智、冷静、稳重、成熟、诚信、商务(见图 1.24 和图 1.25)。

图 1.24　蓝色网页 1

图 1.25　蓝色网页 2

⑤ 绿色：自然、稳定、成长、忌妒、行(北美)、允许(见图 1.26 和图 1.27)。

图 1.26　绿色网页 1

图 1.27　绿色网页 2

⑥ 黄色：明亮、光辉、疾病、懦弱(见图 1.28 和图 1.29)。

图 1.28　黄色网页 1

图 1.29　黄色网页 2

⑦ 黑色：能力、精致、现代感、死亡、病态、邪恶(见图 1.30 和图 1.31)。

图 1.30　黑色网页 1

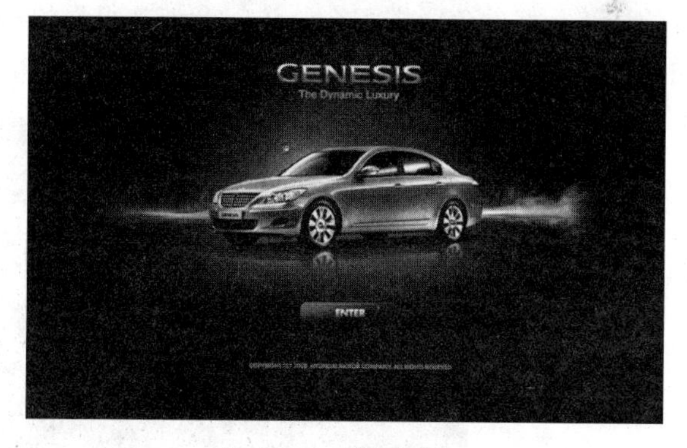

图 1.31　黑色网页 2

⑧ 白色：纯洁、天真、洁净、真理、和平、冷淡、贫乏、死亡(中国)(见图 1.32 和图 1.33)。

(3) 颜色搭配方法

① 根据页面风格以及产品本身的诉求确定主色。例如，麦当劳、肯德基、可口可乐等快餐食品广告不约而同地选择了红色作为主基调(见图 1.34 和图 1.35)，因为红色有增进食欲的效果。红色代表热情、革命和危险；绿色代表希望、春天和环保；橙色代表活跃和

图 1.32　白色网页 1

图 1.33　白色网页 2

图 1.34　红色为主色调 1

图 1.35　红色为主色调 2

快乐；紫色代表华丽、妖艳、神秘。很多品牌都有一套自己的 VI，颜色使用都是成套的，如奥迪/灰，可口可乐/红，百事可乐/蓝。

② 根据主色确定配色。网页配色很重要，网页颜色搭配的是否合理会直接影响到访问者的情绪。好的色彩搭配会给访问者带来很强的视觉冲击力，不恰当的色彩搭配，则会让访问者浮躁不安(见图 1.36)。

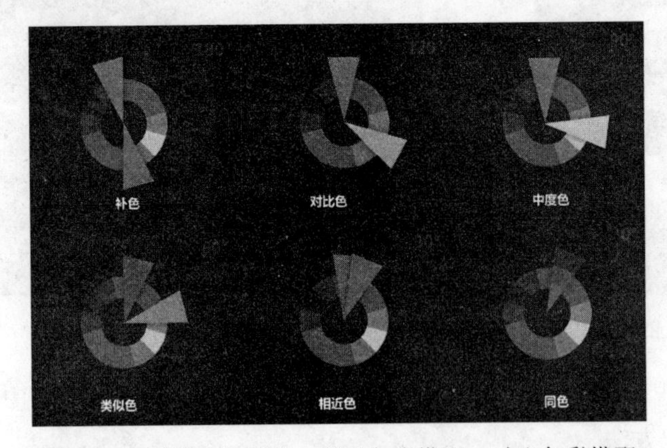

图 1.36　同种色彩搭配　邻近色彩搭配　对比色彩搭配

③ 同种色彩搭配(见图 1.37)。同种色彩搭配是指首先选定一种色彩，然后调整其透明度和饱和度，将色彩变淡或加深，而产生新的色彩，这样的页面看起来色彩统一，且具有

层次感。

网页特点：色相相同、明度或纯度不同。

例子：蓝与浅蓝(蓝＋白)、绿与粉绿(绿＋白)与墨绿(绿＋黑)。

优劣：对比效果统一、文静、雅致、含蓄、稳重，但易产生单调、呆板的感觉。

④ 相近色搭配(见图1.38)。

图1.37　同种色搭配

图1.38　相近色搭配

特点：色相环上相邻两至三色对比，距离为30°左右，为弱对比类型。

例子：红橙、橙与黄橙色。

优劣：效果感觉柔和、和谐、雅致、文静，但感觉单调、模糊、乏味、无力，必须调节明度差来加强效果。

⑤ 类似色搭配(见图1.39)。类似色是指在色环上相邻的颜色，如绿色和蓝色、红色和黄色即互为类似色。采用类似色搭配可以使网页避免色彩杂乱，易于达到页面和谐统一的效果。

特点：色相距离为60°左右，为较弱对比类型。

例子：红与黄橙色对比等。

优劣：效果丰富活泼，但又不失统一雅致、和谐的感觉。

⑥ 对比色搭配(见图1.40)。一般来说，色彩的三原色(红、黄、蓝)最能体现色彩间的

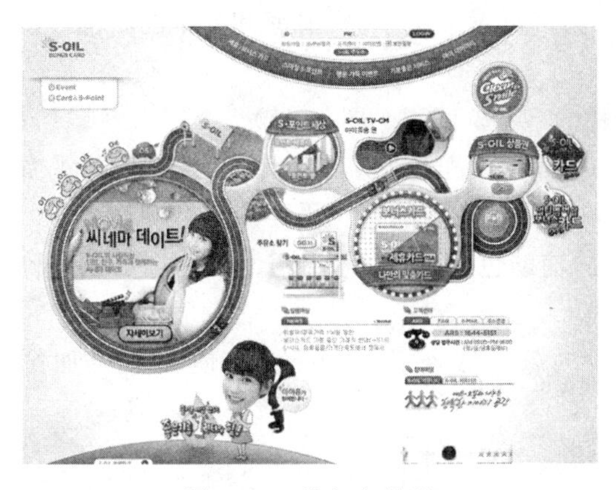

图1.39　类似色搭配

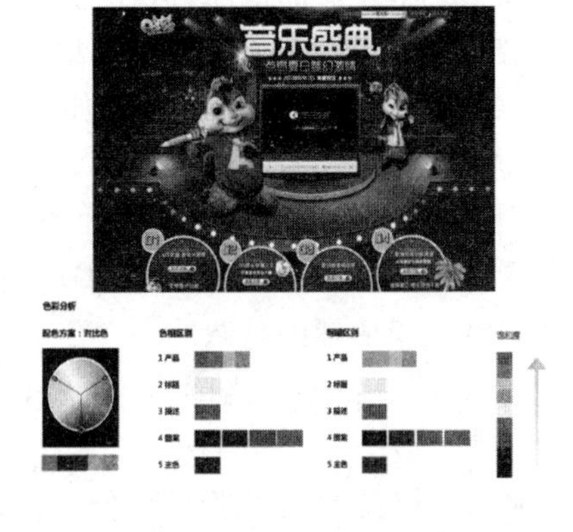

图1.40　对比色搭配

差异。色彩的强烈对比具有视觉诱惑力，能够起到几种实现的作用。对比色可以突出重点，产生强烈的视觉效果。通过合理使用对比色，能够使网站特色鲜明、重点突出。在设计时，通常以一种颜色为主色调，其对比色作为点缀，以起到画龙点睛的作用。

特点：色相对比距离为120°左右，为强对比类型。

例子：黄绿与红紫色。

优劣：效果强烈、醒目、有力、活泼、丰富，但因不易统一而容易使人感觉杂乱、刺激，造成视觉疲劳。一般需要采用多种调和手段来改善对比效果。

⑦ 补色搭配(见图1.41)。补色是广义上的对比色。在色环上画直径，正好相对(即距离最远)的两种色彩互为补色。

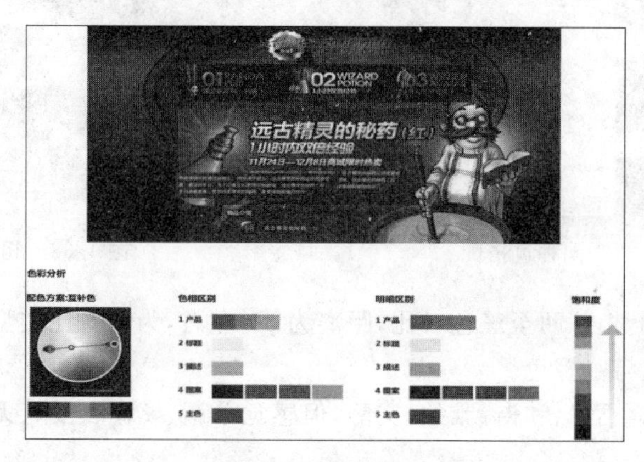

图1.41　补色搭配

特点：色相对比距离为180°左右。

例子：红色是绿色的补色；橙色是蓝色的补色；黄色是紫色的补色。

优劣：两种颜色互为补色的时候，若一种颜色占的面积远大于另一种颜色的面积，就可以增强画面的对比，使画面能够很显眼。一般情况下，补色运用有得有失。

⑧ 暖色搭配与冷色搭配。暖色搭配是指使用红色、橙色、黄色、集合色等色彩的搭配。这种色调的运用可为网页营造出稳定、和谐和热情的氛围。冷色搭配是指使用绿色、蓝色及紫色等色彩的搭配，这种色彩搭配可为网页营造出宁静、清凉和高雅的氛围。冷色与白色搭配一般会获得较好的视觉效果。

(4) 视觉角色主次位置分为如下几个概念(见图1.42～图1.45)

① 主色调：页面色彩的主要色调、总趋势，其他配色不能超过该主要色调的视觉面积。(背景白色不一定根据视觉面积决定，可以根据页面的感觉需要决定。)

② 辅色调：仅次于主色调的视觉面积的辅助色，是烘托主色调、支持主色调、起到融合主色调效果的辅助色调。

③ 点睛色：在小范围内点上，以强烈的颜色来突出主题效果，使页面更加鲜明生动。

④ 背景色：衬托环抱整体的色调，起协调、支配整体的作用。

图 1.42　网页配色分析 1

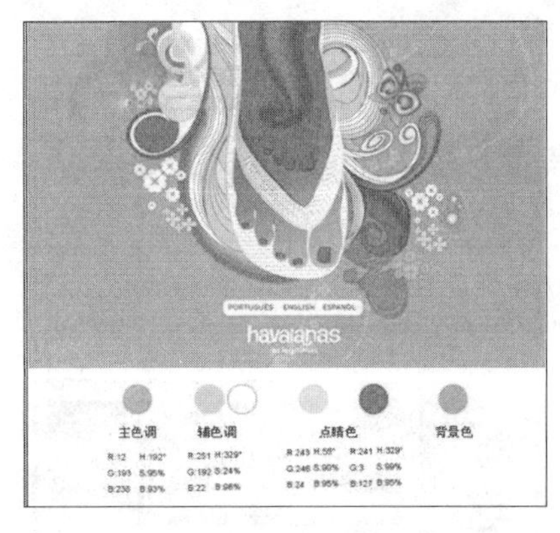

图 1.43　网页配色分析 2

图 1.44　网页配色分析 3

图 1.45　网页配色分析 4

1.1.3　举一反三练习

1. 网页分析。数以亿计的网址，构成了人们的网络世界，先请读者用一个形容词来描绘下面所看到的网页，并从网页的配色框架功能上分析(见图 1.46～图 1.51)。

图 1.46　网页分析 1

图 1.47　网页分析 2

图 1.48　网页分析 3

图 1.49　网页分析 4

图 1.50　网页分析 5

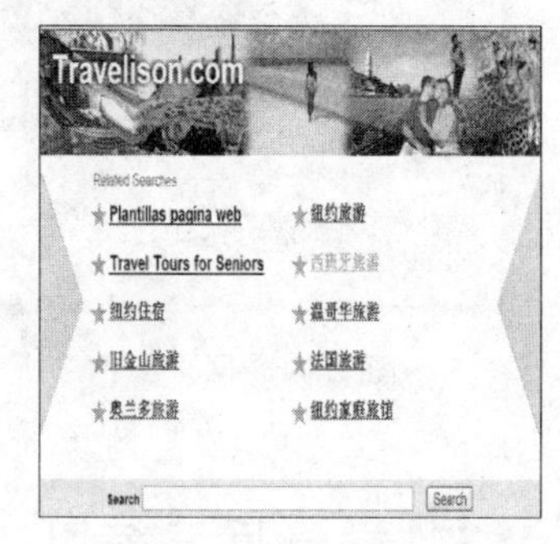

图 1.51　网页分析 5

2. 浏览以下网站：

(1) www.apple.com;

(2) www.cctv.com;

(3) www.hezi.com;

(4) www.taobao.com;

(5) www.google.cn。

请分别说说你对网页的印象。当你在浏览一个网站，看着里面网页。想想你能说清楚：这个网页为什么好；那个网页为什么不好吗？思考一下，你的浏览器收藏夹里面收藏了多少网址？请写下你常访问的 5 个网站的网址？不同人群对网页有着不同的需求和理解。

3. 参看附录综合配色宝典，设计一幅具有自己风格的网页配色效果图。

任务1.2 信息学院网站制作基本流程

1.2.1 确定网站主题

网站主题就是建立的网站所要包含的主要内容，一个网站必须要有一个明确的主题。学院网站应该主要包括以下几方面。

（1）对外宣传自己、展示自己，提高知名度。

（2）对内便于教师和学生了解教学科研的有关规章制度及最新动态。

（3）展示教学与科研方面的最新成果。

（4）提供招生及就业方面的信息。

（5）加强思政建设。

1.2.2 建站前的调查及素材搜集

明确了网站的主题以后，需要根据自己的目的，调查相关的学院网站，并看看其他相类似的网站都采取了什么建站技术、设置了哪些栏目、提供了哪些功能。然后，围绕主题开始搜集材料。常言道："巧妇难为无米之炊。"要想让自己的网站有血有肉，并能够吸引住用户，就要尽量搜集材料，搜集的材料越多，以后制作网站就越容易。材料既可以从图书、报纸、光盘、多媒体上得来，也可以从互联网上搜集，然后把搜集的材料去粗取精、去伪存真，作为自己制作网页的素材。

1.2.3 网站的规划

一个网站设计得成功与否，很大程度上决定于设计者的规划水平，规划网站就像设计师设计大楼一样，只有图纸设计好了，才能建成一座漂亮的楼房。网站规划包含的内容很多，如网站的结构、栏目的设置、网站的风格、颜色搭配、版面布局、文字图片的运用等，只有在制作网页之前把这些方面都考虑到了，才能在制作时驾轻就熟、胸有成竹。也只有如此，制作出来的网页才能有个性、有特色，并且具有吸引力。网站栏目的设置需遵循以下原则。

（1）尽可能删除与主题无关的栏目。

（2）尽可能将网站最有价值的内容列在栏目上。

（3）尽可能方便浏览者的浏览和查询。

信息学院网站的主要栏目有学院概况、教学科研、党建思政、学生工作、招生就业、图片快讯、网上党校、下载中心等。

1.2.4 信息学院网站的结构图

信息学院网站的结构如图1.52所示。

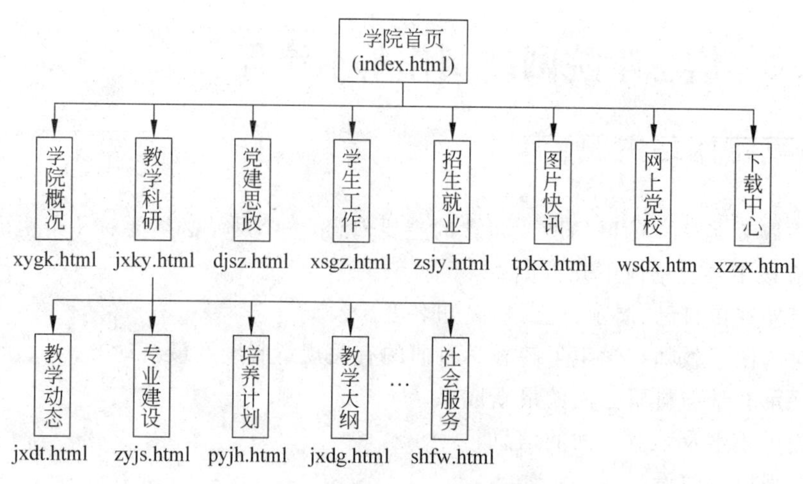

图 1.52　信息学院网站结构图

1.2.5　设计信息学院网站各页面

1. 页面版式与布局分析

(1) 页面尺寸。由于页面尺寸和显示器大小与分辨率有关系，所以设计网页的尺寸要紧跟时下流行的分辨率尺寸。由于本网站显示的栏目较多，首页内容比较丰富，首页大小设为 1004×1914 像素。

(2) 整体造型。什么是造型，造型就是创造出来的物体形象。这里是指页面的整体形象，这种形象应该是一个整体，图形与文本的接合应该层叠有序。虽然显示器和浏览器都是矩形，但对于页面的造型，可以充分运用自然界中的其他形状以及它们的组合：矩形、圆形、三角形、菱形等。

对于不同的形状，它们所代表的意义是不同的。例如，矩形代表正式、规则，很多 ICP 和政府网页都是以矩形为整体造型；圆形代表柔和、团结、温暖、安全等，许多时尚站点喜欢以圆形为页面整体造型；三角形代表力量、权威、牢固、侵略等，许多大型的商业站点为显示它的权威性，常以三角形为页面整体造型；菱形代表平衡、协调、公平，一些交友站点常运用菱形作为页面整体造型。虽然不同形状代表着不同意义，但目前的网页制作多数是结合多个图形加以设计，在这其中某种图形的构图比例可能占得多一些。信息学院网站页面的整体造型确定为以矩形为主，并结合其他形状加以点缀。

(3) 页头。页头又称为页眉，页眉的作用是定义页面的主题。例如，一个站点的名字多数都显示在页眉里。这样，访问者能很快知道这个站点是什么内容。页眉是整个页面设计的关键，它将牵涉到下面的更多设计和整个页面的协调性。页眉常用于放置站点名字的图片和公司标志以及旗帜广告。信息学院的首页页眉采用 Logo＋Banner 的形式，如图 1.53 所示。

(4) 文本。文本在页面中出现都是以行或者块(段落)出现，它们的摆放位置决定着

图 1.53　信息学院的首页页眉

整个页面布局的可视性。在过去因为页面制作技术的局限，文本放置的位置的灵活性非常小，而随着 DHTML 的兴起，文本已经可以按照用户的要求放置到页面的任何位置。

(5) 页脚。页脚和页头相呼应。页头是放置站点主题的地方，而页脚则是放置制作者或者公司信息的地方。许多制作信息都放置在页脚。信息学院的页脚设置如图 1.54 所示。

图 1.54　信息学院的页脚

(6) 图片。图片和文本是网页的两大构成元素，缺一不可。如何处理好图片和文本的位置成了整个页面布局的关键。

(7) 多媒体。除了文本和图片，还有声音、动画、视频等其他媒体。虽然它们不是经常能被利用到，但随着动态网页的兴起，它们在网页布局上也将变得越来越重要。

2. 页面布局的方法

网页布局的方法有两种：第一种为纸上布局；第二种为软件布局。下面分别加以介绍。

(1) 纸上布局法

许多网页制作者不喜欢先画出页面布局的草图，而是直接在网页设计器中设计布局边加内容。这种不打草稿的方法不能设计出优秀的网页来。所以，在开始制作网页时，要先在纸上画出页面的布局草图来。

(2) 软件布局法

如果制作者不喜欢用纸来画出布局意图，还可以利用软件来完成这些工作。这个软件就是 Photoshop 或者 Fireworks。Photoshop 或者 Fireworks 所具有的对图像的编辑功能用到设计网页布局上更显得心应手。不像用纸来设计布局，利用 Photoshop 可以方便地使用颜色，使用图形，并且可以利用层的功能设计出用纸张无法实现的布局意念。

(3) 网页布局的技术

① 层叠样式表的应用。在新的 HTML4.0 标准中，CSS(层叠样式表)被提出来，它能完全精确地定位文本和图片。CSS 对于初学者来说显得有点复杂，但它的确是一个好

的布局方法,曾经无法实现的想法利用 CSS 都能实现。目前,在许多站点上,层叠样式表的运用是一个站点优秀的体现。

② 表格布局。表格布局好像已经成为一个标准,随便浏览一个站点,它们一定是用表格布局的。表格布局的优势在于它能对不同对象加以处理,而又不用担心不同对象之间的影响。而且表格在定位图片和文本上比起用 CSS 更加方便。表格布局唯一的缺点是,当用了过多表格时,页面下载速度便会受到影响。

③ 框架布局。不知道什么缘故,框架结构的页面开始被许多人不喜欢,可能是因为它的兼容性。但从布局上考虑,框架结构不失为一个好的布局方法。它如同表格布局一样,把不同对象放置到不同页面加以处理,因为框架可以取消边框,所以一般来说不影响整体美观。

3. 确定页面的主色调

色彩为第一视觉语言,具有影响人们心理,唤起人们感情的作用,左右人们的感情和行动。也可以传达意念,表达某种确切的含义。色彩有明显的影响情绪的作用,不同的色彩可以表现不同的情感。色彩还有使人增强识别记忆的作用。如富士彩色胶卷的绿色,柯达的彩色胶卷的黄色则成为消费者识别、记忆商品的标准色。彩色画面更具有真实感,并能充分地表现对象的色彩、质感、量感。

色彩能增强画面的感染力。彩色远较黑、白和灰色更刺激视觉神经。具有良好色彩构成的设计作品,能强烈地吸引消费者的注意力,加强艺术魅力。

在信息学院的网页设计中充分运用色彩的这些特性,可以增强网页的吸引力,使高校网具有更加深刻的艺术内涵,进而提升校园网的文化品位。蓝色是冷色调最典型的代表色,是网站设计中运用得最多的颜色,也是许多人钟爱的颜色。蓝色表达着深远、永恒、沉静、无限、理智、老实、严寒等多种感觉。蓝色给人很强烈的安稳感,同时蓝色还能够表现出和平、淡雅、洁净、可靠等感觉。因此,许多高校均使用蓝色作为学校主页的主色调。

4. 设计页面整体

在版式布局完成的基础上,将需要的功能模块(主要包含网站标识、主菜单、新闻、搜索、友情链接、广告条、邮件列表、版式信息等)、图片、文字等放置到页面上。

需要注意的是,在布局各个功能模块时,要注意必须遵循突出重点、平衡协调的原则,将网站标志、主菜单等重要的模块放在最显眼、最突出的位置,然后考虑次要模块的摆放。

5. 其他元素的设计

这里主要是指按钮、图标、图片边框等一些装饰性的东西。这些按钮和小图标不仅能够装饰页面效果,有时还分担了一定的浏览和检索的功能。

在设计这些元素时,颜色的选择和绘画风格要尽可能和页面整体风格一致,这样既方便查看,又能统一风格。

6. 设计网站各页面的图片切片

网站页面设计完成后，还不能直接应用到网页中，需要将页面分割开，并输出成符合网页要求的图片，在这个过程中，既要保持页面的美观，又要注意文件的大小，并且还不能出现过多无用的元素。利用 Photoshop 或者 Fireworks 等图像处理软件提供的切片功能可对网页进行输出。具体制作方法后面详细介绍。

1.2.6 制作 HTML 页面

页面设计完成后，就进入网页的制作步骤，也就是大家常说的网页制作。使用目前主流的网页可视化编辑软件 Dreamweaver 就可以轻松制作出符合要求的网页。Dreamweaver 具有强大的网页编辑功能，既适合网页制作爱好者，又适合专业的网页设计制作人员。完成了这一步，整个网页也就制作完成了。

1.2.7 测试并上传网站

网页制作完成以后，暂时还不能发布，需要在本机上进行内部测试并进行模拟浏览。测试的内容包括版式、图片等显示是否正确、是否有死链接或者空链接等，发现显示错误或功能欠缺后，需要进一步修改，如果没有发现任何问题，就可以发布上传了。发布上传是网页制作最后的步骤，完成这一步骤后，整个过程就结束了。

1.2.8 网站的更新与维护

严格来说，后期的更新与维护不能算是网页设计过程中的环节，而是制作完成后要考虑的，但却是一项必不可少的工作，这是网站保持新鲜活力、吸引力以正常运行的保障。

1.2.9 专家总结：网站设计成功的要素

设计一个网站，应该考虑下列 9 条基本要素，这些要素对网站的成功与否有着重要影响。9 项网站设计成功要素如下：整体布局、有价值的信息、速度、图形和版面设计、文字的可读性、网页标题的可读性、网站导航、保护个人信息声明和客户推荐信、词语准确。

1. 整体布局

网站主页就好像是宣传栏或者店面——对访问者产生第一印象，都希望尽量给人留下好的印象。

一般来说，好的网站应该给人这样的感觉：干净整洁、条理清晰、专业水准、引人入胜。

网页应该力求抓住而不是淹没浏览者的注意力，过多的闪烁、色彩、下拉菜单框、图片等会让访问者无所适从——离开是最好的选择，就像一些商店，播放震耳欲聋的发烧音乐，所以顾客要做的唯一决定就是离开那里，越快越好。

2. 有价值的信息

无论商业站点还是个人主页，必须给人们提供有一定价值的内容才能留住访问者，因为人类总是唯利是图，第一个问题总是："对我有什么用处？"

所以，必须提供某些有价值的东西，当然并不是说必须提供某些免费的物品——免费书籍、免费入场券、免费度假等，这些"有价值的东西"可以是信息、娱乐、劝告、对一些问题的帮助、提供志趣相投者联络的机会、链接到有用的网页等。

如果经营的是企业网站，则需要提供关于产品或服务的信息，容易理解、容易查询、容易订货。

3. 速度

页面下载速度是网站留住访问者的关键因素，如果20～30s还不能打开一个网页，一般用户就会没有耐心。至少应该确保主页速度尽可能快，最好不要用过大的图片。

应该时时提醒自己，网站首页就像一个广告牌。当开车经过一个广告牌时，没有时间阅读上面的详细说明，也不可能欣赏其复杂的图案，广告标志从眼前一闪而过，必须在一瞬间给人留下印象。

网上访问者也是"一闪而过"，保证首页简单而快速。网上有许多关于如何增加速度的文章——检查下载速度，放弃一切显著减慢主页速度的资料。

4. 图形和版面设计

(1) 图形和版面设计关系到对主页的第一印象，图片应集中反映主页所期望传达的主要信息。

(2) 如果是商业站点，不必让过分显眼的动画出现在首页——但如果网站是游戏站点，动画将是必不可少的。

(3) 图片是影响网页下载速度的重要因素，根据经验，把每页全部内容控制在30KB左右可以保证比较理想的下载时间。图像在6～8KB之间为宜，每增加2KB会延长1s的下载时间。

(4) 颜色也是影响网页的重要因素，不同的颜色对人的感觉有不同的影响。例如，红色和橙色使人兴奋并使得心跳加速；黄色使人联想到阳光，是一种快活的颜色；考虑到希望对浏览者产生什么影响，请为网页选择合适的颜色。

(5) 当阅读西方格式文本时，眼睛从左上方开始，逐行浏览到达由下方，插入图像时不要忘记这种特性。任何具有方向性的图片应该放置在网页中对眼睛最重要的地方，如果在左上角放置一幅小鸟的图片，鸟嘴应该放在把浏览者目光引向页面中部的地方，而不是把视线引走。

这种思路可以用于所有图片：面部应该"看"网页的中部；汽车的"停靠"面向网页中部；道路、领带等图片的放置都应该在有助于吸引目光从左向右、从上向下移动。

一般总是把网站导航条放置在页面左边，也是出于这种考虑——不断地出现在浏览者的视野之中。

5. 文字的可读性

仍然用广告牌的比喻来说明，文字要在广告牌上突出，且周围应该留有足够的空间。有一些网站，拥挤不堪的文字觉得好像只有把脑袋钻进去才能阅读，或者深色的背景给人的感觉好像处于非常狭窄的空间里，而且让人的心情感觉很压抑。某些背景色令人阅读困难；紫色、橙色和红色让人眼花缭乱。

文字的颜色也很重要，不同的浏览器有不同的显示效果，有些在你的浏览器上很漂亮的颜色在其他浏览器上可能无法显示。

参考报纸的编排方式，为方便或快速阅读将网页的内容分栏设计，甚至两栏也要比一满页的视觉效果要好。

另一种能够提高文字可读性的因素是所选择的字体，通用的字体(Arial, Times New Roman, Garamond and Courier)最易阅读，特殊字体用于标题效果较好，但是不适合正文(试想浏览整页的 Gothic, Script, Westminster or Cloister 会是怎样的感受)。因为阅读费力，眼睛很快就会疲劳，因此不得不转移到其他页面。

6. 网页标题的可读性

必须尽量使你的网页易于阅读，除了分栏之外(将页面纵向分割)，也需要利用标题和副标题将文档分段。

为所有标题和副标题设置同一字体，并将标题字体加大一号，所有标题和副标题都采用粗体，这样便于识别标题(字体加大加粗)和副标题(粗体，与正文字体大小相同)，使浏览者一眼就可以看到要点，以便找出并继续阅读有兴趣的内容。标题的重要性可见一斑，要认真写好每个标题！

也可以将整句采用粗体或用不同的颜色突出某些内容，不过不要用难以阅读的颜色。

7. 网站导航

由于人们习惯于从左到右、从上到下阅读，所以主要的导航条应放置在页面左边，对于较长页面来说，在最底部设置一个简单导航也很有必要(只要两项就够了：主页|页面顶部)。

确定一种满意的模式之后，最好将这种模式应用到同一网站的每个页面，这样浏览者就知道如何寻找信息。

8. 保护个人信息声明和客户推荐信

对于商业网站来讲，最重要的事情之一是确保潜在客户的信心，应该明确地告诉人们，如何对其兴趣、爱好，尤其个人隐私保密，很有必要专门用一个页面详细陈述保护个人信息声明，包括对访问者的 E-mail 地址保密、如何接受订单、如何汇总信息、汇总这些信息的目的、谁可以看到这些信息等基本内容。

访问者也想知道企业的产品或服务现有客户的反映，所以如果能引用与企业关系融洽的客户对企业的积极评价，对企业的可信度将很有帮助。

不要害怕向顾客索取推荐信——人们都愿意自己的意见有价值。

可以把客户的推荐信另设计为一个网页，作为对客户提供推荐信的回报，在这里链接到客户的网站——这也是一种“双赢”。

9. 词语准确

一个网站如果只有漂亮的外观而词语错误连篇、语法混乱，同样是失败的，对于网站所有者和负责人将产生很坏的影响，人们会用许多贬义词来评价，如粗心大意、懒惰、外行、没水平等。

1.2.10 举一反三练习

1. 完成“美食大嘴”的网站规划。

(1)“美食大嘴”网站的结构如图 1.55 所示。

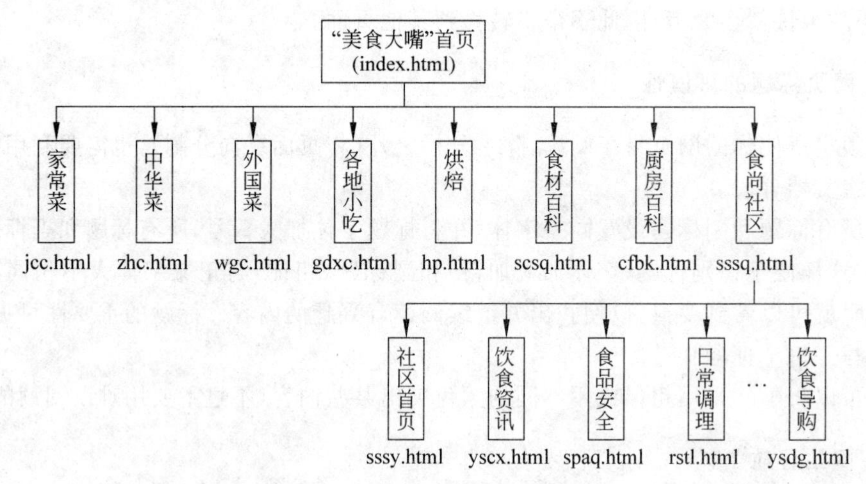

图 1.55 “美食大嘴”网站的结构图

(2) 确定页面的配色方案。

(3) 确定页面的版式框架。

(4) 设计主要页面的效果图。

2. 全班同学分 4 人组成一个小组，每个小组选定一个组长，成立课外网页制作项目小组。每个小组分配一个项目。项目类型由教师指定，可以是旅游类网站、教育类网站、休闲娱乐类网站、电子商务类网站、婚恋交友类网站等。具体主题由小组成员讨论确定，小组成员分工合作完成对网站的规划与设计。

项目2

信息学院网站制作的前期准备

任务2.1 信息学院Logo的设计与实现

2.1.1 任务布置及分析

拥有一个抢眼的Logo对学院来说乃一大幸事，毕竟Logo千千万，但真正让人过目不忘的作品屈指可数。好的Logo必须量体裁衣，迅速传递出学院的价值和理念。但Logo不能只是金玉其外，还必须有思想、多功能。信息学院的Logo效果图如图2.1所示。

图2.1 信息学院的Logo效果图

信息学院主要由计算机相关专业和通信专业组成，“e”字母为设计核心，体现了信息学院计算机信息网络和通信技术的专业定位及特色；整体结合火焰的造型设计，象征知识和文明的火种，反映了信息学院面向未来、面向世界的精神风貌，体现了信息人对知识文明的追求和热情如火的态度和精益求精的作风；以橙色为主色调，体现了信息人诚厚精艺的务实精神，充满朝气和活力的品质。

2.1.2 操作步骤

1. 新建文件

打开Fireworks CS6软件，新建一个文件，命名为“网站Logo”，设置画布大小为“120×90像素”。

2. 绘制图形

(1) 选择“工具箱”中的“面圈形”工具,如图 2.2 所示。在“绘画编辑区”中绘制一个如图 2.3 所示的圆环,单击“指针”( )工具并拖动“内径”控制点,调节内径。

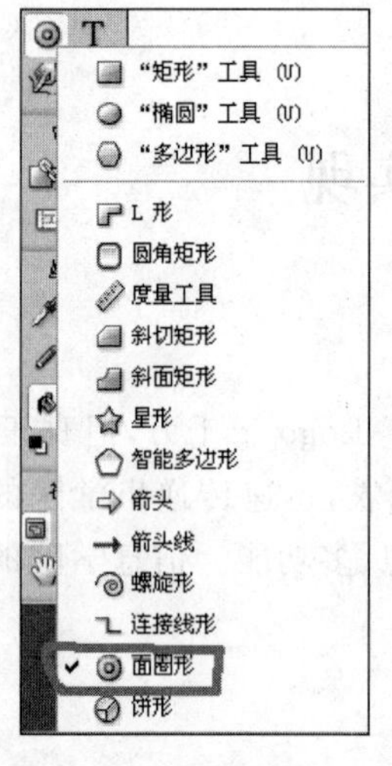

图 2.2 面圈形工具

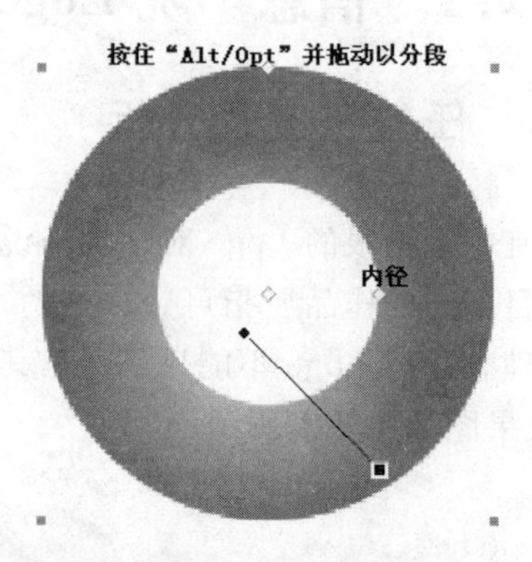

图 2.3 圆环

(2) 选择该圆环,选择“修改”菜单中的“变形”→“数值变形”命令,如图 2.4 所示。在弹出的“数值变形”对话框中设置,旋转 270°,如图 2.5 所示。把“按住‘Alt/Opt’并拖动以分段”控制点调整到如图 2.6 所示位置。拖动“按住‘Alt/Opt’并拖动以分段”控制点,把圆环割开一个口子,如图 2.6 所示。

图 2.4 “数值变形”命令

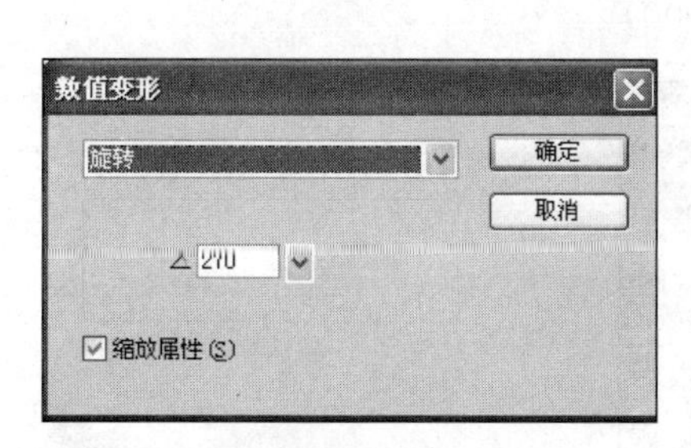

图 2.5　“数值变形”对话框

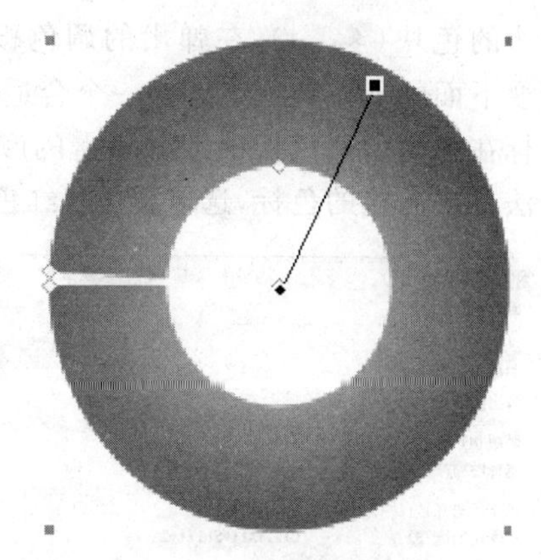

图 2.6　分割圆环

(3) 利用部分选择工具( )，单击分割后的圆环，并拖动路径控制柄，把圆环调节成如图 2.7 所示形状。用同样的方法再绘制一个“面圈形”再把它分割变形，并跟图 2.7 所示的形状组合在一起，如图 2.8 所示。

(4) 选择工具箱中的钢笔工具( )，绘制如图 2.9 所示形状，选择该形状，执行“修改”→“排列”→“移到最后”命令，如图 2.10 所示。至此，所绘图形的最终形状如图 2.11 所示。

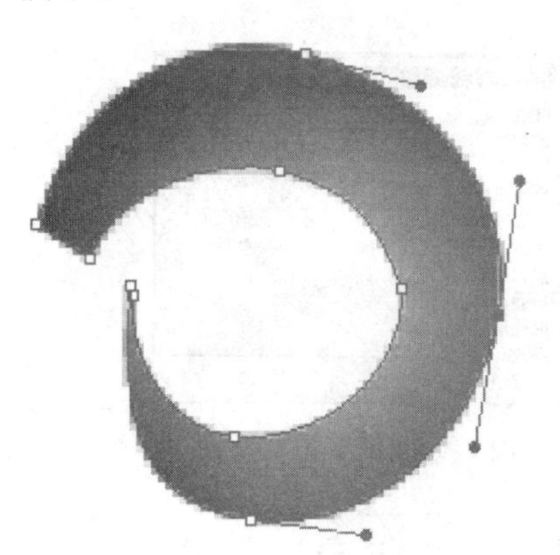

图 2.7　变形后的圆环

图 2.8　第二个圆环变形后跟第一个圆环组合在一起

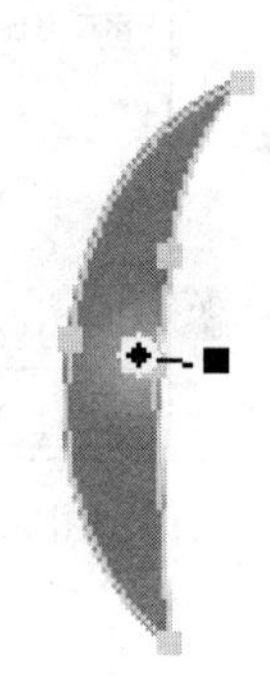

图 2.9　钢笔工具所绘图形

(5) 图形上其余部分也用钢笔工具来完成，然后复制几个，调整它的大小及旋转角度，即可完成整个图形部分的绘制。

3. 填充颜色

(1) 笔触颜色设置：选中以上绘制的其中一个形状，在工具箱的“颜色栏”中，单击笔触旁边的色块( )，在弹出的调色板中选择合适的颜色。此外，如果需要，还可以在绘图区下面的属性栏中设置笔触的相应属性。

(2) 填充颜色设置：选中以上绘制的其中一个形状，在工具箱的“颜色栏”中，单击填充旁边的色块( )，在弹出的调色板中单击“渐变填充”按钮( )，如图 2.12 所示。在渐变下面的下拉列表中选择一个合适的渐变类型(如圆锥形)，如图 2.13 所示。单击左边色标在弹出的调色板中选取所需的颜色：黄色(＃FFFF00)，如图 2.14 所示。用同样的方法单击右边的色标，选取颜色：红色(＃FF0000)。

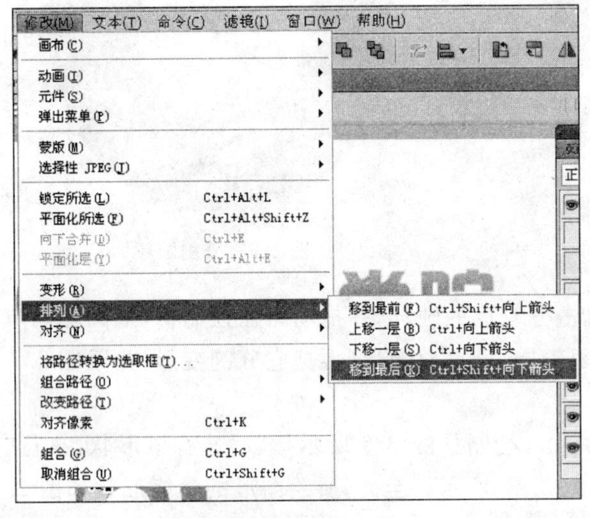

图 2.10 “移到最后”命令

图 2.11 图形最终形状

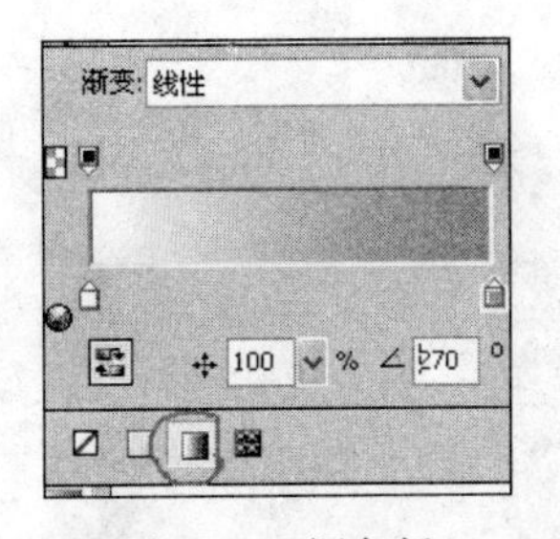

图 2.12 调色板

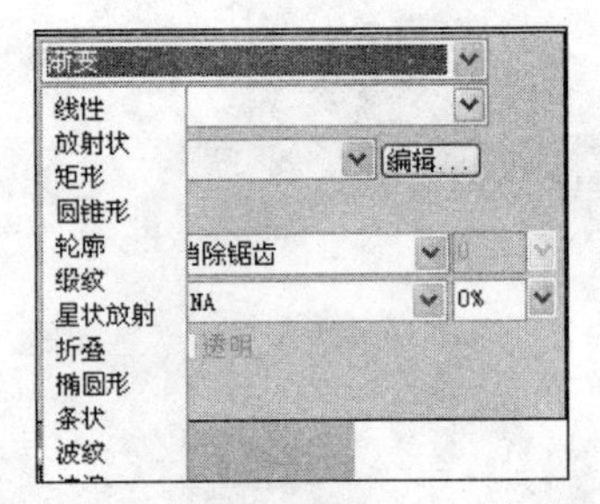

图 2.13 渐变类型设置

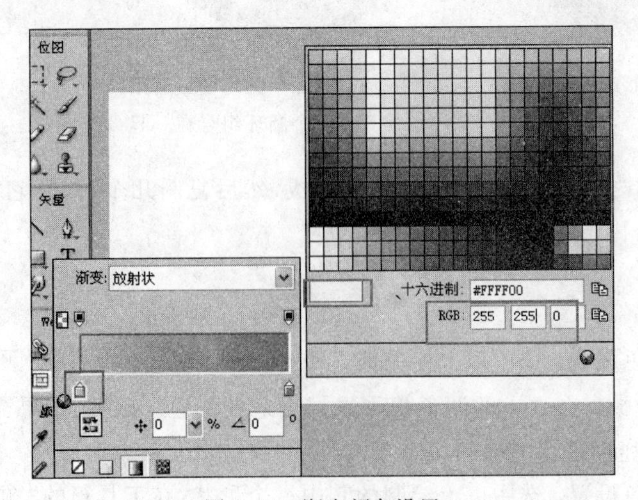

图 2.14 渐变颜色设置

(3) 滤镜的添加。

4. 输入文字

单击图层面板上的“新建/重制层”按钮( )，新建一个图层，命名为“文字”，选中该图层，单击工具箱中的“文本”(T)按钮，在属性栏中设置文字的大小和字体等属性，输入文字“信息学院”、“INSTITUTE OF INFORMATION TECHNOLOGY”，并把它们移到恰当位置。至此，网站图标制作完毕。

5. 输出保存

执行“主件”→“保存”命令保存网站图标。

2.1.3 主要知识点及操作技能讲解

1. 网站 Logo 设计综述

(1) Logo 概述

Logo 是网站的特有标志，是传播信息的一种视觉语言，通过 Logo 的识别，可以促进浏览者对网站的认识与沟通。Logo 的设计要求简洁、精练、一目了然。Logo 是互联网上各个网站用来与其他网站链接的图形标志。

(2) Logo 的特点

Logo 的特点是功用性、识别性、显著性、多样性、艺术性、准确性、持久性。

(3) Logo 的设计原则

① 尺寸要求：88×31 像素(最普及的尺寸要求)、120×60 像素、120×90 像素。

② 构成要素：构成 Logo 的要素包括网站名称、网址、标志图像、网站理念，4 个要素不一定要同时出现，可适当组合在一起。

③ 设计应在详尽明了设计对象的使用目的、适用范畴及有关法规等有关情况和深刻领会其功能性要求的前提下进行。

④ 设计要符合作用对象的直观接受能力、审美意识、社会心理和禁忌。

⑤ 构思须慎重推敲，力求深刻、巧妙、新颖、独特，表意准确，并能经受住时间的考验。

⑥ 构图要凝练、美观。

⑦ 图形、符号要简练、概括，同时要具有一定的艺术性。

⑧ 色彩要单纯、强烈、醒目。

⑨ 与网站风格相融，能够体现网站的类型、内容和风格。

⑩ 遵循标志艺术规律，创造性地探求恰当的艺术表现形式和手法，锤炼艺术语言，使设计的标志具有高度整体美感，并获得最佳视觉效果，是标志设计艺术追求的准则。

⑪ 符号美。

⑫ 特征美(同类事物的本质特征)。

⑬ 凝练美(适用于任何视觉传播物)。

(4) 网站 Logo 的制作软件

可用图像处理软件如 Photoshop、Fireworks 等。

(5) Logo 案例赏析

① 新浪的 Logo 如图 2.15 所示,底色是白色,文字"sina"和"新浪网"是黑色,其中"i"字母上的点用了表象性手法处理成一只眼睛,而这又使整个字母"i"像一个小火炬。这样,既向人们传达了"世界在你眼中"的理念,激发人们对网络世界的好奇,又使人们容易记住新浪网的域名。

② 搜狐的 Logo 比较特别,如图 2.16 所示,主要由两部分组成:一是文字,中英文名称,字体选择较古典;二是小狐狸图,蛮机灵狡猾的样子。搜狐网站随各个页面的色调不同而放置不同色彩的 Logo,但 Logo 的基本内容不变。当然,用户不会不知道搜狐的理念:出门找地图,上网找搜狐。但愿那只机灵的狐狸能帮用户走出网络丛林。

图 2.15 新浪 Logo

图 2.16 搜狐 Logo

③ Yahoo 的 Logo(中文站)很简单,如图 2.17 所示。中英文站名,红字白底。英文 Yahoo 字母间的排列和组合很讲究动态效果,加上 Yahoo 这个词的音感强,使人一见就仿佛要生惊讶——而不禁自问:"Do you Yahoo?"

④ 网易的 Logo 使用了 3 种色,如图 2.18 所示。红(网易)、黑(NETEASE)、白(底色)。网易两字用了篆书,体现了古典意味,也许在暗示网易在中文网络的元老地位吧。但是,如果没有从个人主页到虚拟社区、从新闻报道到专题频道等丰富方便的服务,光是从 Logo 上,用户是难以相信:轻松上网,易如反掌的。

图 2.17 雅虎 Logo

图 2.18 网易 Logo

2. Fireworks CS6 入门

图像也是网页中不可缺少的部分,Adobe Fireworks CS6 是专业的网页图片设计、制作与编辑软件。它不仅可以轻松制作出各种动感的 Gif、动态按钮、动态翻转等网络图片。更重要的是 Fireworks 可以轻松地实现大图切割,让网页加载图片时,显示速度更快。让用户在弹指间便能制作出精美的矢量和点阵图、模型、3D 图形和交互式内容,无须编码,直接应用于网页和移动应用程序。Fireworks CS6 利用 jQuery 支持制作移动主题,从设计组件中添加 CSS Sprite 图像。其能为网页、智能手机和平板电脑应用程序提取简洁的 CSS3 代码。它利用适用于 Mac OS 的增强的重绘性能和适用于 Windows 的内存管理，大大提高了工作效率，并利用增强型色板快速更改颜色。

(1) Fireworks 的主要应用领域

① 网页中的各种图像：产品图片、背景图片、按钮图片、广告图片。

② 各种标志：网站标志、各种小图标。

③ 网页动画：各种动画 Logo、动画 Banner、动画广告。

④ 网页界面设计：网页首页设计、网站内容页面设计。

⑤ 辅助网页制作：导航条、按钮、交换图像、弹出菜单。

⑥ 优化网页图像：减小图像文件大小。

(2) 熟悉 Fireworks CS6 的工作区

① Fireworks CS6 的工作区由以下几部分组成：菜单栏、主要工具栏、工具箱、绘图编辑区、属性面板和控制面板，如图 2.19 所示。

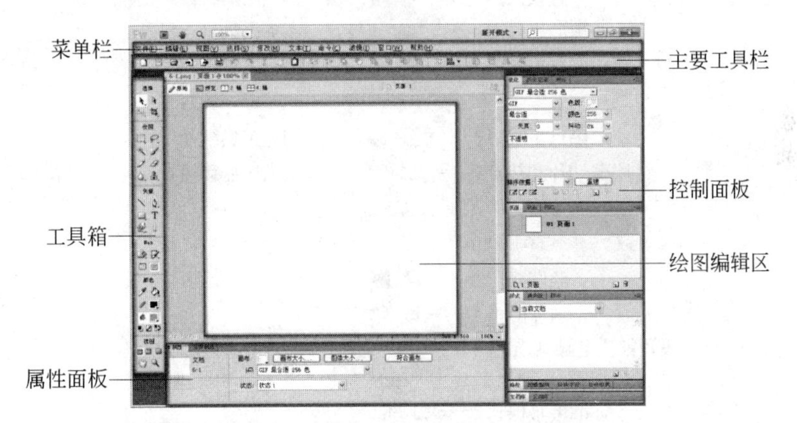

图 2.19　Fireworks CS6 的工作区构成

② 菜单栏是 Fireworks CS6 工作区的重要组成部分，它主要包括对图形文档的操作以及对软件界面的设置，如图 2.20 所示。

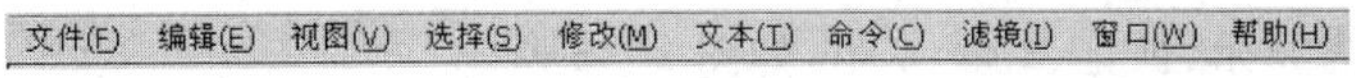

文件(F)　编辑(E)　视图(V)　选择(S)　修改(M)　文本(T)　命令(C)　滤镜(I)　窗口(W)　帮助(H)

图 2.20　菜单栏

③ Fireworks CS6 的主要工具栏提供了一些常见的图形操作命令，如新建、保存、复制、粘贴、分组、拆分等，如图 2.21 所示。

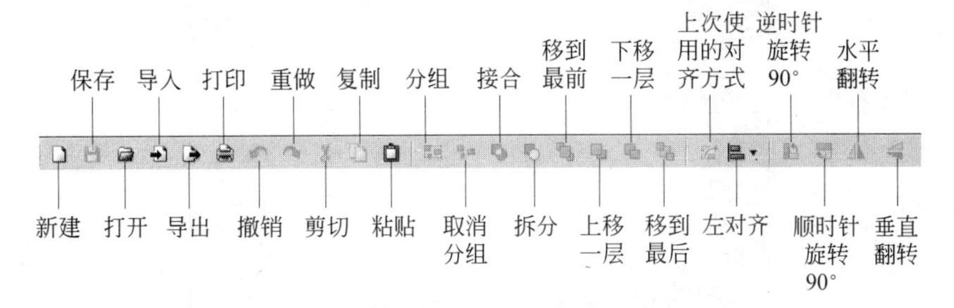

图 2.21　主要工具栏

④ Fireworks CS6 的工具箱通常固定在窗口的左边，主要包括“选择”工具、“位图”工具、“矢量”工具、Web 工具、“颜色”工具和“视图”工具 6 大类，如图 2.22 所示。

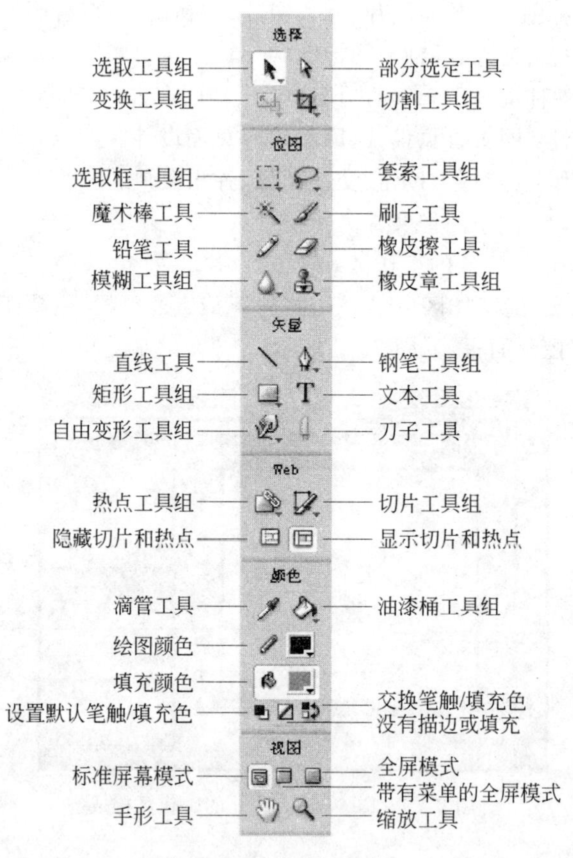

图 2.22 主要工具栏

⑤ 绘图编辑区是编辑图形图像的工作区，在 Fireworks CS6 中，绘图编辑区窗口有 4 个标签，分别为原始、预览、2 幅、4 幅，如图 2.23 所示。

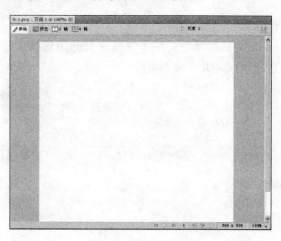

图 2.23 绘图编辑区

⑥"属性"面板位于绘图编辑区的底部，它是一个上下文关联面板，用来显示当前选择对象的属性、当前所选工具属性或文档属性，如图 2.24 所示。

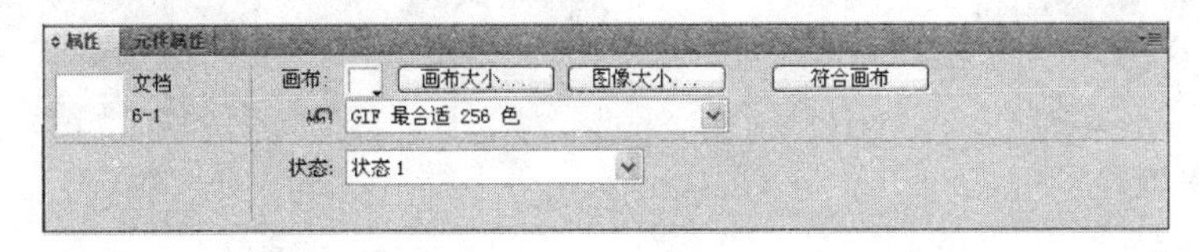

图 2.24 "属性"面板

⑦"控制"面板也称"浮动"面板组，默认情况下它位于工作界面的右侧，Fireworks CS6 的许多功能都可以通过"控制"面板来实现，如图 2.25 所示。

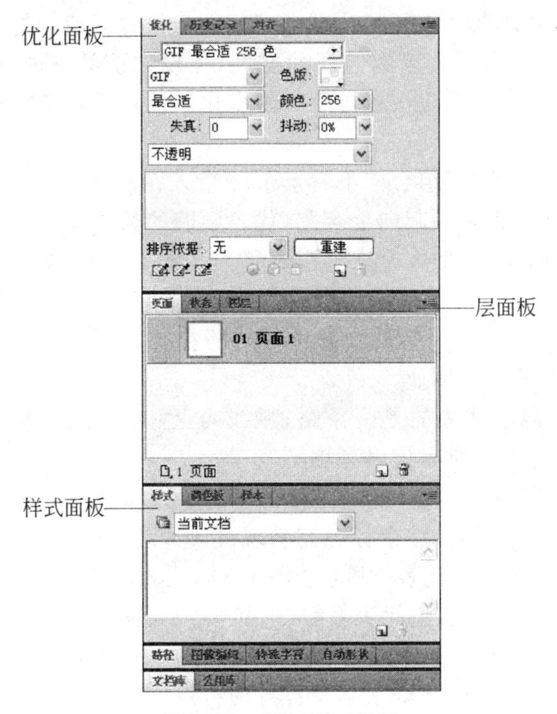

图 2.25 "浮动"面板组

2.1.4 举一反三练习

1. 分析如下 Logo 并模仿制作(见图 2.26～图 2.29)。

图 2.26 食膳居

图 2.27 娱乐天天有

图 2.28　学院

图 2.29　美食大嘴

学院校标的含义如下。

(1) 利用学院的中文拼音字母“J”、“Y”为基本元素，吸取良渚文化鱼纹、云纹、玉综边纹的理念，通过形象组合，产生动感和内涵。体现“乘风破浪会有时，直挂云帆济沧海”这种拼搏的精神。

(2) 字形由 3 个相似的图形组成，图形以“J”字为设计起点，通过组织融合形成一个浪和浪花，反映学院在时代的大潮中的蓬勃发展，体现学院站在时代的浪尖和时代弄潮儿，并有无数的闪光点，寓意学院在新世纪的新变化。浪花代表激情和力量，体现学院“励志力行”的校训。

(3) 图形上的点和“J”、“j”组合向下看形似一个人在专注于看书，代表学生在认真学习，向上的图形形似 3 个人在一起向上奔跑，代表学院的教育事业在向前奔跑。

(4) 图形由 3 组构成，又似 3 个人，代表了“三人行，必有我师”和“以人为本”的教育教学理念与做事原则。

(5) 标志图形似一个拳头，代表力量和团结的精神。图形上的一点，寓意早上的太阳，代表学院蒸蒸日上的教育事业。

(6) 标志下面的弧线，代表的是一条路；弧线向上和浪花并行，这表示学院的教学之路无止境和我们的教育事业具有许多亮点。

(7) 外形采用“双圆”图形，这样的造型适合正规场合的使用，取中间单体部分图形可以使用到学院各个不同的场合，整个标志充满现代设计理念。

(8) 标志正面的 1958 年，代表学院的办学时间，代表的是学院的历史。

(9) 标志色彩采用蓝色，蓝色代表平静、平和，意为学院建设“和谐校园”的要求。

(10) 标志设计变化丰富、线条流畅、传达理念清晰，中英文字体主要表现了学院是一个多学科、多专业的学校，充分融合了学校自身的特点。

2. 设计制作。

由教师给定六大主题如下。

(1) 室内设计公司。

(2) 影院。

(3) 旅游公司。

(4) 美发厅。

(5) 婚庆公司。

(6) 房产中介。

学生抽到主题以后，假设自己要开办该主题的公司，现在为自己公司做一个宣传网站，并给公司取名，设计并制作该网站的 Logo。

3. Logo 设计参考网站。

(1) http://www.logozj.com/html/shejixinshang/list_35_15.html。

(2) http://www.cnlogo8.com/logoshouji/index.html。

任务 2.2　网站 Banner 的设计与制作

2.2.1　任务布置及分析

网站 Banner 是指在网页顶部的广告条，网站 Banner 并不是页面必须包含的元素，一般用于各种商业站点上。通常使用的网站 Banner 的标准尺寸是 468×60 像素，但随着显示器尺寸的增大和站点的多样化，使用标准尺寸以外大小的 Banner 越来越多。由于网站 Banner 是以广告宣传为主，所以一般的网站 Banner 都要使用图文结合的方式制作，力求做到鲜明、直观，本网站的 Logo+Banner 示例效果图如图 2.30 所示。

图 2.30　网站的 Logo+Banner 示例效果图

2.2.2　操作步骤

1. 图像素材

信息学院网站的 Banner 所需的素材为 Logo(任务 1 中所制)。其中，图像素材中的合成及特效由 Photoshop 软件中处理制作，如图 2.31 和图 2.32 所示。Photoshop 部分在此不作详细介绍。

图 2.31　图片素材 1

图 2.32　图片素材 2

2. 素材的合成

把以上素材通过 Fireworks CS6 合成如图 2.33 所示图像。

图 2.33 合成后的图像

3. 动画效果的制作

动画效果的制作利用 Flash 软件完成，Flash 部分这里也不作详细介绍。最终效果图如图 2.30 所示。

4. 保存

将以上三步制作的素材、合成图像及 Flash 文档分别保存，以供后期网页制作时使用。

2.2.3 主要知识点及操作技能讲解

1. Banner 的设计原则

Banner 即横幅广告、网络广告、旗帜广告等，一般置于 Logo 右侧（网页顶部）并可以作成动画效果，以增强网页的动感视觉，增强对浏览者的吸引力，是网站直接赢利及推广的一种有效及常用的网页元素。通常采用图片、动画、Flash 等方式来制作 Banner 广告。

(1) 尺寸要求

横幅分为普通横幅和通栏横幅两种。普通横幅一般为 468×60 像素（最为普及尺寸）；通栏横幅一般为 768×120 像素。

① 广告条尽量选择国际标准尺寸。但在进行设计时，也可以根据页面空间来制定特殊广告位和广告条大小。

② 一个页面内不宜有超出两个 468×60 像素的全尺寸 Banner。

③ 大尺寸 Banner 要注意配合页面设计。

(2) 确定是动态还是静态的 Banner

可以运用动画形式。动画的形式可以是 GIF 动画或 Flash 动画。动画形式不仅可以更容易吸引浏览者，且能传达更丰富的信息。

(3) 文字内容设计一般要有感召力和悬念

① 可包含一部分不明确的信息，让浏览者产生好奇心。

② 可通过具有感召力的广告词打动浏览者，让浏览者产生信任感。

③ 广告语要朗朗上口，图形无须太复杂。

④ 文字尽量使用黑体等粗壮的字体，防止在视觉上被网页中其他内容所淹没。

(4) 颜色要求

颜色使用要鲜明，用色要大胆。

(5) Banner 的“重量”要轻

以 468×60 像素的 Banner 为例，大小最好是 20KB 左右，不要超过 35KB；当然，随着网络宽带的普及，以后在“重量”方面的压力会逐渐减小。

Banner 的制作方法有很多，对于不同创意的广告条，也应选择不同的制作方法。只要保证 Banner 的视觉效果好，制作出“重量”最轻的方法就是最好的方法。

注意：①GIF 动画一般用于网页上的简单动画。②网页上的复杂动画一般都是 SWF 动画。③操作 GIF 动画可用 Photoshop、Fireworks、Flash、Cool 3D 等软件，但在做 Banner 时一般都用 Fireworks 来完成。

2. 优秀案例赏析

(1) 某钱庄网站 Banner(见图 2.34)

图 2.34　案例赏析 1

分析：主标题的用词出彩要主次明显，副标题简洁直观，并以数字方式支持主标题。

(2) 某民俗主题网站 Banner(见图 2.35)

图 2.35　案例赏析 2

分析：制作长标题时，如果把“征集各种端午风俗”排成一行，就会显得没有主次，也没有吸引力。把“端午”这个最重要的信息提出来，让用户很容易进入环境，然后让他们继续了解更多的信息。这里还要说一个小技巧，“征集各种”、“端午”、“风俗”这 3 个词虽然分别用了 3 种字体，但还是能读出“征集各种端午风俗”这是一段话，因为同一个红色起到了很大的作用。

(3) 某汽车网站 Banner(见图 2.36)

图 2.36　案例赏析 3

分析：如果整体文字太短、画面太空，可以加入一些辅助信息丰富画面。例如，加点英文、域名等，这个 Banner 就附加了一些英文来丰富画面，让画面充满丰富的同时，充满生气。

(4) 某电子图书网站 Banner(见图 2.37)

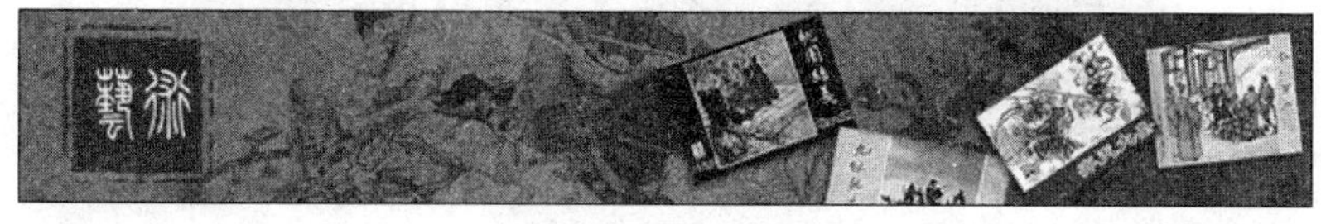

图 2.37　案例赏析 4

分析：三英战吕布的场景为背景加上随意放置的几本连环画，很好地体现了连环画这一主题。

(5) 某家具城网站 Banner(见图 2.38)

图 2.38　案例赏析 5

分析：小提琴和玫瑰的组合凸显了贵族的生活品质。

(6) 某旅游网站 Banner(见图 2.39)

图 2.39　案例赏析 6

分析：复古风格的重点是传统元素和复古图案，像左边案例用了书法字体跟水墨感觉的图案，而右边案例则是包含了传统的剪纸元素。

(7) 某电子商务网站 Banner(见图 2.40)

图 2.40　案例赏析 7

分析：清新风格的重点就是清爽、唯美、轻盈色调跟自然系。例如，图 2.40 所示的 Banner 就让人感觉十分的清丽和透亮。

(8) 某电影网站 Banner(见图 2.41)

图 2.41　案例赏析 8

分析：这种风格通常比较多的是深色背景，有一些比较质感的元素跟光影特效。

(9) 某电子商城网站 Banner(见图 2.42)

图 2.42　案例赏析 9

分析：简约风格的特点就是极简主义、大空间，就像图 2.42 所示的 Banner 没有任何过多的装饰元素，整体感觉就是非常的透气，然后是排版，所谓排版，即将文字、图片、图形等可视化信息元素在版面布局上调整位置、大小，使版面达到美观的视觉效果。

(10) 某购物网站 Banner(见图 2.43)

图 2.43　案例赏析 10

分析：设计的女装 Banner，大家可以看到在用色和样式上很好地渲染和融入了环境，通过丰富的联想，别出心裁地展示浪漫色彩，对文字进行设计，在造型上的变型把握住了女性的固有特征柔美，尽量用曲线表现，在字的结构上加以变形。

2.2.4　举一反三练习

1. 设计并制作"美食大嘴"网站的 Logo＋Banner 效果，参看素材。
2. 模仿制作选择上面的其中一个在 Fireworks 中实践。
3. 自主设计：设计并制作自己的网站 Banner。

任务 2.3　信息学院首页的效果图设计与制作

2.3.1　任务布置及分析

网页效果图设计是网站项目开发中非常重要的一环，是通过技术手段来设计网页的视觉效果。效果图的好坏，直接影响到整个网站的质量。通过设计网页效果图，网页设计师可以把对网站的理解通过图像的方式表现出来，然后让客户直观地进行审核，客户也可以通过对效果图的审核，提出自己的意见和建议，让设计师进行修改。最终实现一个能够让双方都满意的设计效果。本学习任务要制作如图 2.44 所示的首页效果图。

今天是 2013年5月9日 星期四
设为首页
加入收藏
信息学院
诚厚精艺 信通未来
网上党校
学生分组实验
通知公告
认真学习宣传贯彻党的十八大精神
站内导航
教学动态
专业建设
培养计划
课程标准
党建思政
学风建设
团学园地
奖惩助贷
招聘信息
安全教育
心理辅导
值班安排
站内专题
教学科研
党政思政
学生工作
团学园地
建言献策
我要留言
联系方式
便民网址
手机号码查询
IP查询
国内天气查询
邮编电话查询
列车时刻表查询
客车时刻表查询
万年历查询
繁体字转换
常用电话查询
好收藏网站
在线翻译
百度搜索
调查投票
你认为本网站还要增加哪些栏目内容？
学习资料
教学课件
教学视频
实践资料
我要投票
投票结果
数据统计

图 2.44 首页效果图

2.3.2　操作步骤

1. 新建文档

新建一个 Fireworks 文档，页面大小设计为 1004×1914 像素，并把它保存为“首页效果图.png”。

2. 添加辅助线

(1) 显示标尺。选择“视图”中的“标尺”命令，让标尺显示出来，如图 2.45 所示。

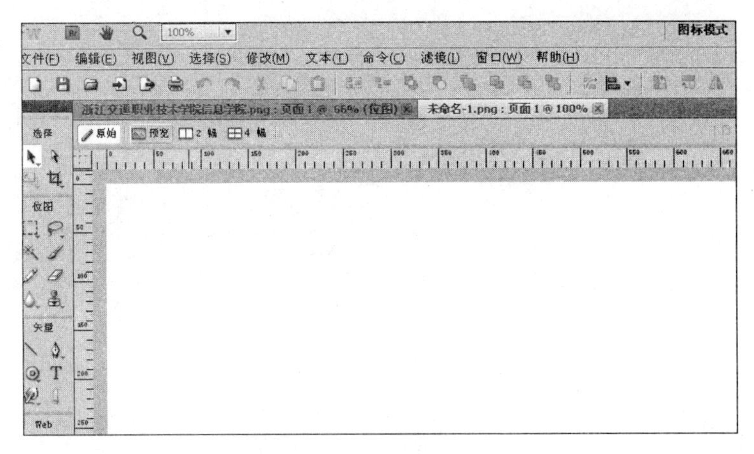

图 2.45　显示标尺

(2) 绘制辅助线。根据结构草图，添加水平辅助线和垂直方向的辅助线，把网页初步分割成几个大的区块，如图 2.46 所示。图 2.47 所示为辅助线与网页效果对照图。添加

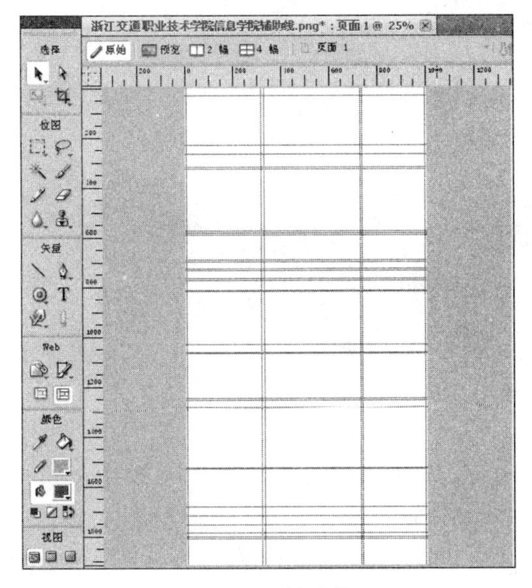

图 2.46　辅助线

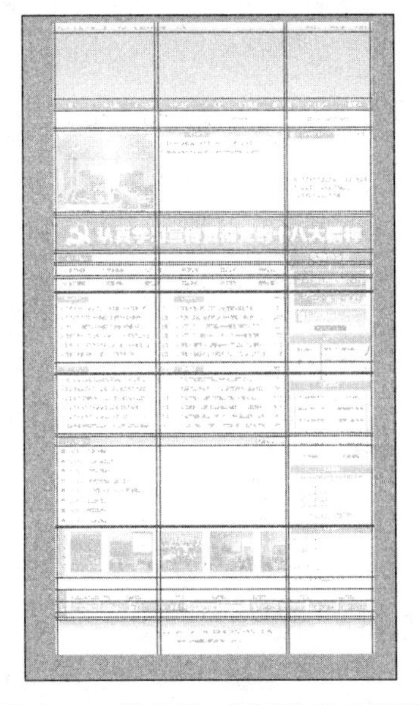

图 2.47　辅助线与网页效果对照图

辅助线的方法如下：把鼠标指针指向水平标尺的区域，再拖动到恰当位置放下，即生成一根水平辅助线，同样把鼠标指针指向垂直标尺的区域再拖动到恰当位置放下，即生成一根垂直辅助线。要设置辅助线的颜色，选择“编辑”菜单中的“首选参数”命令，在弹出的对话框中选择“辅助线和网格”标签，即可设置辅助线的颜色，如图 2.48 所示。

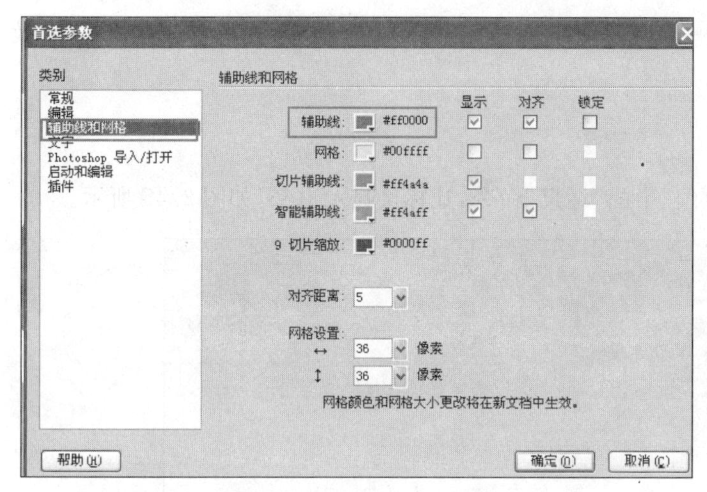

图 2.48　辅助线颜色设置

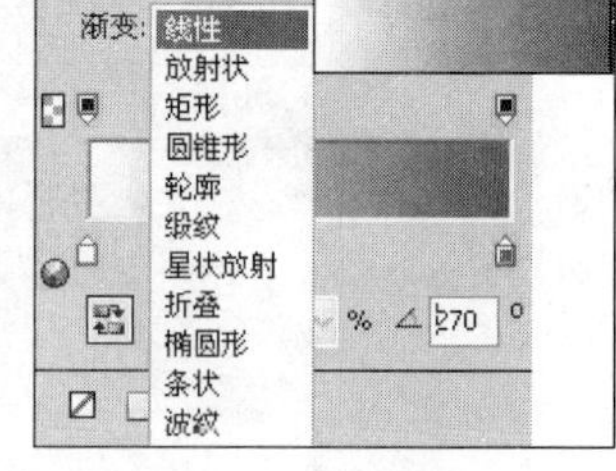

图 2.49　线性渐变设置

3. 绘制结构底图

(1) 绘制页眉部分矩形(即首页第一行)：在工具箱中选择“矩形”工具( )，在属性栏中设置它的笔触颜色为无色 ，填充类型为渐变——线性渐变，颜色设为从白色到蓝色的渐变，如图 2.49 所示。在网页顶端绘制矩形，效果图如图 2.50 所示。

图 2.50　绘制的页眉矩形效果图

(2) 绘制 Logo 和 Banner 部分：利用上面同样的方法绘制页面的第二部分(放 Logo 和 Banner 的位置部分)，如图 2.51 所示。

图 2.51　Logo 和 Banner 底图

(3) 绘制导航条部分：第三部分是主导航条的位置，同样先绘制一个深蓝色矩形当作导航条的背景，如图 2.52 所示。再绘制一个长、高 35 像素，宽 1 像素的矩形，把它的填充类型设为线性渐变，填充色设为白色，设置其不透明度(Alpha)如图 2.53 所示。把上面宽度为 1 像素的矩形复制一个，把填充色改变为深灰色，线性渐变颜色及透明度设置如图 2.54 所示。把两个宽 1 像素矩形靠近，再组合在一起，再复制 7 个分散，当作导航条的分割线，如图 2.55 所示。

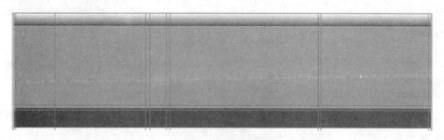

图 2.52　导航条部分底图

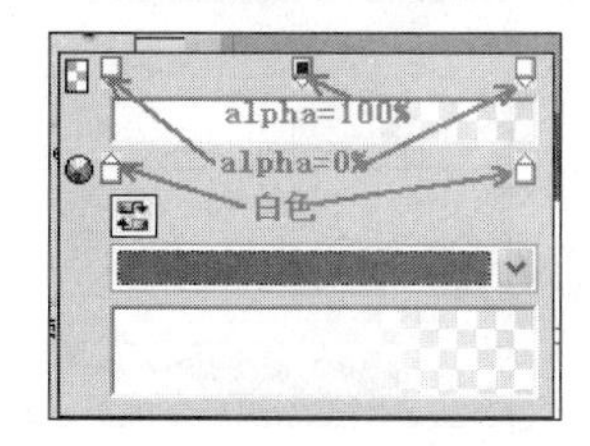

图 2.53　白色渐变

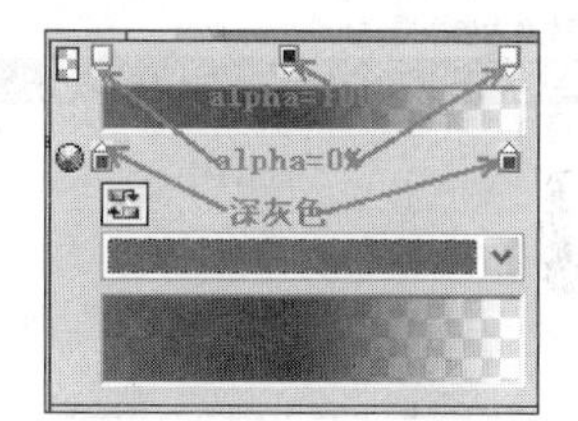

图 2.54　深灰色渐变

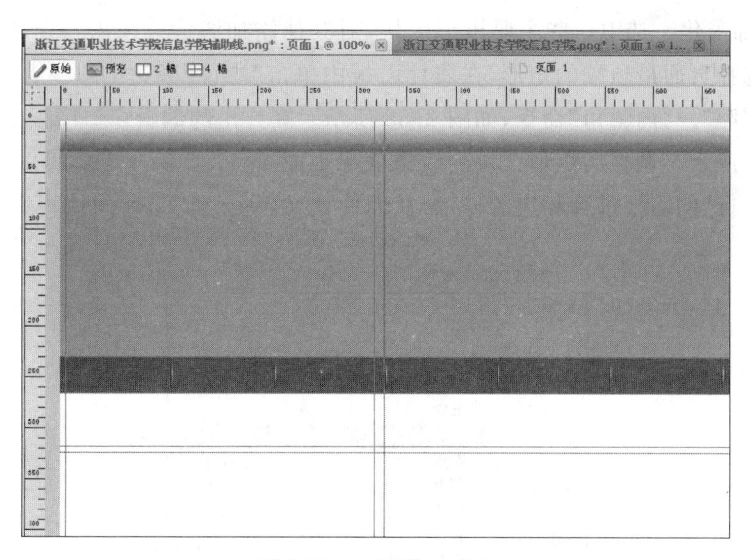

图 2.55　网页前三部分

(4) 绘制其他部分：其余部分制作跟上面的制作相似，读者自行完成。这里不作详述。其中，这个形状要简单介绍一下，先制作一个矩形，再制作一个下三角形，然后把两个图形都选中，执行“修改”→“组合路径”→“接合”命令，如图 2.56 所示。最后得到的网站结构底图如图 2.57 所示。

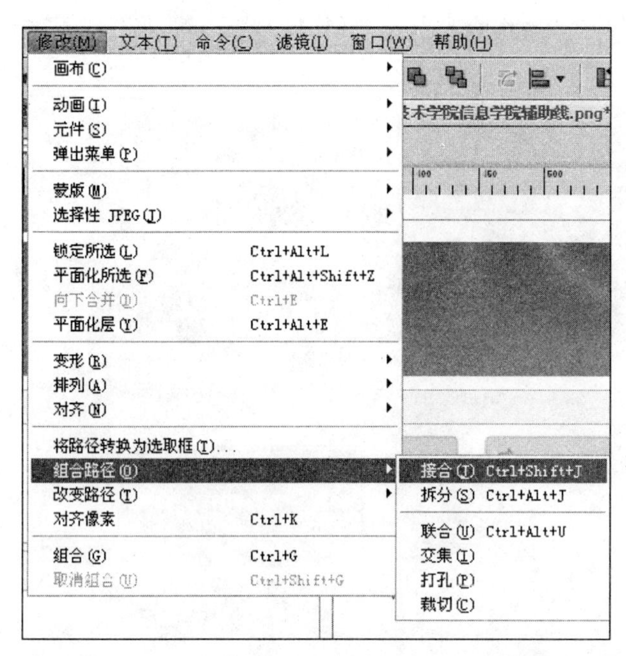

图 2.56　接合路径

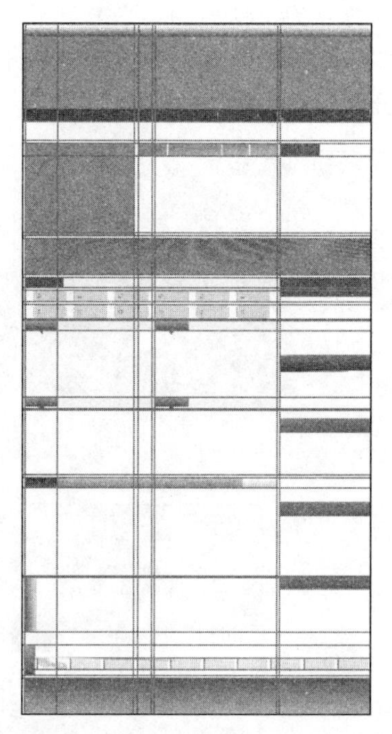

图 2.57　网站结构底图

(5) 修饰美化。选中一些主要矩形区块,对其他添加滤镜效果内斜角增加它的立体感。例如,选择页面最顶端的矩形,在属性面板中单击“滤镜”旁边的“+”号(滤镜 +),选择“斜角和浮雕”→“内斜角”命令,如图 2.58 所示。在弹出的编辑窗口中设置“平坦”值为 2,如图 2.59 所示。调整后矩形区块的线条效果如图 2.60 所示。其余的主要矩形区块,读者可根据自己的需要进行相应的修饰,从而使效果更佳。美化后的结构底图如图 2.61 所示。

图 2.58　选择“内斜角”命令

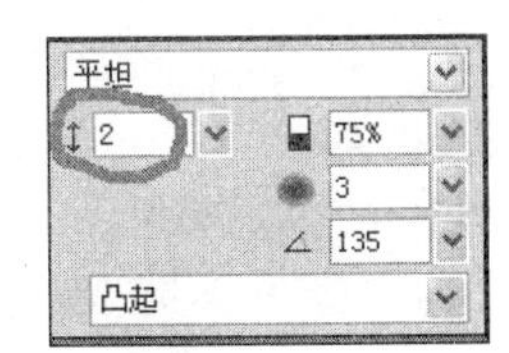

图 2.59　平坦值设为 2

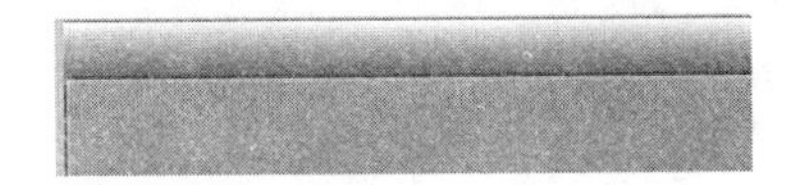

图 2.60　调整后矩形区块的线条效果

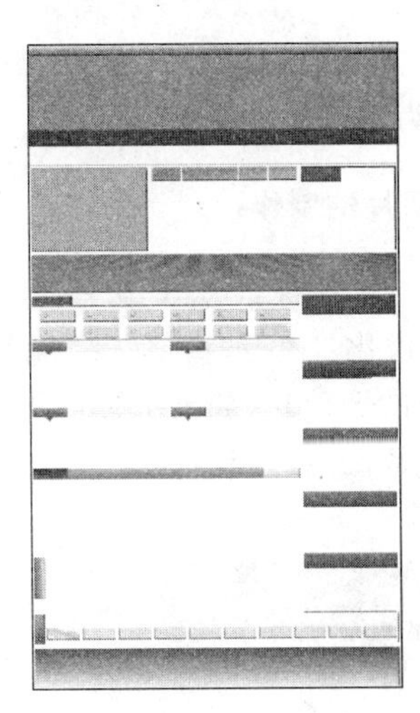

图 2.61　美化后的结构底图

4. 添加内容

利用本站所需的"绘图"工具及"文本"工具，完成效果图中的内容填充。主要内容不详述，下面对 站内专题 制作进行简单的介绍。

首先，利用"圆角矩形"工具制作一个圆角矩形，然后选中它右击，在弹出的快捷菜单中选择"平面化所选"命令，把它转换为位图，再用"选取框"工具( )选取矩形的上部，按 Delete 键删除上部，就变成 。

选择"工具箱"中的"文本"工具(T)，在属性栏中设定字体为黑体，大小为 15，加粗，颜色为黑色，如图 2.62 所示，输入"站内专题"4 个字。选中文字，添加滤镜，选择"Photoshop 动态效果"命令，在弹出的对话框中设置相应参数如图 2.63 所示。

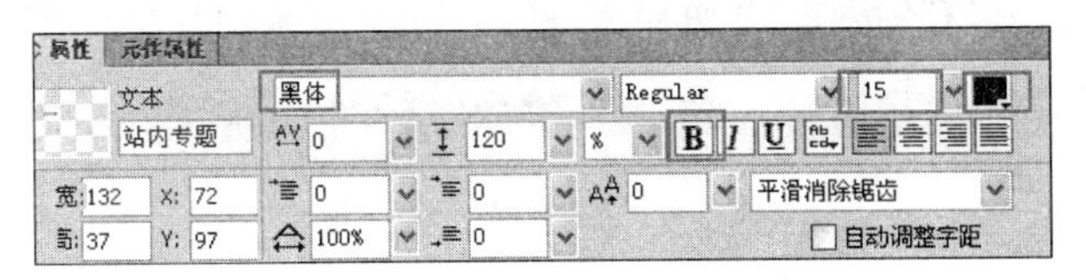

图 2.62　文本属性设置

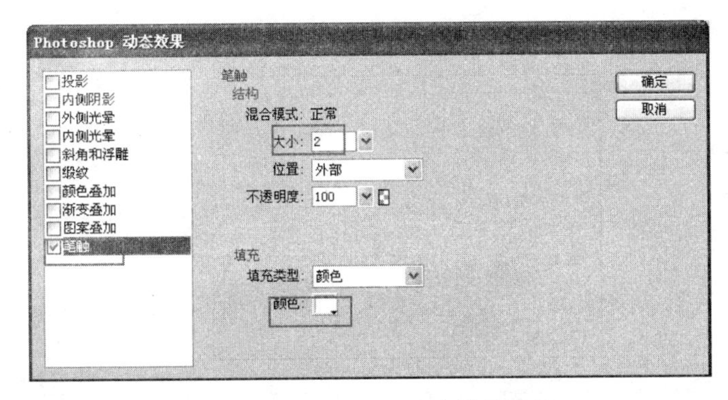

图 2.63　Photoshop 动态效果设置

有些文本和图片可以在 Dreamweaver 里再输入。初步做成的效果图如图 2.64 所示，主要为切片做准备。

5. 切片的制作

(1) 绘制切片：选择“切片”工具，绘制切片如图 2.65 所示。

(2) 优化：执行“窗口”→“优化”命令，调出“优化”面板，如图 2.66 所示，在该面板中设置所需的选项。(如果选择“JPEG-较小文件”选项，图片的清晰度不高，有些图片清晰度要求比较高，可以选择“JPEG-较高品质”选项)。

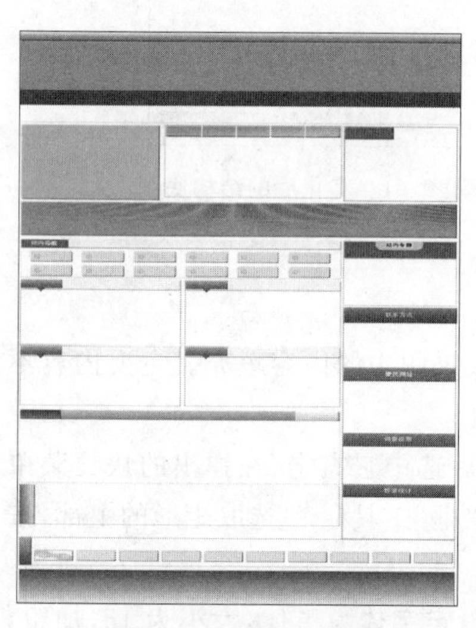

图 2.64 初步效果图

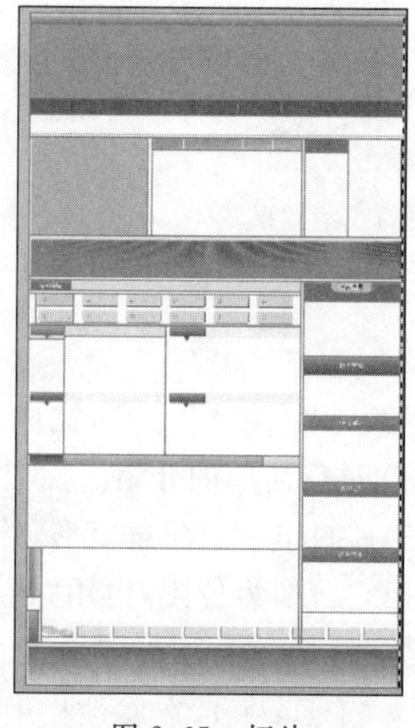

图 2.65 切片

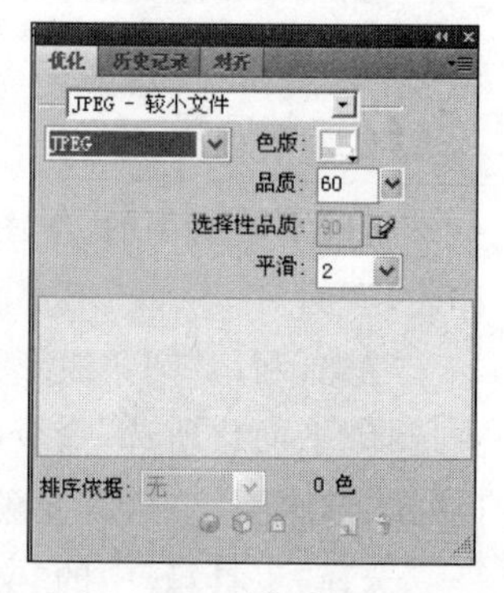

图 2.66 “优化”面板

(3) 导出：执行“文件”→“导出”命令，在弹出的“导出”对话框中设置相应的选项，如图 2.67 所示。单击“保存”按钮，在切片文件下自动生成各切片文件。

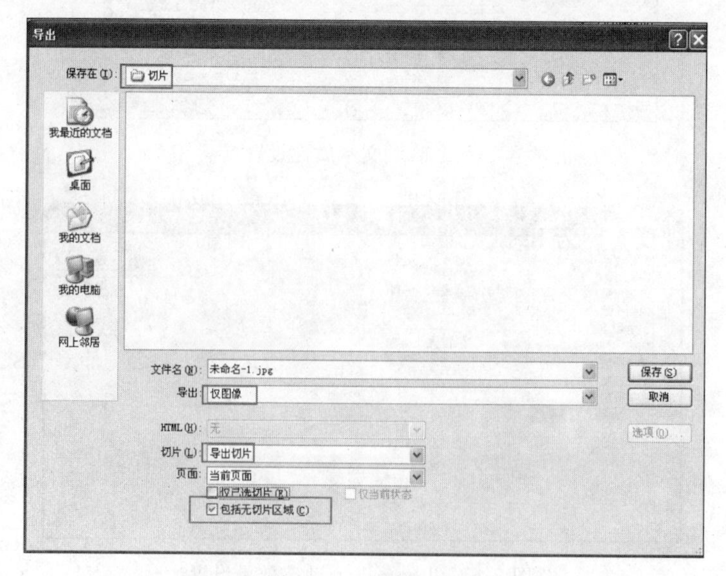

图 2.67 保存切片

2.3.3 主要知识点及操作技能讲解

1. 网页效果图设计流程概述

网页效果图设计是网站项目开发中非常重要的一环，是通过技术手段来设计网页的视觉效果。效果图的好坏，直接影响到整个网站的质量。通过设计网页效果图，网页设计师可以把对网站的理解通过图像的方式表现出来，然后让客户直观地进行审核，客户也可以通过对效果图的审核，提出自己的意见和建议，让设计师进行修改。最终实现一个能够让双方都满意的设计效果。在图像软件中网页效果图设计流程如图 2.68 所示。

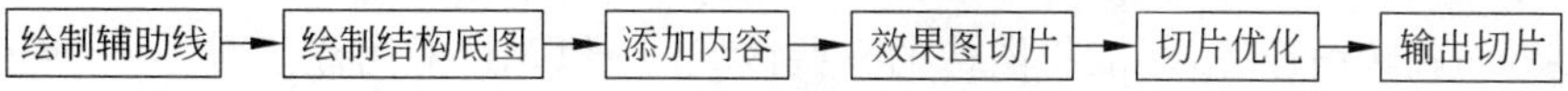

绘制辅助线 → 绘制结构底图 → 添加内容 → 效果图切片 → 切片优化 → 输出切片

图 2.68　网页效果图设计流程图

在图像软件中设计网页效果图，总体可以分为 6 个步骤：①创建画布，添加辅助线来布局；②绘制结构底图；③添加内容，包括图像和文字；④切片；⑤优化；⑥导出。

(1) 创建辅助线：在具体设计前，应当考虑到网页的布局形式，可以根据策划阶段确定下来的网页布局草图，在 Fireworks 的画布中添加辅助线，这样做的目的是明确页面布局形式和面积。需要注意的是，对于布局结构比较复杂的页面，辅助线不是一次就能够全部创建好的，而是一部分内容创建一部分，否则辅助线过多会使页面混乱。

(2) 绘制结构底图：根据创建好的辅助线，使用 Fireworks 的工具或者是“矩形选取框”工具，把网页效果图中带有底色的“矩形块”依次绘制出来，形成一个整体的布局效果。这里的“矩形块”只是一个统称，可以是任意的形状。除了得到形状以外，还可以直接对这些“矩形块”配色或添加纹理、滤镜，从而在整体上对页面的配色方案进行控制。

(3) 添加内容：结构底图绘制完毕后，就可以开始在网页效果图中添加实际的内容了，包括文字和图像，从而完成最终的效果图方案。在添加图像的时候，如何选择最合适的图像素材以及如何对图像素材进行处理是非常重要的，可以说网页中图像设计的好坏，直接影响到整体的页面效果。

(4) 切片：效果图制作完毕后，首先需要进行切片。如果把网页比喻成一幅图，则“切片”工具就像是剪刀，使用“切片”工具可以把一张大图像裁剪成很多小图像。这样做目的之一是为了加快下载速度。因为 IE 浏览器是多线程的，同一时间可以下载 3 幅图像。切片的另外一个目的，也是最主要的目的是布局的需要。很多人不知道该如何对效果图进行切片，这是因为对布局技术不了解。同一个网页效果图，按不同的方式布局就会得到不同的切片，并没有说哪一个才是“标准”的，所以要想灵活运用切片，必须熟悉流行的布局技术。

在对效果图进行切片时，应注意以下事项。

① 切片一定要和所切内容保持同样的尺寸，不能大也不能小。

② 切片不能重叠。

③ 淡色区域不需要切片，因为可以写代码生成同样的效果。也就是说，凡是写代码能生成效果的地方都不需要切片。

④ 重复性的图像只需要切一张即可。

⑤ 多个素材重叠的时候,需要先后进行切片。例如,背景图像上有按钮,就需要先切片按钮,然后把按钮隐藏,再切片背景图像。

⑥ 如果突破非常复杂,无法布局,那么最简单的解决方法就是切片成一张大图像即可。

(5) 切片的优化:切片优化的目的是对输出的切片性质进行控制,对于作为切片的各幅小图片人们可以分别对其优化,并根据各幅切片的情况还可以存为不同的文件格式。这样,既能够保证图片质量,又能够使图片变小。

(6) 导出:导出的目的是将一幅大图像分割为一些小的图像切片,输出存储起来,便于后续在网页中通过没有间距和宽度的表格重新将这些小的图像没有缝隙的拼接起来,成为一幅完整的图像。这样做可以降低图像的大小,减少网页的下载时间,并且能创造交互的效果,如翻转图像等,还能将图像的一些区域用 HTML 来代替。

2. 网页按钮的设计

(1) 按钮概述。按钮是网页的导航元素。按钮分为两类:一种是有提交功能的按钮——真正意义上的按钮,实现提交功能,并标明了当前操作的目的;一种是仅仅表示链接的按钮。

(2) 按钮的表现形式。其表现形式可以大致总结为两种:系统标准按钮和使用图片自制的按钮。

(3) 设计按钮时,应尽量避免以下设计禁忌。

① 同一页面包含重复功能的按钮。

② 将复选框用作单选按钮。

③ 单选按钮之间间隔太大。

④ 取消按钮无法真正取消操作。

⑤ 返回按钮不能达到预期的目的。

⑥ 图片按钮对鼠标单击操作没有视觉变化。

图 2.69 所示为按钮样式案例。

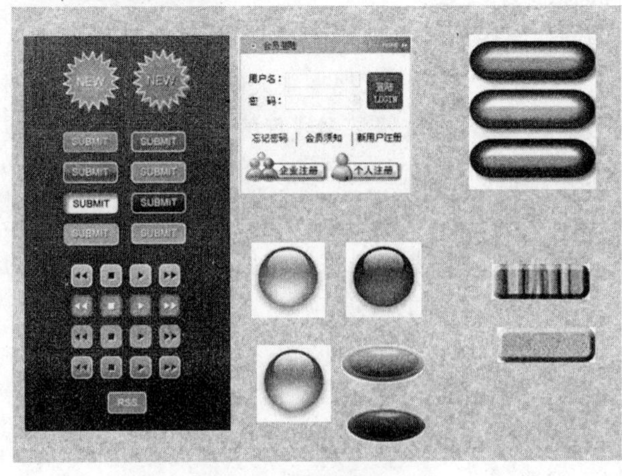

图 2.69 按钮样式案例

3. 网站导航条的设计

网站导航条一般位于网站的最上面，也算是网站设计的几大吸引点之一，导航条的形状与色系关系到整个网站的版面风格走向，在网页设计的过程中处于非常重要的作用。

网站导航的作用，网站导航的最终目的就是帮助用户找到其所需要的信息，如果说得详细点，即引导用户完成网站各内容页面间的跳转。例如，全局导航、局部导航和辅助导航等都是为了引导用户浏览相关的页面以及理清网站各内容与链接间的联系。下面是一些网站的导航条，供读者设计参考(图 2.70～图 2.72)。读者可以选择其中之一进行参考制作。

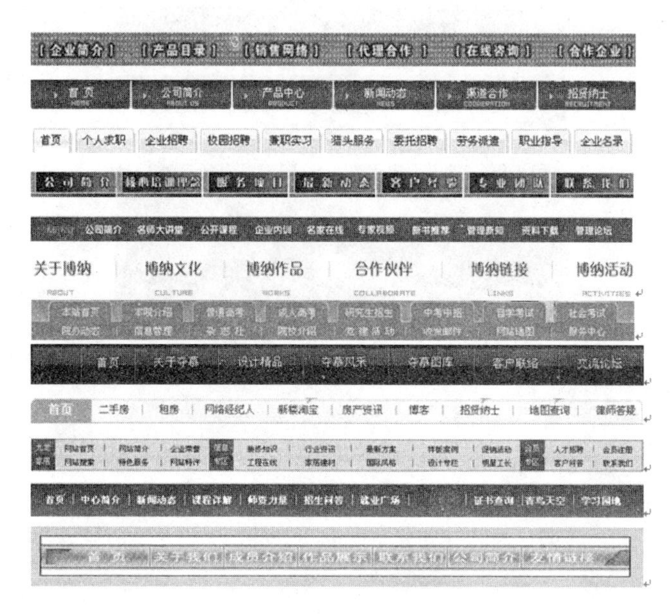

图 2.70　导航条案例 1

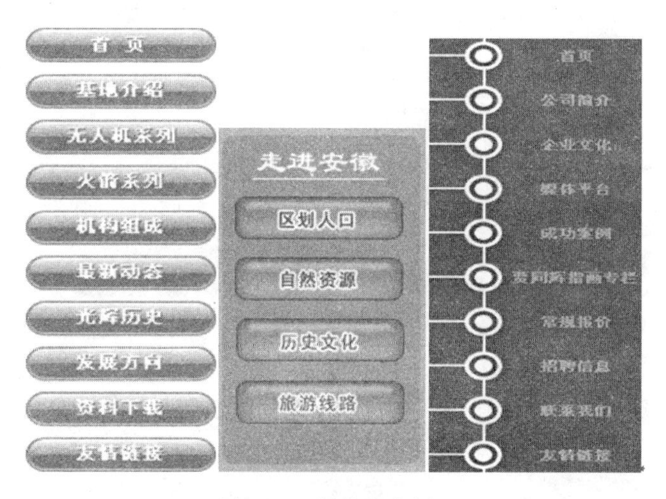

图 2.71　导航条案例 2

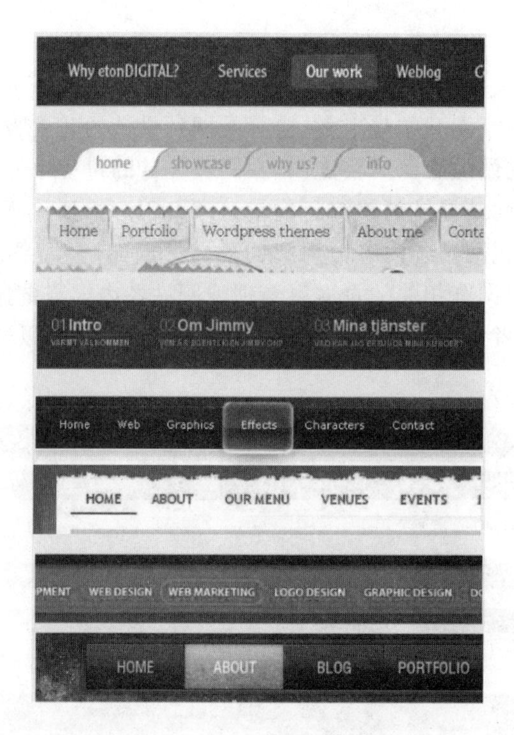

图 2.72　导航条案例 3

2.3.4　举一反三练习

1. 模仿制作“美食大嘴”首页效果图(见图 2.73)。

图 2.73　“美食大嘴”首页效果图

2. 制作“食膳居”网页布局图(见图 2.74)。

图 2.74　“食膳居”网页布局

3. 制作“网上党校”网页效果图(见图 2.75)。

4. 给自己的网站设计一个个性化的导航条,同时完成网站首页效果图的制作。

图 2.75 “网上党校”网页效果图

项目3

信息学院网页的制作

任务3.1 站点的创建

3.1.1 任务布置及分析

Dreamweaver的站点是一种管理网站中所有相关联文件的工具。通过站点可以对网站的相关页面及各类素材进行统一管理，还可以使用站点管理实现将文件上传到网页服务器，测试网站。.

站点简单来说就是一个文件夹。在这个文件夹里包含了网站中所有用到的文件。人们通过这个文件夹(站点)，对网站进行管理，使之有次序，一目了然。

3.1.2 操作步骤

1. 创建本地站点文件夹

在本地磁盘中创建一个站点文件夹，取名为"xxxy"，在该文件夹下面分别新建如下几个子文件夹，以便分门别类地存储各种文件。

(1) /images：公共图片。

(2) /styles：样式表。

(3) /common：脚本语言。

(4) /ftps：上传、下载。

(5) /doc：网站相关文字资料、文档。

(6) /media：动画、视频多媒体文件。

(7) /backup：网站数据备份。

(8) /bbs：论坛文件夹。

把本站有关的素材文件放到相应的文件夹下面，上一章做的切片文件也可以放入到/images文件夹下。动画文件等则可以放到/media文件夹下面。

2. 创建站点

启动Dreamweaver CS6软件，在启动页中选择"新建/HTML"选项，如图3.1所示，进入Dreamweaver的编辑HTML文档的对话框中，执行"站点"→

“新建站点”命令，进入“新建站点”对话框，输入站点名称及选择站点文件夹如图 3.2 所示。单击“保存”按钮，一个站点就建成了。

图 3.1 启动页

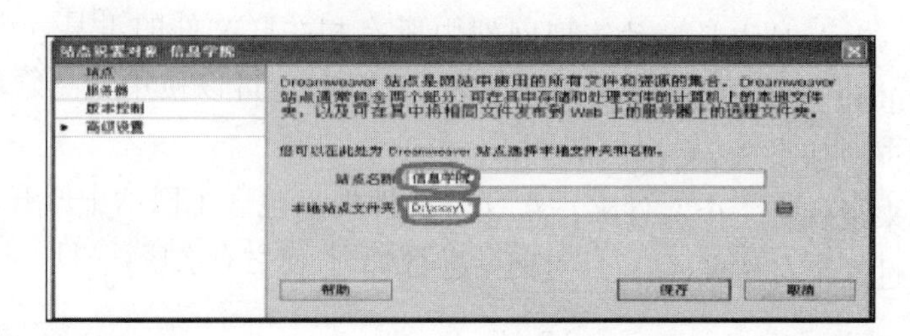

图 3.2 新建站点

3. 站点管理

执行“站点”→“管理站点”命令，进入如图 3.3 所示的对话框中，在该对话框中选择相应按钮可以对站点进行编辑、复制、删除等操作。

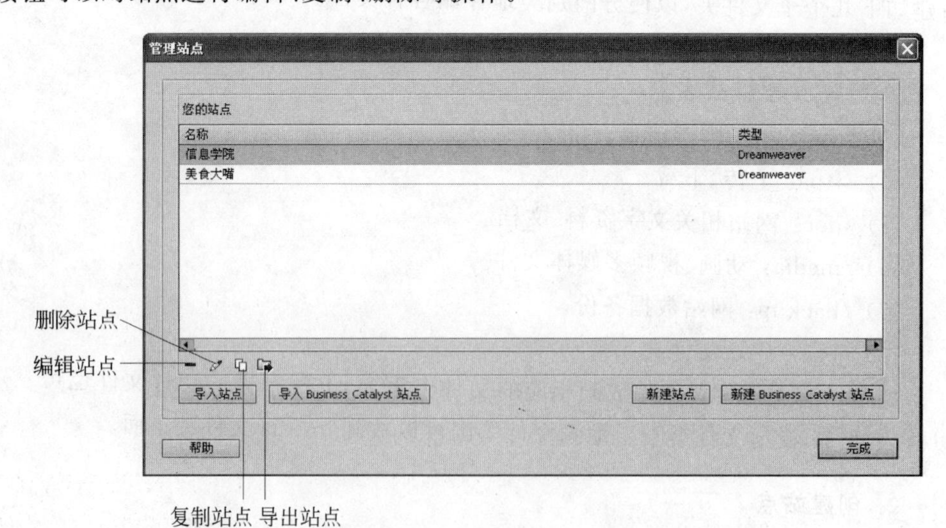

图 3.3 “管理站点”对话框

4. 文件管理

站点创建好以后，会在工作界面右侧的文件面板中显示设定为本地站点的文件夹中的所有文件，如图 3.4 所示。选择“文件”菜单中的“保存”命令，把当前文件保存到站点的根目录下，取名为“index.html”，通过在文件面板中双击要打开的网页文档的名称，可以在工作界面中打开该文档。此外，还可以通过该窗口创建文件或文件夹，剪切、粘贴、复制、删除、重命名文件或文件夹。

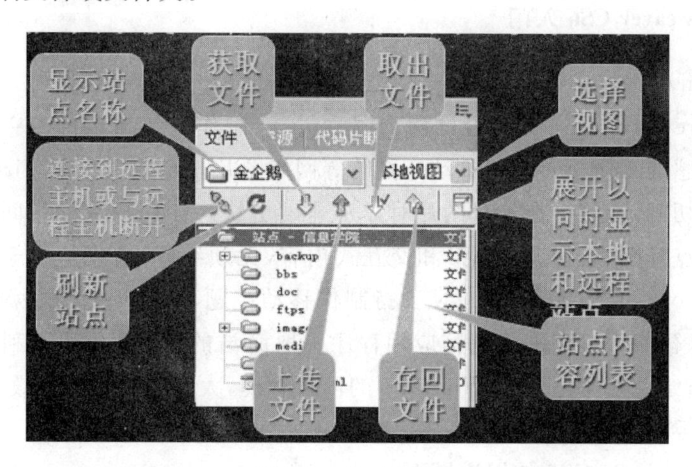

图 3.4 站点文件

3.1.3 主要知识点及操作技能讲解

1. 命名文件或文件夹注意点

(1) 使用英文或拼音。

(2) 不能包含空格等非法字符。

(3) 要有一定规律，以便日后的管理。

(4) 文件名应该容易理解，看了就知道文件的内容，并且建议用小写的文件名。

(5) 合理分配各种类型的文件。

(6) 合理安排文件的目录，不要将所有文件都存放在根目录下。

(7) 按栏目(导航)内容建立子目录。

(8) 在每个一级目录或二级目录下都建立独立的 Images 目录。

(9) 目录的层次不要太深，建议不要超过 3 层，以方便维护管理。

(10) 不要使用中文目录及过长的目录。

公共文件夹命名约定如下。

① /images：公共图片。

② /styles：样式表。

③ /common：脚本语言。

④ /ftps：上传、下载。

⑤ /doc：网站相关文字资料、文档。

⑥ /media：动画、视频多媒体文件。

⑦ /backup：网站数据备份。

⑧ /bbs：论坛文件夹。

2. Dreamweaver CS6 入门

(1) Dreamweaver CS6 简介

Adobe Fireworks CS6 是专业的网页图片设计、制作与编辑软件。它不仅可以轻松制作出各种动感的 GIF、动态按钮、动态翻转等网络图片。更重要的是 Fireworks 可以轻松地实现大图切割，让网页在加载图片时显示速度更快。让用户在弹指间便能制作出精美的矢量图和点阵图、模型、3D 图形和交互式内容，无须编码，直接应用于网页和移动应用程序。Fireworks CS6 利用 jQuery 支持制作移动主题，从设计组件中添加 CSS Sprite 图像。为网页、智能手机和平板电脑应用程序提取简洁的 CSS3 代码。利用适用于 Mac OS 的增强的重绘性能和适用于 Windows 的内存管理，大大提高了工作效率。此外，还能利用增强型色板快速更改颜色。

(2) Dreamweaver CS6 的用户界面

Dreamweaver CS6 的用户界面如图 3.5 所示。

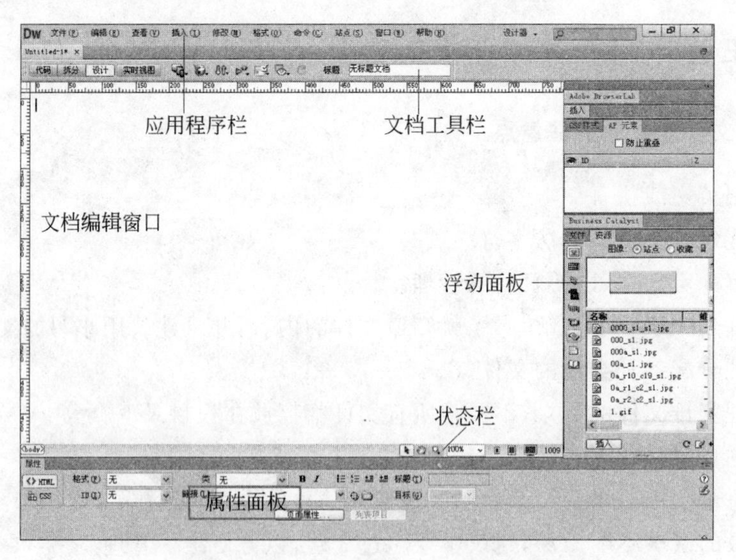

图 3.5 Dreamweaver CS6 的用户界面

(3) 应用程序栏

应用程序栏位于工作区顶部，左侧显示菜单栏，右侧包含一个工作区切换器和程序窗口控制按钮。

菜单栏几乎集中了 Dreamweaver CS6 的全部操作命令，利用这些命令可以编辑网页、管理站点以及设置操作界面等。

单击“设计器”右侧的小三角按钮，可在其下拉菜单中选择不同的工作区模式，其中包括应用程序开发人员、经典、编码器、编码人员、设计器等。

程序窗口控制按钮包括“最小化窗口”按钮 、“最大化窗口”按钮和“关闭窗口”按钮，如图 3.6 所示。

图 3.6　应用程序栏

(4) 文档标签

文档标签位于应用程序栏下方，左侧显示当前打开的所有网页文档的名称及其关闭按钮；右侧显示当前文档在本地磁盘中的保存路径以及“向下还原”按钮；下方显示当前文档中的包含文档以及链接文档。

当用户打开多个网页时，通过单击文档标签可在各网页之间切换。另外，单击下方的包含文档或链接文档，同样可打开相应文档，如图 3.7 所示。

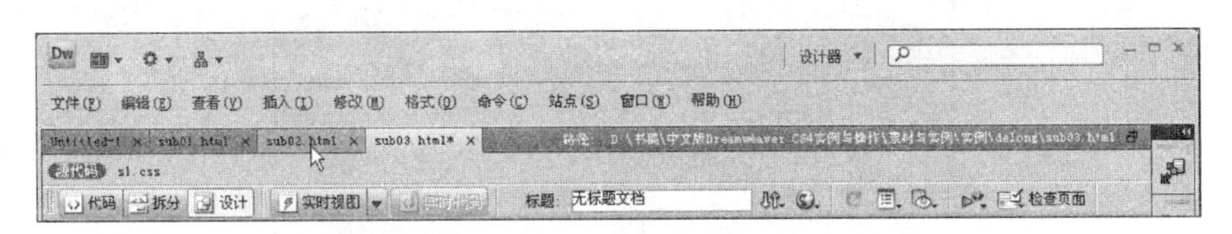

图 3.7　文档标签栏

(5) 状态栏

状态栏位于文档窗口底部，它提供了与当前文档相关的一些信息，如图 3.8 所示。

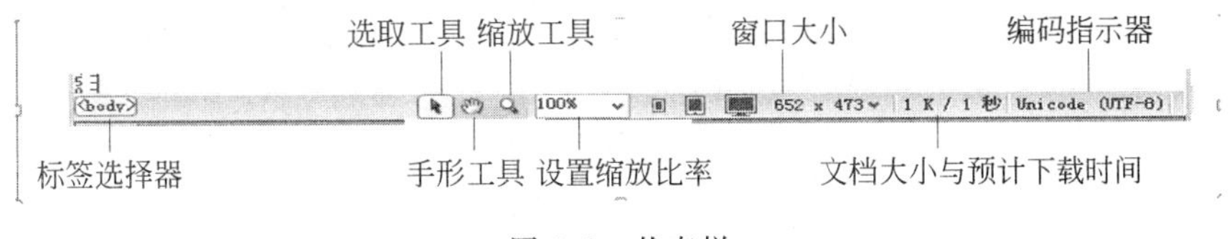

图 3.8　状态栏

(6) 属性面板

使用属性面板可以检查和设置当前选定页面元素(如文本和插入对象)的最常用属性。属性面板中的内容会根据选定元素的变化而变化。图 3.9 所示为分别选中文本和图像时的属性面板。

(7) 面板组

默认状态下，面板组位于文档窗口右侧。面板组中包含各种类型的面板，Dreamweaver 中的大部分操作都需要在面板中实现。其中，最常用的有“插入”面板、“文件”面板和“CSS 样式”面板等，如图 3.10 所示。

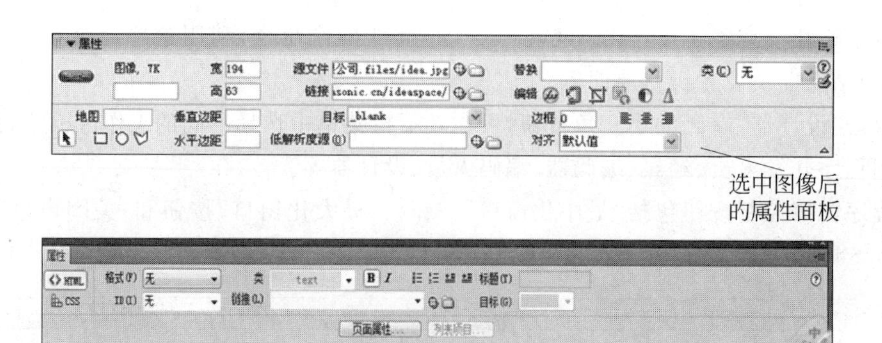

图 3.9　分别选中文本和图像时的属性检查器

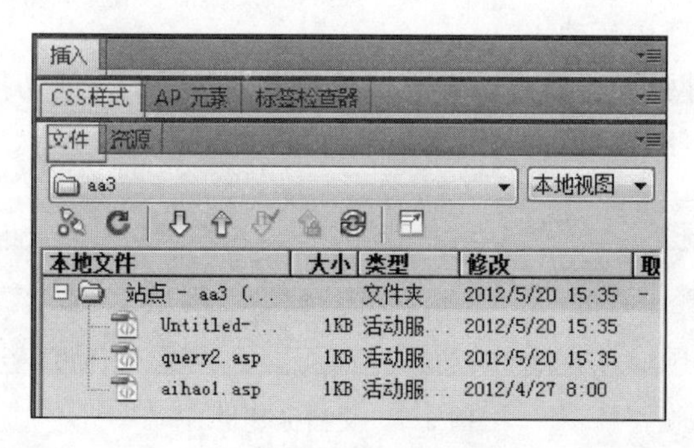

图 3.10　面板

3.1.4　举一反三练习

模仿操作：

(1) 模仿给定的素材，完成本地站点的构建及文档素材的整理归档。

(2) 创建“美食大嘴”的本地站点。

(3) 创建自选网站的本地站点。

任务 2　使用表格实现首页的布局

3.2.1　任务布置及分析

网页布局的常用技术有表格、DIV 标签、框架等，其中最常用的技术是表格，因为其简单可靠、兼容性好，虽然 DIV 标签也是目前比较流行的技术，但其设计难度较大。框架则适合用于将多个页面组合在一起。

信息学院的首页内容比较丰富，且条目比较多，要使它们繁而不乱的呈现，用表格布局比较容易实现，如图 3.11 所示和图 3.12 所示。

图 3.11　网站首页

网页头部
中部上方
中部右侧
中部左侧
中部下方
网页尾部
信息学院
首页
学院概况
教学科研
党建思政
学生工作
招生就业
图片快讯
网上党校
下载中心
认真学习宣传贯彻党的十八大精神
站内导航
站内专题
联系方式
便民网址
调查投票

图 3.12　网页分块

3.2.2 操作步骤

1. 首页头部的制作

(1) 新建文档：启动 Dreamweaver CS6，新建一个 HTML 文档，并把它保存为 index.html。

(2) 插入表格：执行“插入”→“表格”命令，在弹出的“表格”对话框中设置表格行数为 4，列数为 1，表格宽度为 1004 像素，边框粗细为 0，单元格边距为 0，单元格间距为 0，相应参数如图 3.13 所示。切换到代码视图，查看代码如下：

```
<table width="1004" border="0"
cellspacing="0" cellpadding="0">
    <tr>
        <td> </td>
    </tr>
    <tr>
        <td> </td>
    </tr>
    <tr>
        <td> </td>
    </tr>
    <tr>
        <td> </td>
    </tr>
</table>
```

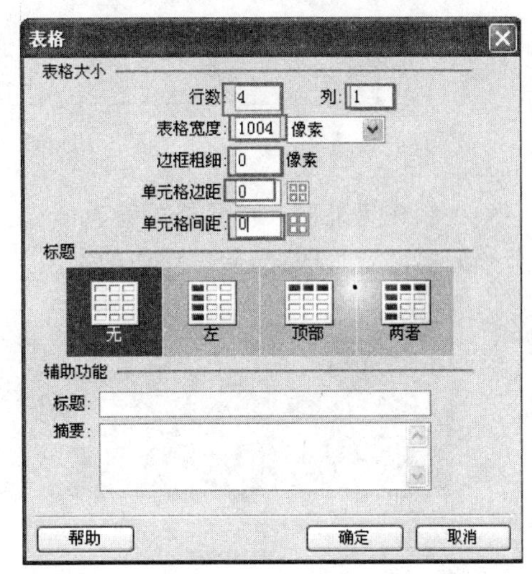

图 3.13 表格设置

(3) 设置表格单元格的背景图像：选择第一行的单元格，右击，在弹出的快捷菜单中选择“编辑标签”命令，在弹出的“编辑标签”对话框中选择“浏览器特定的”选项，并选择相应的背景图像，如图 3.14 所示。切换到代码视图，代码如下：

```
<table width="1004" border="0" cellspacing="0" cellpadding="0">
    <tr>
        <td background="/images/0a_r1_c2_s1.jpg">  </td>
    </tr>
    <tr>
        <td> </td>
    </tr>
    <tr>
        <td> </td>
    </tr>
    <tr>
        <td> </td>
    </tr>
</table >
```

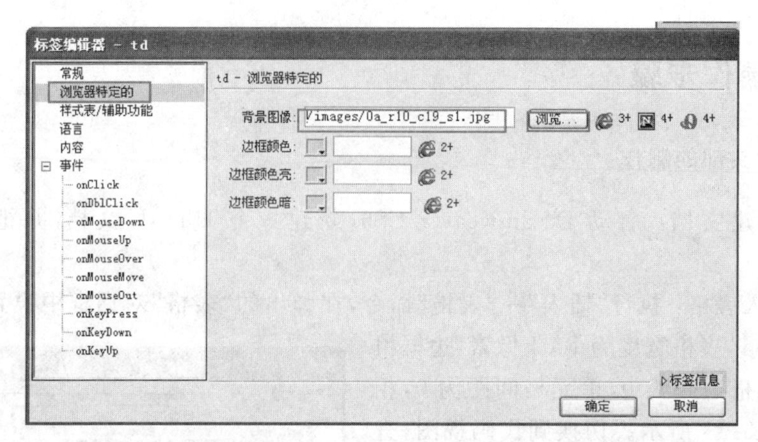

图 3.14　设置单元格背景图像

(4) 制作另外两个单元格的背景图像：用与第(3)步同样的方法，分别设置第 2 个、第 3 个单元格的背景图像，制作完毕的网页上部结构如图 3.15 所示。

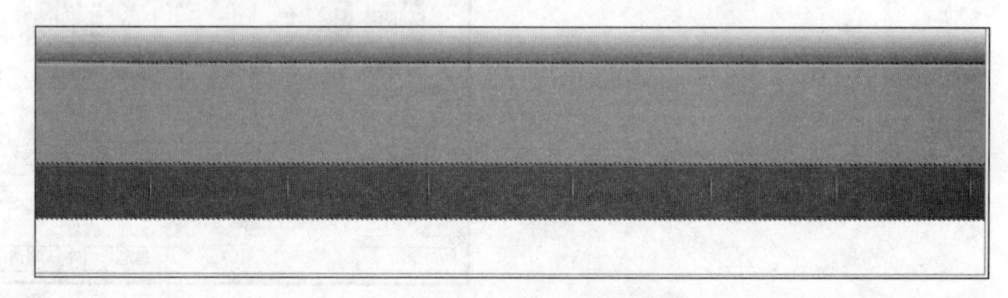

图 3.15　制作完毕的网页上部

2. 制作网页中部上侧

(1) 插入表格：把光标定位在网页上部的右侧，按 Enter 键，执行"插入"→"表格"命令，插入一个 2 行 3 列的表格。

(2) 设置第 1 行第 1 列背景图像：选择第 1 行第 1 单元格，右击，在弹出的快捷菜单中选择"编辑标签"命令，在弹出的"编辑标签"对话框中选择"浏览器特定的"选项，并选择相应的背景切片中的相应图片作为背景图像。

(3) 设置第 1 行第 2 列：把光标定位在第 1 行的第 2 列单元格中，在"属性检查器"中设置它的垂直对齐为"顶端"(垂直(T) 顶端)，然后在这个单元格中插入一个 2 行 1 列的表格(这叫做表格的嵌套)，设置该表格的边框线粗细为 1，表格宽度为 100%，如图 3.16 所示。选择子表格的第 1 个单元格，设置它的背景图像为切片中的相应图像。

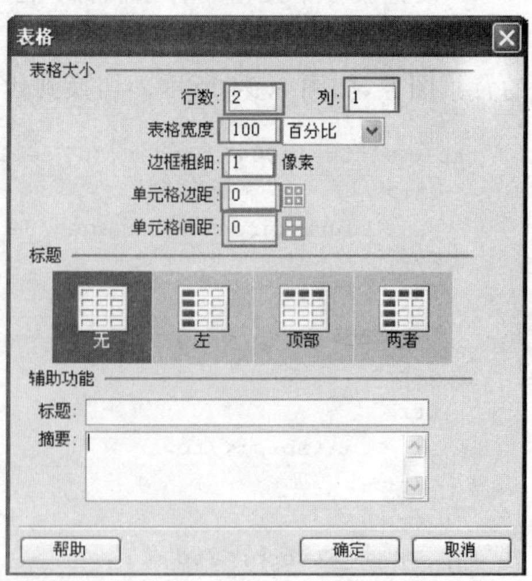

图 3.16　表格参数设置

(4) 设置第1行第3列：选择表格中第1行第3列，模仿第(3)步，把该单元格的垂直对齐设为“顶端”，然后插入一个2行1列，边框粗细为1，宽度为100%的子表格，并把子表格的第1列选中，单击“属性检查器”中的“拆分单元格为行或列”( )按钮，把它拆分成两个单元格，并把它们分别设置成不同的背景图像。

(5) 设置第2行：把第2行的3个单元格都选中，在“属性检查器”上，单击“合并所选单元格”( )按钮，把3个单元格合并成一个单元格，并设置相应的背景图片。中上部的布局效果如图3.17所示。

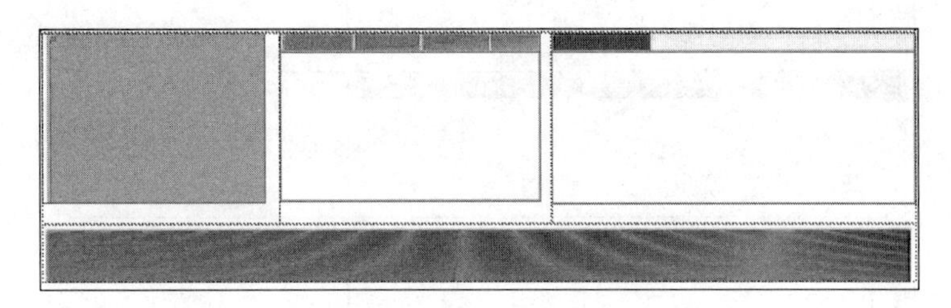

图3.17　中上部的布局效果

3. 中部左侧制作

中部左边的制作跟上面的制作也相似，这里简单介绍一下制作要点。

(1) 插入一个5行3列的表格。

(2) 把第1行的1、2单元格合并成一个单元格后，再在该单元里插入一个2行2列的表格，并在子表格的第1行的两个单元格里分别设置背景图片，然后把子表格的第2行两单元格合并，设置背景如图3.18所示。

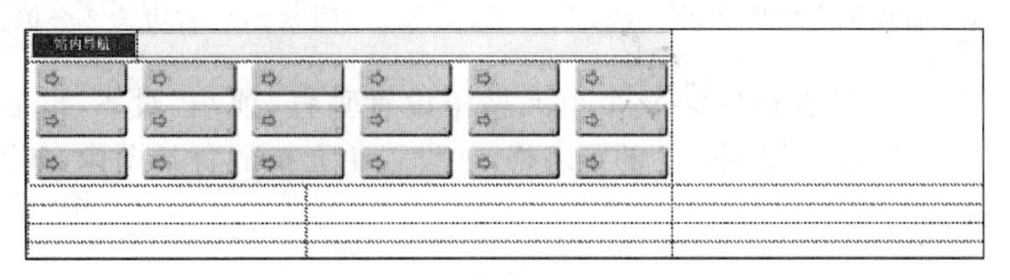

图3.18　中部左边第一部分

(3) 中部左边其他部分的制作跟第(2)步相似，做好后的效果图3.19所示。

4. 中部右边部分的制作

(1) 先把上图右边5个单元格合并成一个单元格，然后把合并后的单元设置成垂直“顶端”对齐，再在其内插入一个5行1列的子表格，表格的边框线设为1，边距间距都设为0，宽度设为100%。

(2) 将子表格的第1个单元格设置成垂直“顶端”对齐，再在其内插入一个5行1列，边框线、边距、间距都均为0的子表格，并设置单元格的背景图像，如图3.20所示。

(3) 同样在第(1)步的子表格的第2个单元格中设置垂直“顶端”对齐，再插入一个4行1列、边框线为1、边距间距均为0的子表格，并设置单元格的背景图像，如图3.21所示。

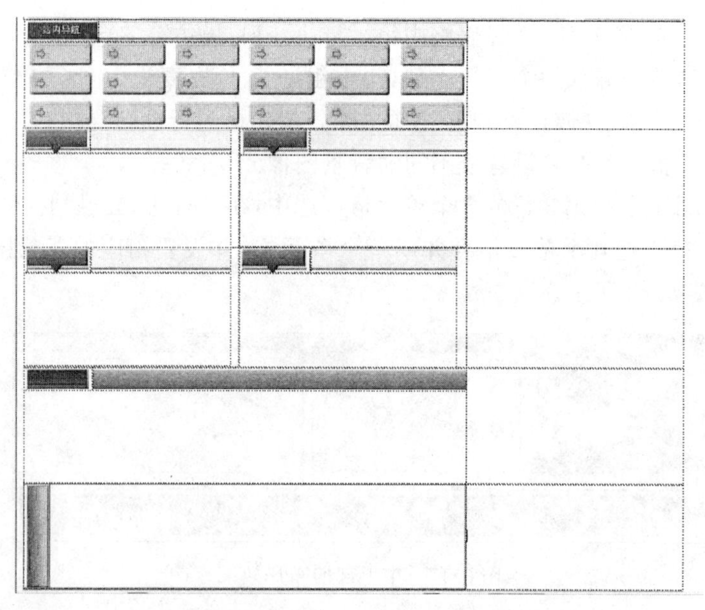

图 3.19　整个中部左边效果图

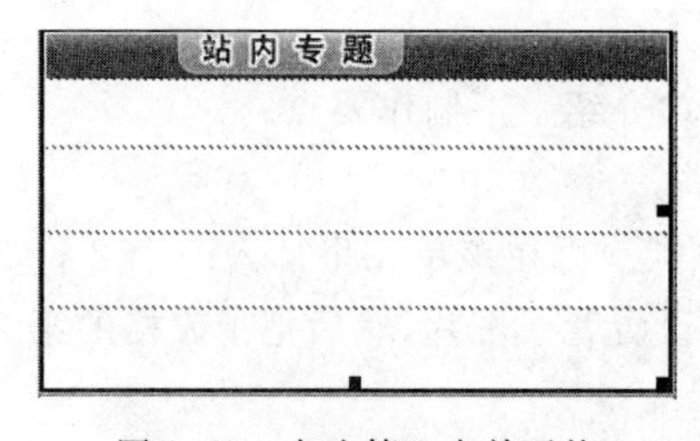

图 3.20　右边第 1 个单元格

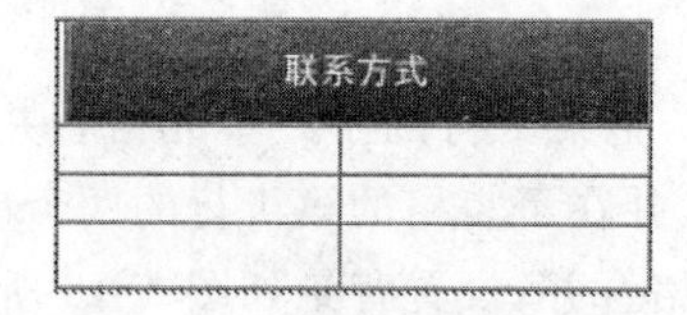

图 3.21　右边第 2 个单元格

(4) 在第(1)步的子表格的第 3 个单元格中设置垂直“顶端”对齐，再插入一个 7 行 2 列，边框线为 1，边距为 0，间距为 5 的子表格，并设置单元格的背景图像，如图 3.22 所示。其余的不再详述。

5. 中下部和下部的制作

中下部和下部的制作跟以上类同，也不再详述。最终效果图如图 3.23 所示。

6. 保存预览

单击“文件”菜单中的“保存”命令。然后，单击“文档工具栏”中的预览按钮，在弹出的菜单中选择相应的浏览器预览效果。

3.2.3　主要知识点及操作技能讲解

1. 表格的概念

表格就是由一些粗细不同的横线和竖线构成的，横的叫做行，竖的叫做列，由行和列相交的一个个方格称为单元格。单元格中的内容和边框之间的距离叫做边距。单元格和单元格之间的距离叫做间距。整张表格的边缘叫做边框，如图 3.24 所示。

图 3.22　右边第 3 个单元格

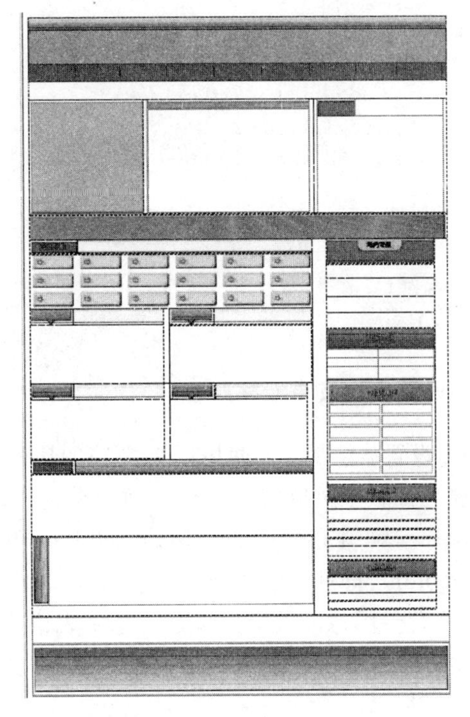

图 3.23　最终效果图

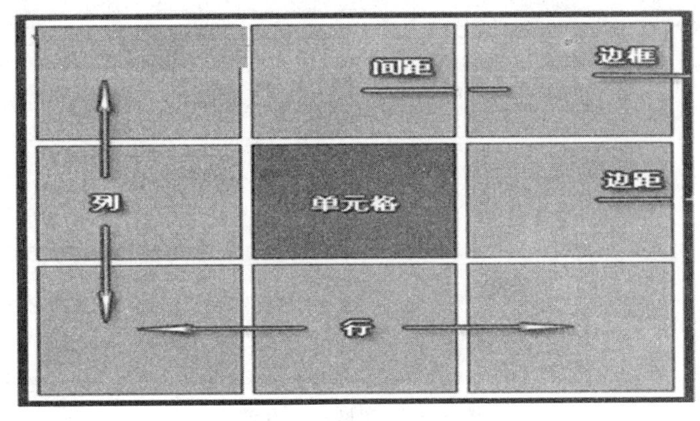

图 3.24　表格的元素

单元格是表格的基本单位，每一个单元格都是一个独立的正文输入区域，可以输入文字和图形，并单独进行排版和编辑。表格不仅可以为页面进行宏观的布局，还可以使页面中的文本、图像等元素更有条理。

2. 插入表格(table)

表格创建完成后，可以向表格中添加内容，在表格中添加的内容可以包括文本、图像或数据等内容。执行“插入”→“表格”命令，在弹出的“插入表格”对话框中输入行为 2，列为 2，即可插入 2 行 2 列的表格，其代码如下：

```
<table>
    <tr>
        <td> </td>
        <td> </td>
    </tr>
    <tr>
        <td> </td>
        <td> </td>
    </tr>
</table>
```

3. 设置表格及单元格属性

(1) 设置表格属性：使用网页文档的属性面板，在文档中插入表格之后选中当前表格，在属性面板中可以对表格进行相关设置，如宽(width)、高(height)、对齐方式(align)、边框(border)、填充(cellPadding)、间距(cellspacing)、背景颜色(bgcolor)、边框颜色(bordercolor)、背景图像(background)等。特别提醒一下，在 Dreamweaver CS6 中，表格或单元格背景图像的设置方法是先选中表格或单元格，然后右击，在弹出的快捷菜单中选择“编辑标签”命令，在弹出的对话框中选择“浏览器特定的”选项，再进入背景图像设置，如图 3.25 所示。

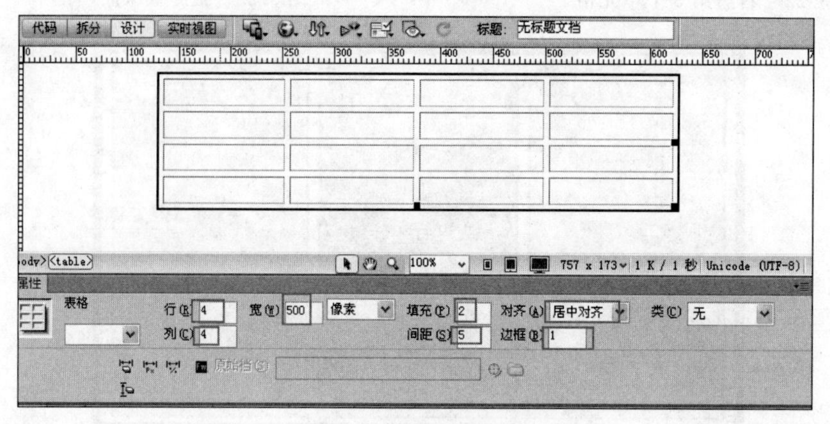

图 3.25　表格属性设置

进入代码视图，查看代码变为如下内容。

```
<table width="500" border="1" align="center" cellpadding="2" cellspacing="5">
    <tr>
        <td> </td>
        <td> </td>
        <td> </td>
        <td> </td>
    </tr>
```

```
    <tr>
        <td> </td>
        <td> </td>
        <td> </td>
        <td> </td>
    </tr>
    <tr>
        <td> </td>
        <td> </td>
        <td> </td>
        <td> </td>
    </tr>
    <tr>
        <td> </td>
        <td> </td>
        <td> </td>
        <td> </td>
    </tr>
</table>
```

(2) 设置单元格的属性：在 Dreamweaver CS6 中，不但可以设置行或列的属性，还可以设置单元格的属性，如宽(width)、高(height)、水平对齐方式(align)、垂直对齐方式(valign)边框、填充、间距、(这 3 项是指表格的填充、间距、边框的设置)、背景颜色(bgcolor)、边框颜色(bordercolor)、背景图像(background)等，如图 3.26 所示。

图 3.26　单元格属性

切换到代码视图，查看代码，要设置单元格边框线颜色还需在视图加选项 bordercolor="FF0000"，该单元格的代码如下。

```
<td width="135"height="42"align="center"valign="middle"  bordercolor="#FF0000"
bgcolor="#0000FF">设置该单元格</td>
```

(3) 设置列与行的属性：启动 Dreamweaver CS6，绘制表格，首先需要选中表格对象的行和列，然后在属性面板中即可对表格的行和列进行相关的设置，如图 3.27 所示。

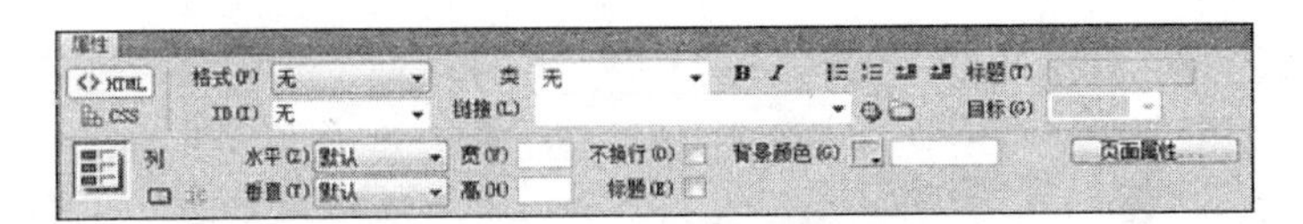

图 3.27　行列属性设置

4. 编辑与调整表格结构

(1) 选择表格：启动 Dreamweaver CS6，单击表格上的任意一个边线框，就可以选中该表格；或者将光标置于表格内的任意位置，在菜单栏中，选择“修改”→“表格”→“选择表格”命令，即可完成选择表格的操作。

(2) 选择单元格：若想选择单个单元格，则可将鼠标指针移动到表格区域，按住键盘上的 Ctrl 键，当指针变成“箭头旁边加一个矩形”形状时，单击即可选中所需要的单元格。

(3) 调整表格和单元格的大小：在文档中，插入表格以后，可以改变表格的宽度和高度，将鼠标指针移动到表格内部，当鼠标指针变成双箭头形状时，单击并拖动，即可调整表格的大小。

(4) 增加和删除表格的行和列。

① 打开 Dreamweaver CS6，绘制一个表格。

② 将光标放置在第 1 行单元格中，在菜单栏中，选择“修改”→“表格”→“插入行”命令，即可插入行。

③ 将光标放置在第 1 行单元格中，在菜单栏中，选择“修改”→“表格”→“插入列”命令，即可插入列。

④ 将光标放置于准备要删除行的任意一个单元格，在菜单栏中，选择“修改”→“表格”→“删除行”命令，即可完成删除行的操作。

(5) 拆分单元格：打开 Dreamweaver CS6，绘制一个表格，将鼠标光标放置于准备拆分的单元格中，在菜单栏中，选择“修改”→“表格”→“拆分单元格”命令，在弹出的“拆分单元格”对话框中，设置参数，并单击“确定”按钮。

此时，可以看到单元格已经被拆分，通过以上步骤即可完成拆分单元格的操作。

(6) 合并单元格：打开 Dreamweaver CS6，绘制一个表格，选中准备合并的单元格，在菜单栏中，选择“修改”→“表格”→“合并单元格”命令，即可将多个单元格合并成一个单元格。

5. 嵌套表格的创建

表格可进行嵌套。嵌套表格是指在表格的某个单元格中再插入一个表格，其宽度受所在单元格的宽度限制。当单个表格不能满足布局的需求时，可以进行嵌套表格的创建，如图 3.28 所示。

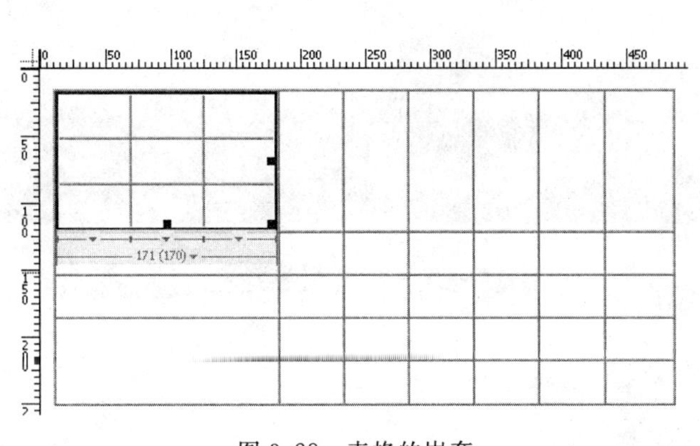

图3.28　表格的嵌套

3.2.4　举一反三练习

1. 完成“美食大嘴”首页布局图如图3.29所示。

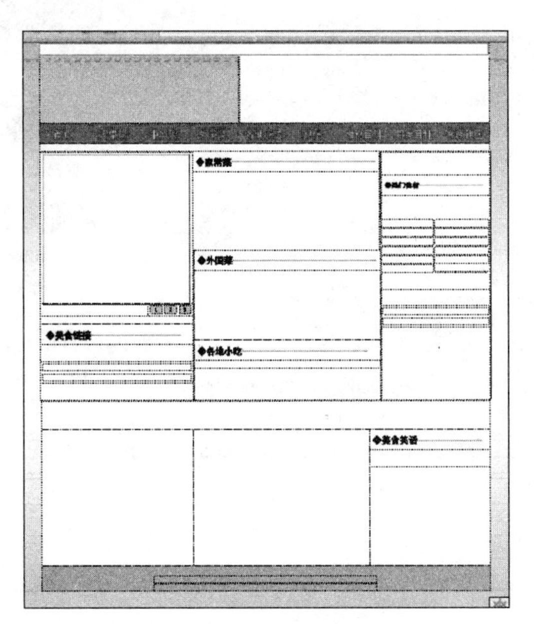

图3.29　“美食大嘴”首页布局图

2. 完成自选网站的首页布局。

任务3.3　为首页添加文本和图像

3.3.1　任务布置及分析

在表格布局完成后，接下来就要添加网页的各元素，本任务的主要任务是为首页添加文本和图像。完成后的效果图如图3.30所示。

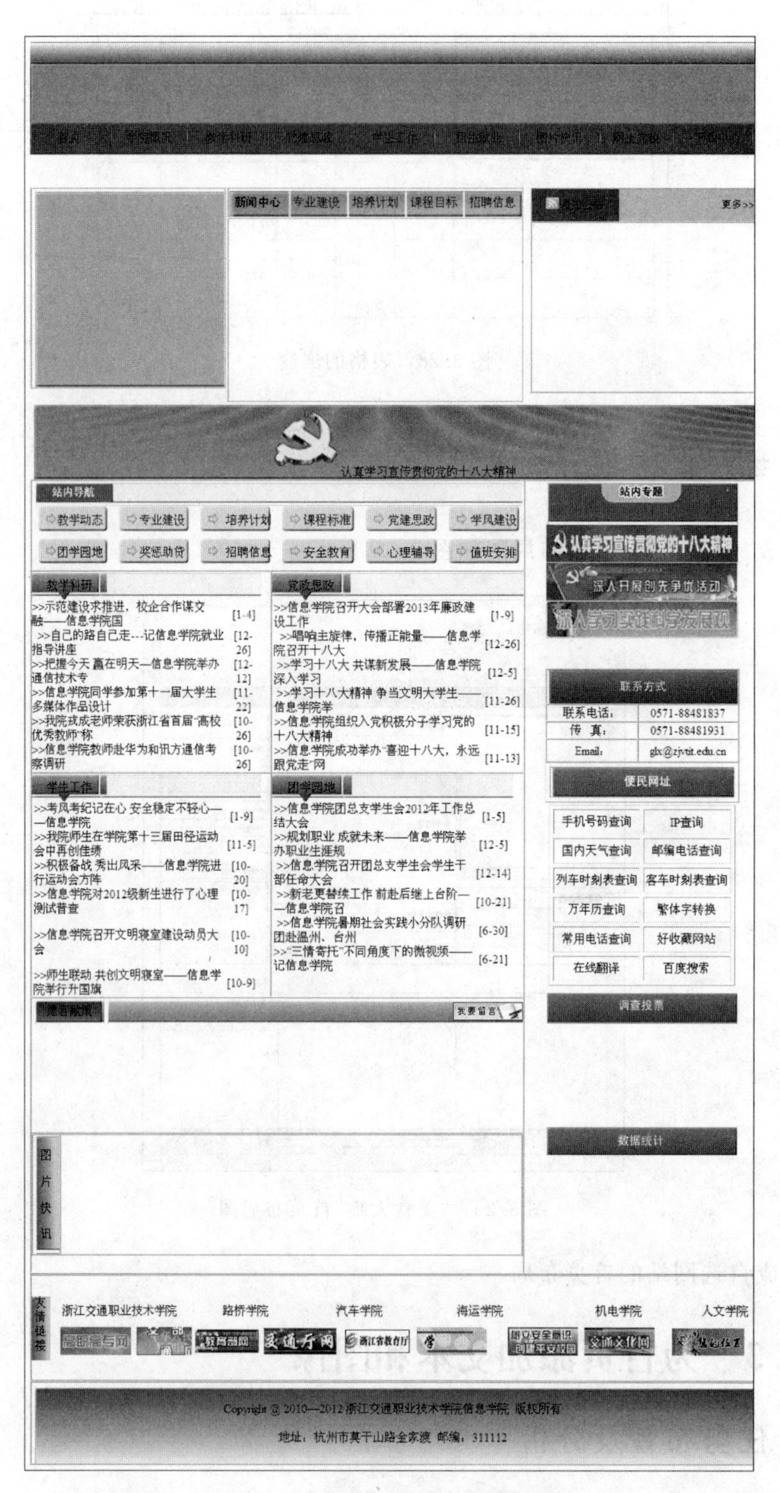

图 3.30 插入静态图像后的效果图

3.3.2 操作步骤

1. 输入文本

启动 Dreamweaver CS6，打开上次保存的 index. html 文件。

(1) 输入主导航文本：为了便于对齐文本，先设置主菜单所在的单元格垂直对齐方式为“居中”，再在它内部嵌套一个 1 行 9 列，宽度为 100%的表格。然后，再把内嵌表格的每个单元格水平对齐方式设为“居中”。最后，在每个单元格内容输入相应的文本，文本的字体颜色等属性可以先不要设置，得到的导航文本效果图如图 3.31 所示。

图 3.31 导航文本效果图

(2) 输入其他导航文本：操作方法与第(1)点相似，详细步骤不再重复。主要文本输入后的效果如图 3.32 所示。

2. 插入静态图像

在单元格中插入图像的方法比较简单，只要把光标定位在要插入的单元格内，并执行“插入”→“图像”命令，然后，在弹出的对话框中选择事先准备的图像即可。

代码为

```
img src="xygk.jpg" alt="替换文字"
```

注：由于有些单元格既有图像又有文字且文字重叠在图像上面，因此可以先把图像设置为该单元格的背景图像，再在该单元格中输入文本。

插入静态图像后的网页效果如图 3.30 所示。

3.3.3 主要知识点及操作技能讲解

1. 在网页中添加文本

(1) 添加普通文本

方法有以下 3 种。

① 直接输入。

② 复制和粘贴。

③ 从其他文件导入。

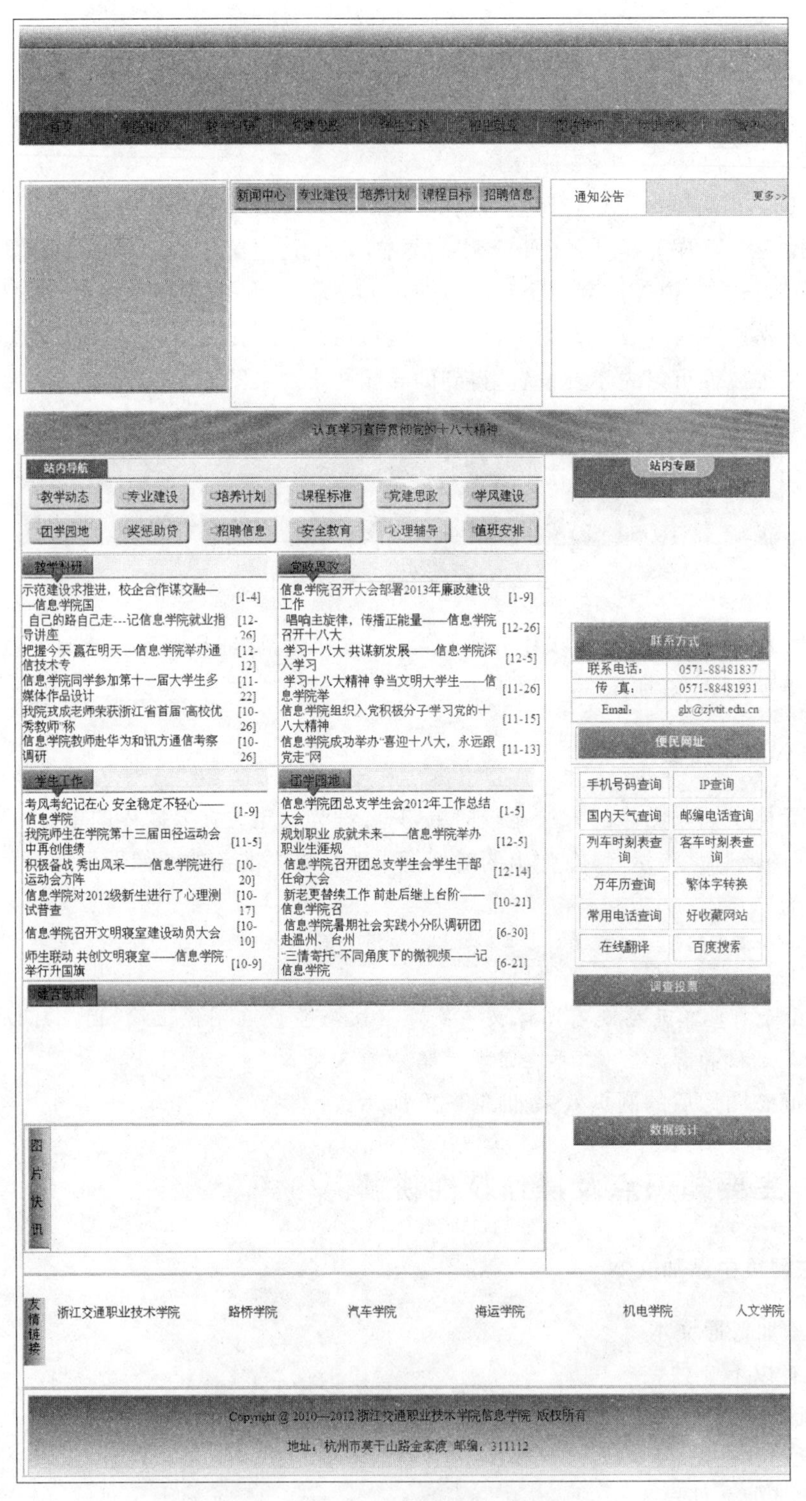

图 3.32 主要文本输入后的效果

(2) 添加空格

当输入法切换到半角状态时，按 Space 键只能输入一个空格。如果需要输入多个连续的空格可以通过以下3种方法来实现。

① 执行“插入记录”→HTML→“特殊字符”→“不换行空格”命令。

② 直接按 Ctrl＋Shift＋Space 键。

③ 设置软件首选参数为允许连续空格。

(3) 添加日期时间

在文档的最后一行插入形式如“Friday, 2006-07-14 9：47 AM”所示的日期，且要求每次保存网页时自动更新日期。具体操作过程如下。

① 切换到“常用”插入工具栏。

② 按 Enter 键，添加一空行，将光标放置在空行与正文对齐的最左端。

③ 执行“插入”→“日期”命令或者单击“常用”插入栏的“日期”按钮，将弹出“插入日期”对话框。

④ 在“插入日期”对话框中，“星期格式”下拉表框中选取 Thursday，“日期格式”选取“1974-03-07”，在“时间格式”下拉列表框中选取“10：18PM”，选中“储存时自动更新”复选框，然后单击“确定”按钮，最后生成的日期效果为“Friday,2006-07-14 9：47 AM”的形式。

⑤ 保存插入的日期并浏览网页。

(4) 插入水平线

① 将“插入”工具栏切换到“HTML”类型。

② 将光标放置到标题最后一个字符的右边。

③ 单击 HTML“插入”工具栏的“水平线”按钮，即可向网页中标题与正文之间插入一条水平线。

(5) 添加特殊字符

① 通过执行“插入”→“HTML”→“特殊字符”命令插入。先将光标放置到需要插入特殊字符的位置，然后执行“插入”→“HTML”→“特殊字符”命令，在“特殊字符”的级联菜单中选择需要插入的特殊字符。

② 通过“文本”插入工具栏插入。先在 Dreamweaver CS6 的“插入”工具栏中选择“文本”，显示“文本”插入工具栏。将光标放置到需要插入特殊字符的位置，然后单击工具栏中的“文本”按钮，选择所需插入的特殊字符即可插入网页中。

2. 在网页中添加图片

(1) 网页中常用的图片格式

使用图片的原则：在保证画质的前提下尽可能使图片的数据量小一些，这样有利于用户快速的浏览网页。

① GIF 格式

特点：它的图片数据量小，可以带有动画信息，并且可以透明背景显示，但最高支持256种颜色。

用途：大量用于网站的图标 Logo、广告条 Banner 及网页背景图像。但由于受到颜色的限制，不适合用于照片级的网页图像。

② JPEG 格式

特点：它可以高效地压缩图片的数据量。使图片文件变小的同时基本不丢失颜色画质。

用途：通常用于显示照片等颜色丰富的精美图像。

③ PNG 格式

特点：它是一种逐步流行的网络图像格式。既融合了 GIF 能做成透明背景的特点，又具有 JPEG 处理精美图像的优点。

用途：常用于制作网页效果图。

(2) 如何获取网页图像

网上下载(我要素材网 www.51scw.net)、购买素材光盘、使用图像制作软件创作。

(3) 插入图像

① 插入→图像。

② 插入面板→常用→图像。

③ 直接将图像文件拖入编辑区。

注意：① 在插入图像前应先将网页文件保存，从而使所插图像引用正确。

② 图像插入网页后，应确定图像文件已存入站点，否则在下次打开网页时，会出现看不到图像的情况。

技巧：图像的位置、替换文字。

(4) 设置图像的基本属性

① 图像→设置的名称。

② 宽、高→可缩小和放大图片的显示尺寸。

③ 源文件→图片的路径和名称。

④ 替代→图像的说明文字。

⑤ 边框→图片是否要加边框。

(5) 图文混排

① 垂直边距和水平边距→图片四周突出的尺寸。

② 对齐→在一行中图形和文本的对齐方式。

(6) 编辑图像

① 裁切。

② 锐化。

③ 对比度/亮度。

④ 重新采样：当图片的宽、高缩小后，重新生成更小的图片。

⑤ 优化(为图片瘦身)。

3.3.4　举一反三练习

1. 完成“美食大嘴”的静态图文，加入静态图文后的首页如图 3.33 所示。

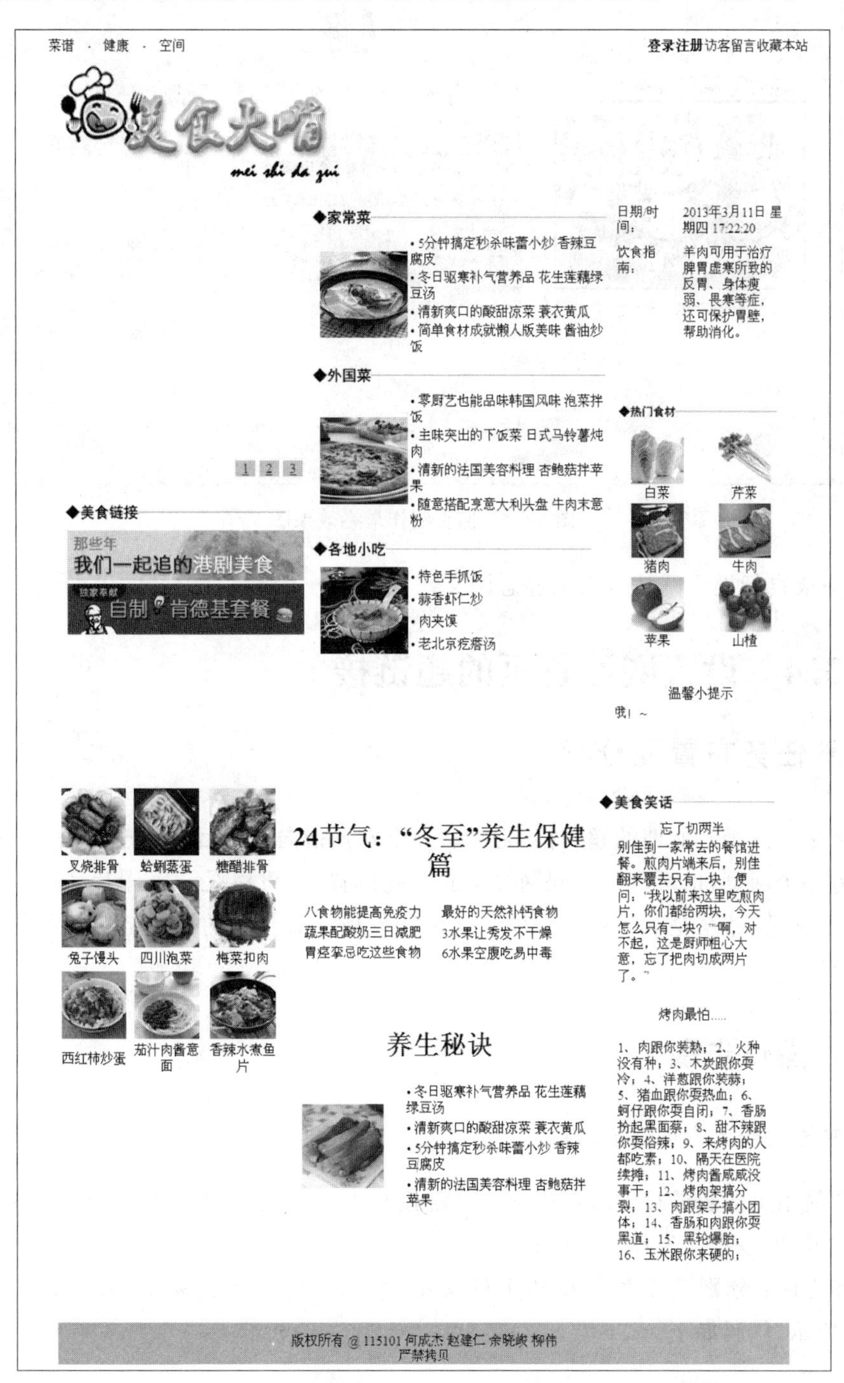

图 3.33　加入静态图文后的首页

2. 根据给定文本素材和图像素材完成“缘来如此”网页的制作。

如图 3.34 所示网页制作最终效果图。

图 3.34 网页制作最终效果图

3. 完成自行设计网站首页的静态图文。

任务 3.4 设置网站首页的超链接

3.4.1 任务布置及分析

什么是超链接？所谓的超链接，是指从一个网页指向一个目标的连接关系，这个目标可以是另一个网页，也可以是相同网页上的不同位置，还可以是一个图片、一个电子邮件地址、一个文件，甚至是一个应用程序。本次任务是完成首页的导航链接。如图 3.35 是链接示意图。

3.4.2 操作步骤

1. 主导航条上的超链接的制作

主导航条上的超链接大多数内容都是链接到本站内的其他页面的，由于目前其他页面尚未做成，所以把它先设成空链接。

制作方法：分别选中各导航条上的文本，在属性检查器链接后面输入：“#”。如图 3.36 所示。代码如下：

```
<a href="#">首页</a>
```

信息学院
精艺 信通
首页
学院概况
教学科研
党建思政
学生工作
招生就业
图片快讯
网上党校
下载中心
认真学习宣传贯彻党的十八大精神
站内导航
站内专题
联系方式
便民网址
调查投票
数据统计
主导航条上的链接
站内导航上的链接
E-mail的链接
文字外部链接
图片外部链接

图 3.35　链接示意图

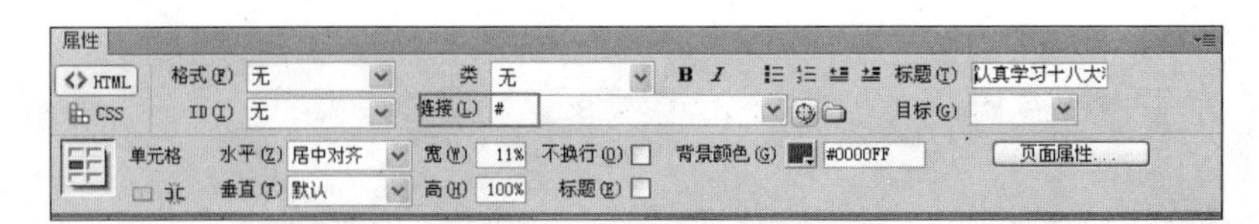

图 3.36 空链接设置

2. 图片上的链接

主要包括“图片快讯”、“友情链接”、“站内专题”3 栏里的链接。制作方法同上，所不同的是在属性检查器中增加了一栏“替换”和一栏“地图”，如图 3.37 所示。代码如下：

```
<img src="images/aa.gif" alt="认真学习十八大精神" width="255" height="50"/>
```

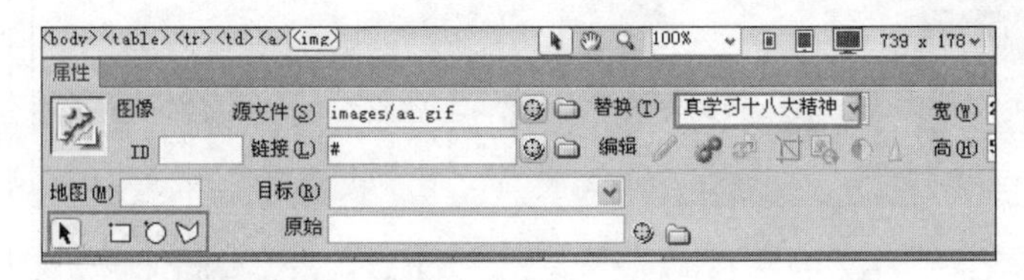

图 3.37 图片链接

3. E-mail 链接

在“联系方式”一栏中，选择文本“glx@zjvtit.edu.cn”，在属性检查器中输入“mailto:glx@zjvtit.edu.cn”，如图 3.38 所示。代码如下：

```
<a href="mailto: glx@ zjvtit.edu.cn">glx@ zjvtit.edu.cn</a>
```

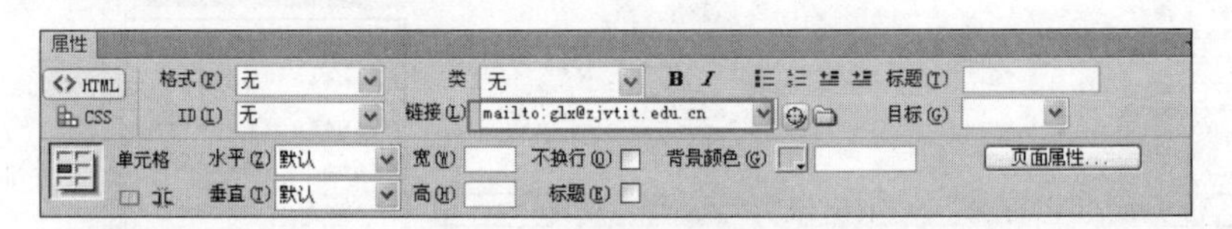

图 3.38 E-mail 链接

4. 外部网址链接

“便民网址”、“友情链接”这两栏中的所有子项目都是链接到外部网站上的，所以要用绝对链接。制作方法：选择相应的栏目，如“手机号码查询”，在相应的属性检查器中输入 http://www.hao123.com/haoserver/showjicc.htm，如图 3.39 所示。代码如下：

```
<a href="http: //www.hao123.com/haoserver/showjicc.htm">手机号码查询</a>
```

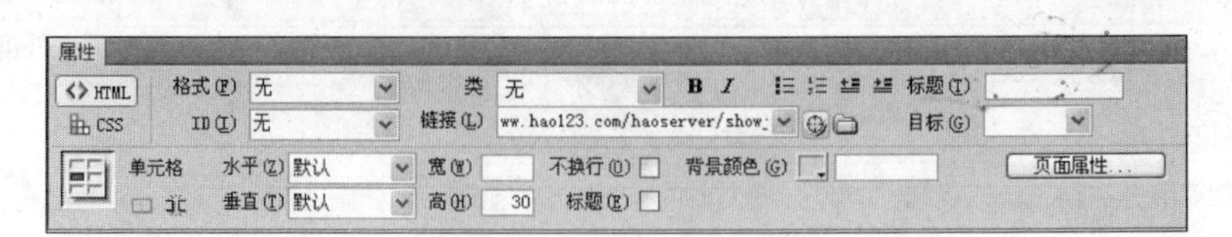

图 3.39 外部网址链接

3.4.3　主要知识点及操作技能讲解

1. 超链接中的目标

(1) _self：会在当前网页所在的窗口或框架中打开(默认方式)。

(2) _blank：每个链接会创建一个新的窗口。

(3) _new：会在同一个刚创建的窗口中打开。

(4) _parent：如果是嵌套的框架，则在父框架中打开。

(5) _top：会在完整的浏览器窗口中打开。

2. 超链接的类型

(1) 内部链接。由于这种链接的目标点是同个网站中的其他网页(文档)，因此被称为内部链接。

(2) 外部链接。由于这种链接的目标点是不同站点或本站点以外的网页(文档)，因此被称为外部链接。

注意：链接中使用完整的 URL 地址，如 http：//www.51zxw.net，其中 http：//是浏览网页网络协议；www.51zxw.net 是域名。

(3) 到网页某一特定位置的超链接——锚点链接。这种链接的目标端点是网页中的命名锚点，利用这种链接可以跳转到当前网页中的某一指定位置上，也可以跳转到其他网页中的某一指定位置上。

步骤1：创建命名锚记，就是在网页中设置位置标记，并给该位置一个名称，以便引用。

步骤2：在属性面板的链接栏中直接输入"#锚点名"。

注意：① 如果链接的目标锚点标记在当前页面，则输入"#锚点名"即可；

② 如果链接的目标锚点标记在其他网页，则要先输入目标网页的地址和名称，然后输入"#锚点名"。

(4) E-mail 电子邮件链接。单击这种链接，可以启动电子邮件程序(如 Office 办公软件中的 Outlook)书写邮件，并发送到指定的地址。

(5) 下载链接：当被链接的文件是 EXE 文件或 ZIP、RAR 类型的文件时，浏览器无法直接打开，便会提示文件会被下载，这就是网上下载的方法。

(6) 图像热区链接。图像热区指在一幅图片上创建多个区域(热点)，并可以单击触发。当用户单击某个热点时，会发生某种链接或行为，其步骤如下。

① 选中图像。

② 在图像属性面板中，使用热区工具(矩形、椭圆、多边形)，在图像上划分热区。

③ 为绘制的每一个热区设置不同的链接地址和替代文字。

(7) 图像导航条。使用鼠标经过变换图像的特效，创建图像导航条。

(8) 跳转菜单。跳转菜单是网页中的弹出式菜单,可以创建任何文件类型的链接,其步骤如下。

① 执行“插入栏”→“表单”→“跳转菜单”命令。

② 在“插入跳转菜单”对话框中,单击“+”按钮号添加菜单项。

③ 在“选择时。转到 URL”文本框中,输入该文件的路径。

(9) 脚本链接。可通过链接触发脚本命令(JavaScript)。

① 添加到收藏夹:window. external. addFavorite('http://www.51zq.net','我的足球网')。

② 表示关闭窗口:window. close()。

③ 表示弹出一个提示对话框:alert('hello!')。

④ 设置为默认主页:(需通过空链接#触发 onClick 事件)。

```
onClick="this.style.behavior='url(#default#homepage)';this.setHomePage
        ('http://www.51zq.com/');"
```

3. 超链接的管理

(1) 链接路径。对链接路径的正确理解是确保链接有效的先决条件。链接的路径有 3 种表达方式。

(2) 绝对路径:如果在链接中使用完整的 URL(统一资源定位符)地址,这种链接路径就称作绝对路径。一般用于链接外部网站或外部文件资源,例如,http://www.51zxw.net/list.aspx?cid=321。

(3) 相对于文档路径:表述源端点与链接目标端点之间的相互位置。一般人们默认使用这种方式链接同站点的不同文件。用“../”表示上一层的文件夹。

(4) 相对于站点根目录路径:所有链接的路径都是从站点的根目录开始的。“/”表示根目录。

(5) 自动更新链接。当文件的位置被改动时,自动地更新该网页中的链接路径,同时也自动更新其他网页链接到这个网页的路径。

3.4.4 举一反三练习

1. 完成“美食大嘴”的超链接,完成超链接后的首页如图 3.40 所示。

2. 完成任务 3 所做“缘来如此”网页的超链接(见图 3.34),网页的超链接要求按如图 3.41 所示。

3. 完成自行设计网站的超链接。

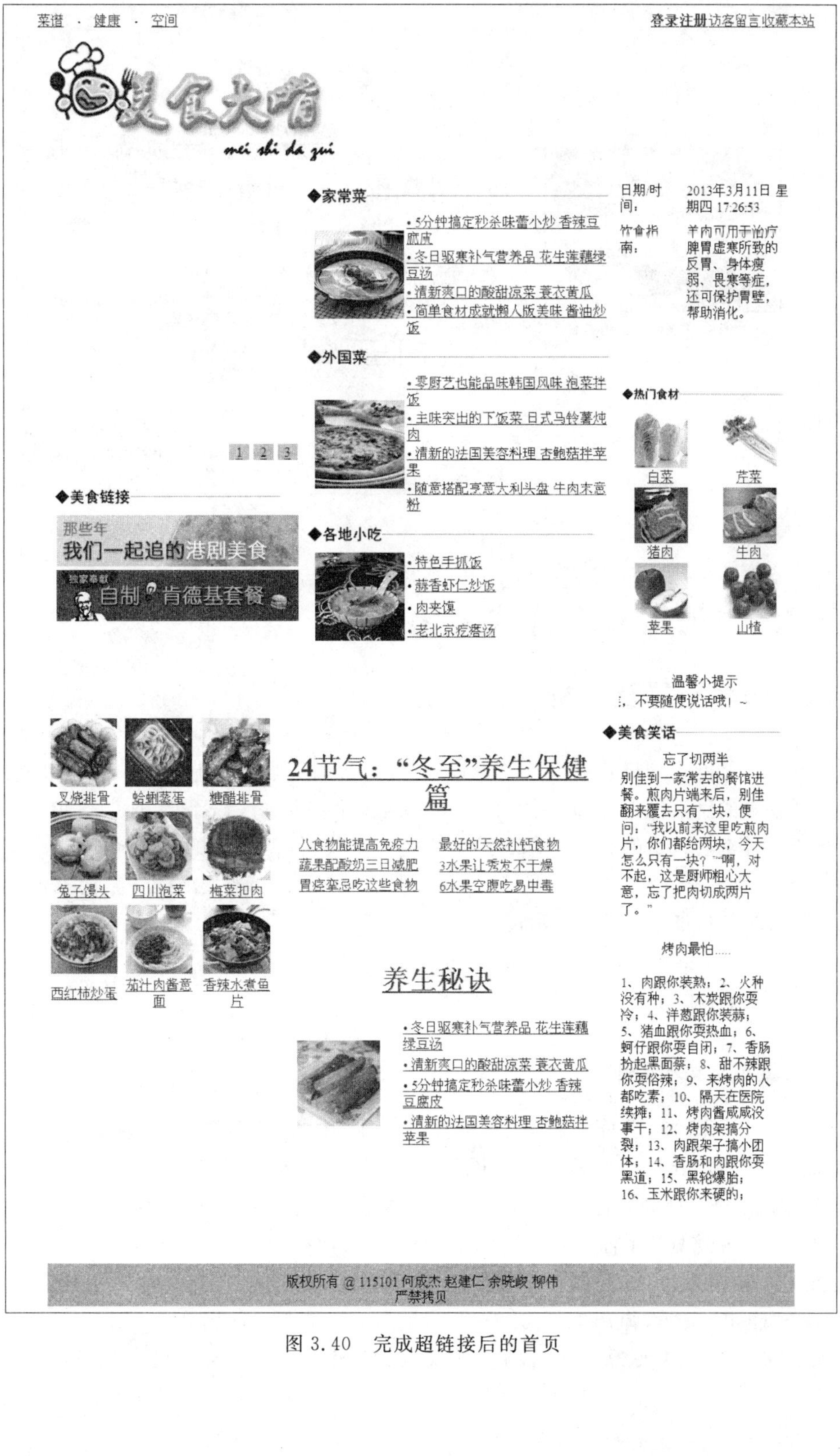

菜谱 · 健康 · 空间　　　　登录注册 访客留言 收藏本站

美食大嘴
mei shi da zui

◆家常菜

- 5分钟搞定秒杀味蕾小炒 香辣豆腐皮
- 冬日驱寒补气营养品 花生莲藕绿豆汤
- 清新爽口的酸甜凉菜 蓑衣黄瓜
- 简单食材成就懒人版美味 酱油炒饭

日期/时间：2013年3月11日 星期四 17:26:53

饮食指南：羊肉可用于治疗脾胃虚寒所致的反胃、身体瘦弱、畏寒等症，还可保护胃壁，帮助消化。

◆外国菜

- 零厨艺也能品味韩国风味 泡菜拌饭
- 主味突出的下饭菜 日式马铃薯炖肉
- 清新的法国美容料理 杏鲍菇拌苹果
- 随意搭配烹意大利头盘 牛肉末意粉

◆热门食材

白菜

芹菜

猪肉

牛肉

苹果

山楂

1 2 3

◆美食链接

那些年
我们一起追的港剧美食
独家奉献
自制肯德基套餐

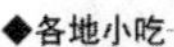

◆各地小吃

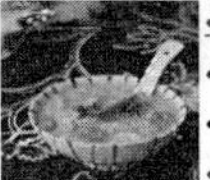

- 特色手抓饭
- 蒜香虾仁炒饭
- 肉夹馍
- 老北京疙瘩汤

温馨小提示

，不要随便说话哦！~

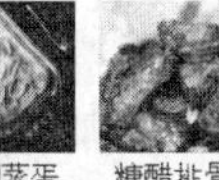

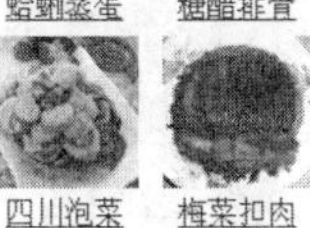

叉烧排骨　蛤蜊蒸蛋　糖醋排骨
兔子馒头　四川泡菜　梅菜扣肉
西红柿炒蛋　茄汁肉酱意面　香辣水煮鱼片

24节气："冬至"养生保健篇

八食物能提高免疫力　最好的天然补钙食物
蔬果配酸奶三日减肥　3水果让秀发不干燥
胃痉挛忌吃这些食物　6水果空腹吃易中毒

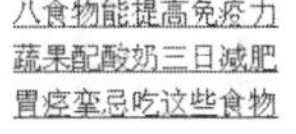

◆美食笑话

忘了切两半

别佳到一家常去的餐馆进餐。煎肉片端来后，别佳翻来覆去只有一块，便问："我以前来这里吃煎肉片，你们都给两块，今天怎么只有一块？""啊，对不起，这是厨师粗心大意，忘了把肉切成两片了。"

烤肉最怕……

1、肉跟你装熟；2、火种没有种；3、木炭跟你耍冷；4、洋葱跟你装蒜；5、猪血跟你耍热血；6、蚵仔跟你耍自闭；7、香肠扮起黑面蔡；8、甜不辣跟你耍俗辣；9、来烤肉的人都吃素；10、隔天在医院续摊；11、烤肉酱咸咸没事干；12、烤肉架搞分裂；13、肉跟架子搞小团体；14、香肠和肉跟你耍黑道；15、黑轮爆胎；16、玉米跟你来硬的；

养生秘诀

- 冬日驱寒补气营养品 花生莲藕绿豆汤
- 清新爽口的酸甜凉菜 蓑衣黄瓜
- 5分钟搞定秒杀味蕾小炒 香辣豆腐皮
- 清新的法国美容料理 杏鲍菇拌苹果

版权所有 @ 115101 何成杰 赵建仁 余晓峻 柳伟
严禁拷贝

图 3.40　完成超链接后的首页

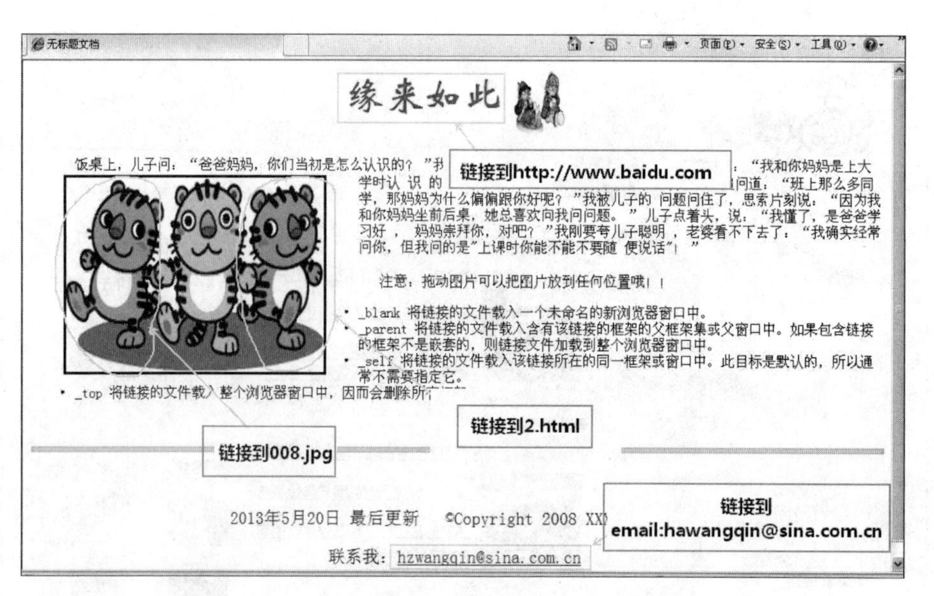

图 3.41 链接要求

任务 3.5 使用 CSS 样式美化首页

3.5.1 任务布置及分析

CSS 可以将网页和格式进行分离，提供对页面布局更强的控制能力以及更快的下载速度。在如今的网页制作中，几乎所有精美的网页都用到了 CSS。有了 CSS 控制，网页便会给人一种赏心悦目的感觉。CSS 虽然只是一些代码，但得到的效果却不同凡响。本任务是利用 CSS 表，对首页的超链接、文本、图文混排等进行格式编排，美化工作。CSS 美化后的首页效果图如图 3.42 所示。

3.5.2 操作步骤

1. 设置正文文本属性

(1) 调出“CSS 样式”面板：单击“属性检查器”中的“CSS”按钮（CSS），再单击“CSS 面板”按钮，如图 3.43 所示。调出的“CCS 样式”面板，如图 3.44 所示。

(2) 新建 CSS 规划：在“CCS 样式”面板中单击“新建 CSS 规则”按钮（），在弹出的“新建 CSS 规划”对话框中，设置选择器类型为“标签(重新定义 HTML 元素)”，输入选择器名称为“body”，规则定义的位置选择为“新建样式表文件”，如图 3.45 所示。单击“确定”按钮，弹出如图 3.46 所示的“将样式表文件另存为”对话框，选择保存样式表文件的文件夹为 styles，输入样式表文件名为 css1.css，单击“保存”按钮。

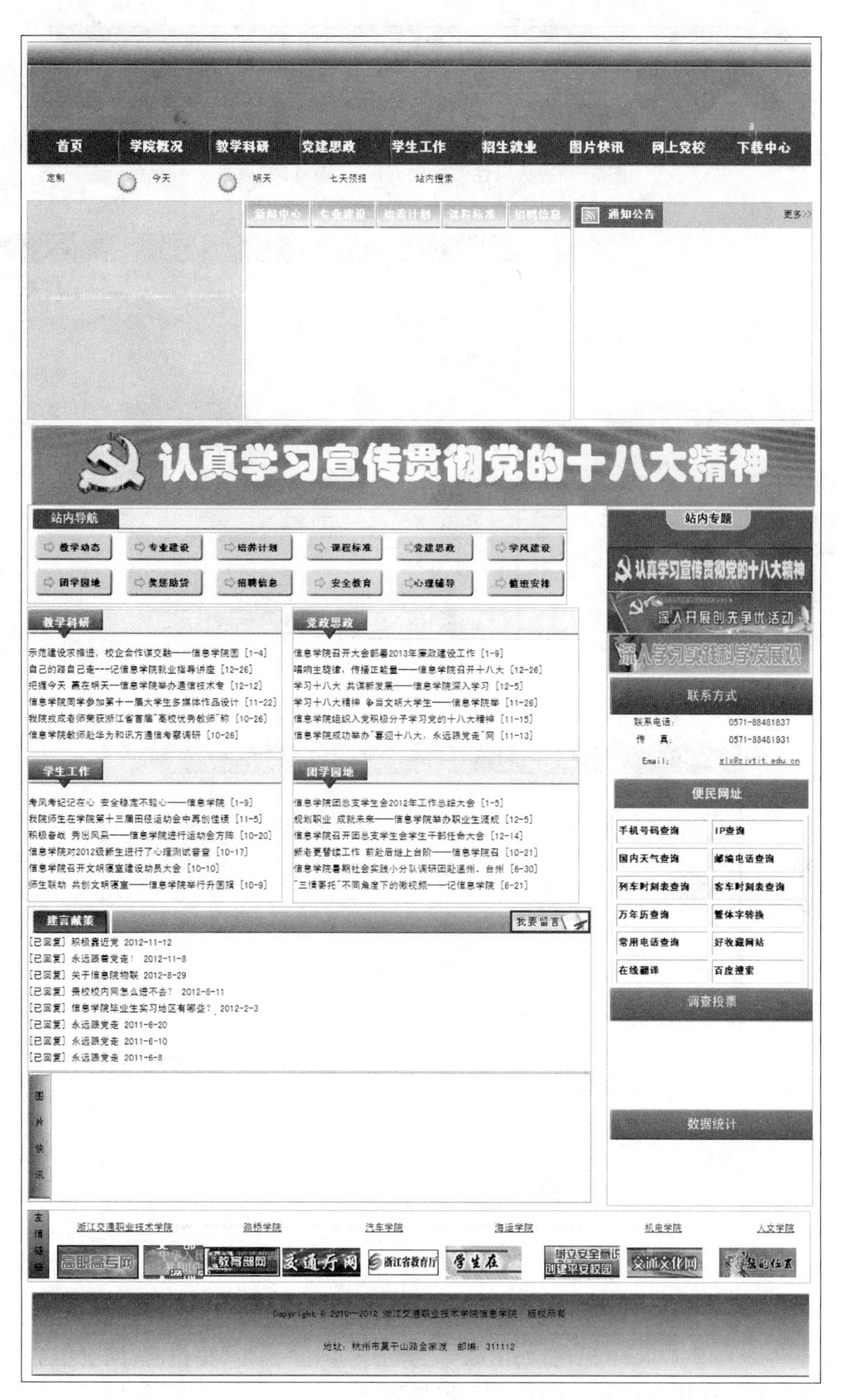

图 3.42 CSS美化后的首页效果图

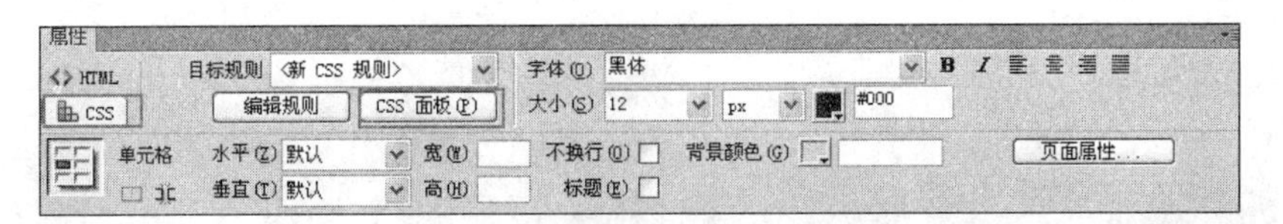

图 3.43　从属性面板中调出“CSS 样式”面板

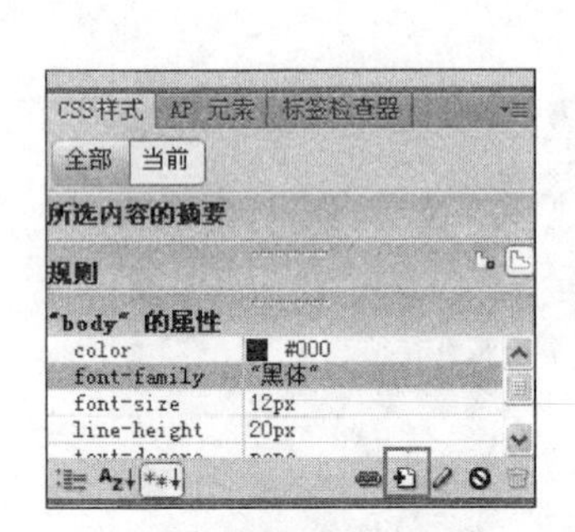

图 3.44　“CSS 样式”面板

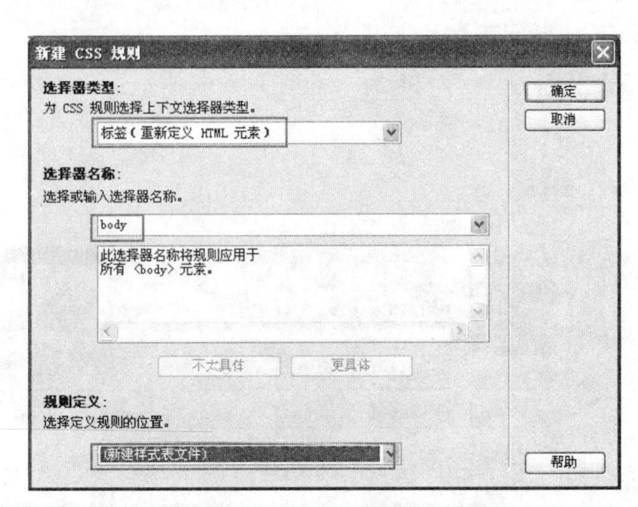

图 3.45　“新建 CSS 规则”对话框

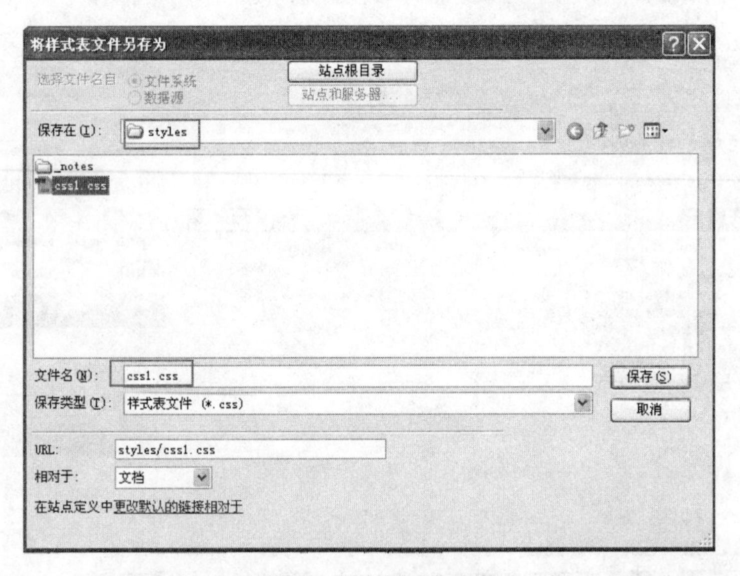

图 3.46　保存样式表文件

(3) 设置文本样式：在弹出的“body 的 CSS 规则定义”对话框中设置 Font-family：黑体；Font-size：12；Color：黑色，如图 3.47 所示。单击“确定”按钮后，网页中的文本属性自动将改变。打开 css1.css 文件，其代码如下：

```
body {
    font-family: "黑体";
```

```
    font-size:  12px;
    color:  #000;
    text-decoration:  none;
    line-height:  20px;
}
```

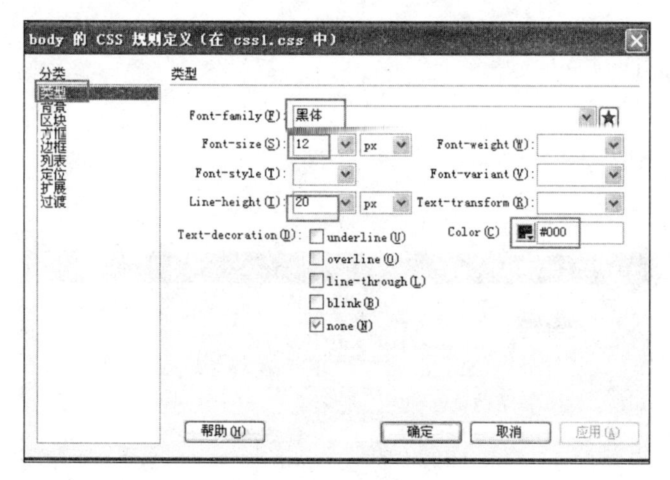

图 3.47　设置样式

回到 index.html 文档中，查看源代码，发现在<head><head/>标记间增加了如下一行代码：<link href="styles/css1.css"rel="stylesheet"type="text/css"/>，意味着把刚才建立的 css1.css 文件链接到该文档中了。

2. 设置特殊文本的属性

(1) 新建 CCS 规则。选择文本“认真学习宣传贯彻党的十八大精神”，单击“新建 CSS 规则”按钮，在弹出的“新建 CSS 规划”对话框中设置选择器类型为“类(可应用于任何 HTML 元素)”；输入选择器名称为“.tswz”；规则定义为 css1.css，如图 3.48 所示。

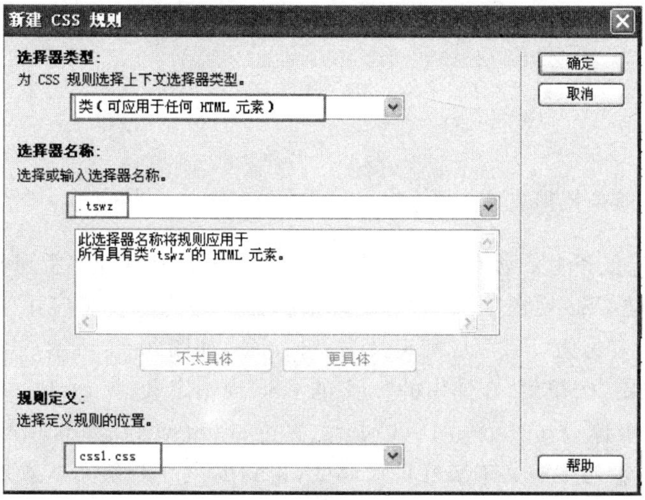

图 3.48　“新建 CSS 规划”对话框

(2) 设置文本的属性。单击“确定”按钮，在弹出的“.tswz 的 CSS 规则定义(在 css1.css 中)”对话框中设置 Font-family：华文琥珀；Font-size：50；Color：黄色；Font-weight：900，如图 3.49 所示。单击“确定”按钮后，被选中的文本属性将自动改变。应用 CSS 后的文本效果如图 3.50 所示。查看 css1.css 文档，发现增加了如下代码。

```
.tswz {
    font-family: "华文琥珀";
    font-size: 50px;
    font-weight: 900;
    color: #FF0;
}
```

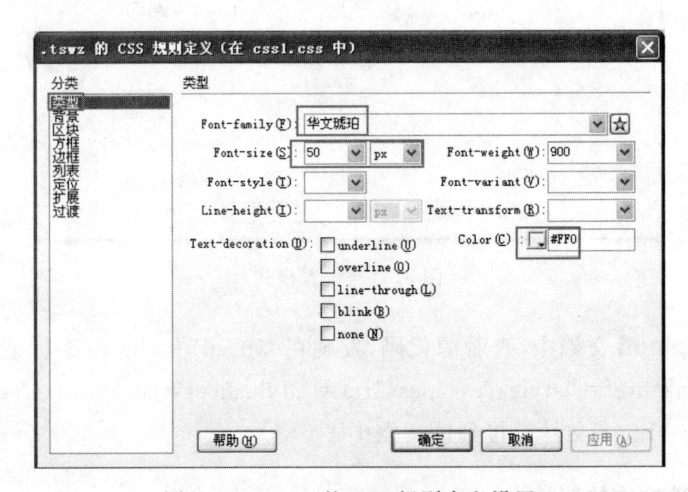

图 3.49 .tswz 的 CSS 规则定义设置

认真学习宣传贯彻党的十八大精神

图 3.50 应用 CSS 后的文本效果

查看 index.html 源代码，在文字“认真学习宣传贯彻党的十八大精神”处增加了如下一行代码：

```
class="tswz"
```

3. 设置主导航条链接文本

(1) 选择主导航条上的所有文本，在“CSS 样式”面板中，单击“新建 CSS 规则”按钮，在弹出的“新建 CSS 规划”对话框中设置选择器类型为“类(可应用于任何 HTML 元素)”；输入选择器名称为“.a1”；规则定义为 css1.css，如图 3.51 所示。

(2) 单击“确定”按钮后，在弹出的“.a1 的 CSS 规则定义(在 css1.css)中”对话框中设置 Font-family：黑体；Font-size：16；Color：白色；Font-weight：bold，如图 3.52 所示。单击“确定”按钮，被选中的文本属性自动改变，得到的主导航条文本效果图如图 3.53 所示，但文本的颜色还未改变。

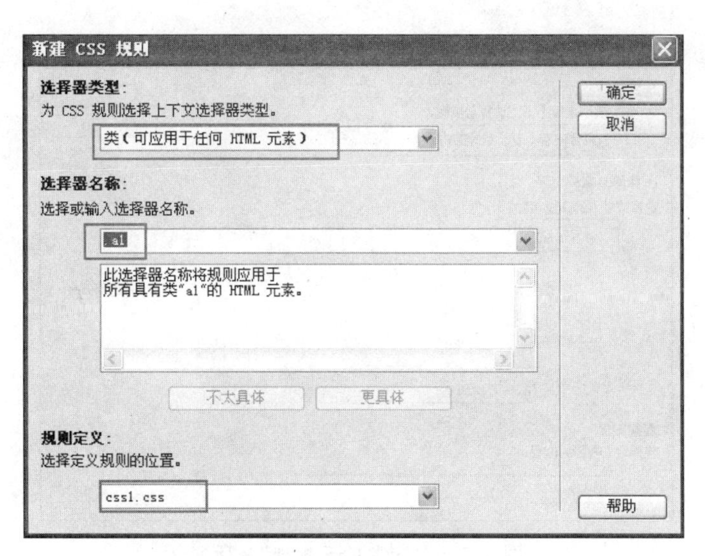

图 3.51 “新建 CSS 规划”对话框

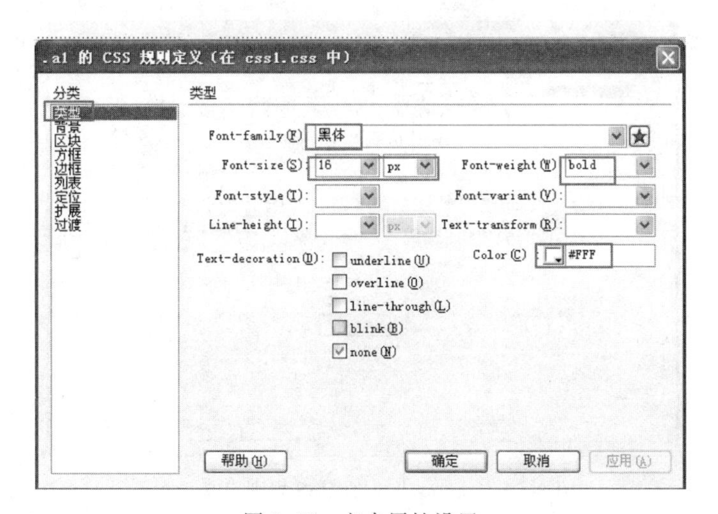

图 3.52 文本属性设置

图 3.53 主导航条文本效果图

(3) 在“CSS 样式”面板中,单击“新建 CSS 规则”按钮,在弹出的“新建 CSS 规划”对话框中设置选择器类型为“复合内容(基于选择的内容)”;输入选择器名称为“.a1 a:link”;规则定义:css1.css,如图 3.54 所示。

(4) 单击“确定”按钮后,在弹出的“.a1 a:link 的 CSS 规则定义(在 css1.css 中)”对话框中设置 Font-family:黑体;Font-size:16;Color:白色;Font-weight:bold,如图 3.55 所示。单击“确定”按钮,被选中的文本属性自动改变。应用.a1 a:link 后的效果如图 3.56 所示。

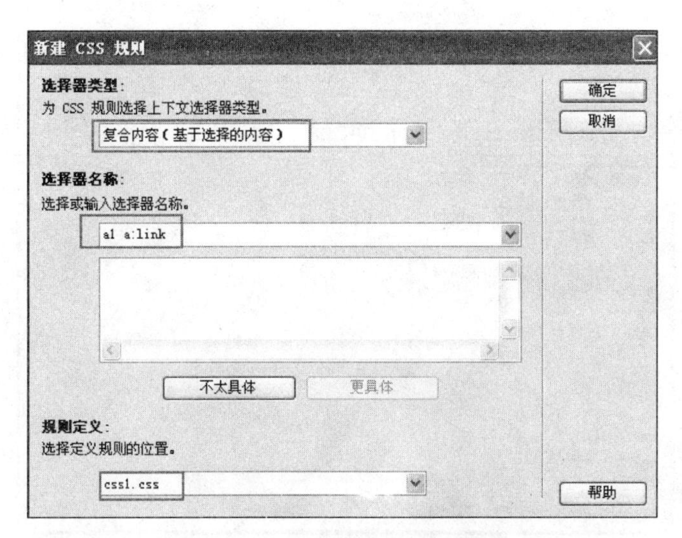

图 3.54 “新建 CSS 规划”对话框

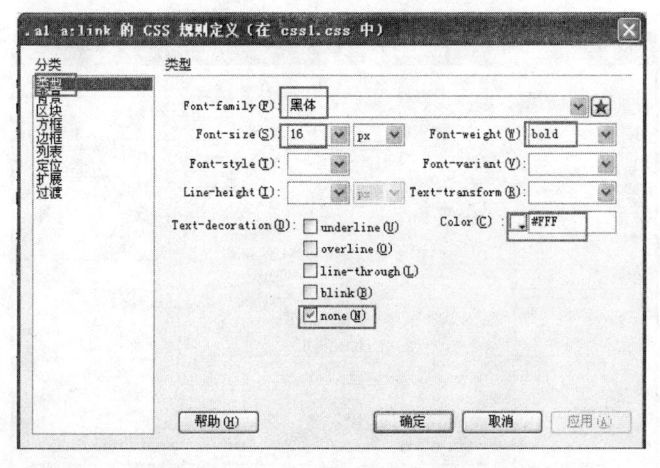

图 3.55 .a1 a: link 的 CSS 规则定义设置

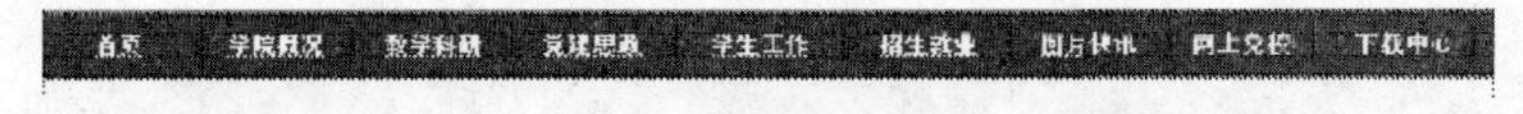

图 3.56 应用 a1 a: link 后的效果

(5) 在“CSS 样式”面板中,单击“新建 CSS 规则”按钮,在弹出的“新建 CSS 规划”对话框中设置选择器类型为“复合内容(基于选择的内容)”;输入选择器名称为“. a1 a: hover”;规则定义: css1. css,如图 3.57 所示。

(6) 单击“确定”按钮,在弹出的“. a1 a: hover 的 CSS 规则定义(在 css1. css)中”对话框中设置 Font-family: 黑体;Font-size: 16;Color: 白色;Font-weight: bold,如图 3.58 所示。单击“确定”按钮后,被选中的文本属性将自动改变。

到此,主导航条文本的链接属性已设置完毕,按 F12 键可以在浏览器中预览导航效果,当鼠标经过时,文本的颜色变黄色,如图 3.59 所示。

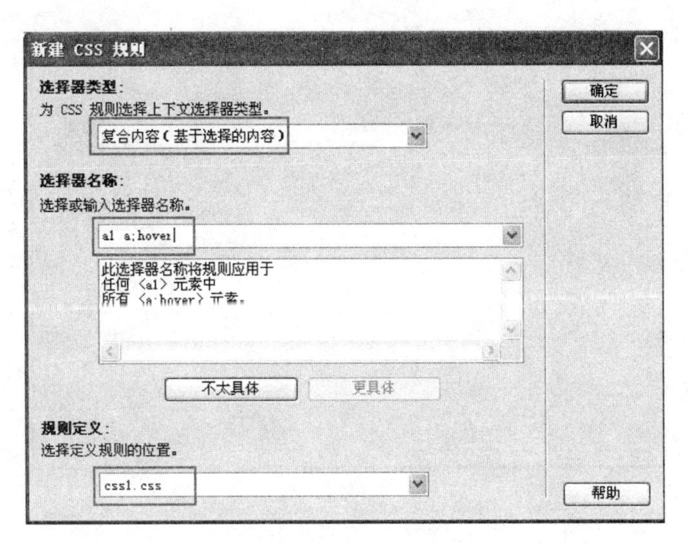

图 3.57　新建.a1 a：hover

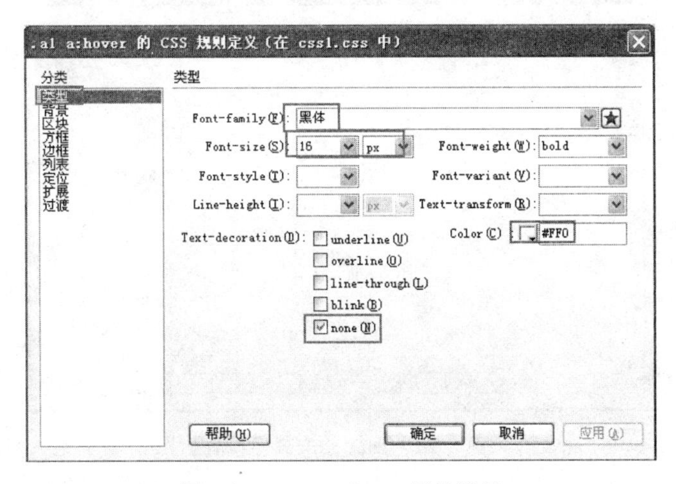

图 3.58　.a1 a：hover 属性设置

图 3.59　鼠标经过时文本颜色变黄色

4. 设置“站内导航”链接属性

操作步骤跟以上第(3)点相似，这里不详细说明，只列简单步骤。

① 选择站内导航中的所有链接文本，新建.a2 样式表，并设置相应的属性如图 3.60 所示。

② 新建.a2 a：link 样式表，并设置它的属性如图 3.61 所示。

③ 新建.a2 a：hover 样式表，并设置它的属性如图 3.62 所示。

④ 设置完毕后，站内导航的效果是鼠标经过时文本颜色变蓝色，效果图如图 3.63 所示。

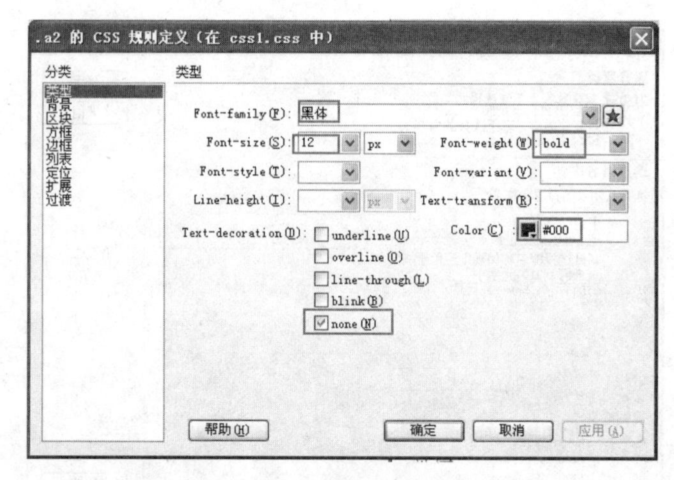

图 3.60 .a2 样式表属性设置

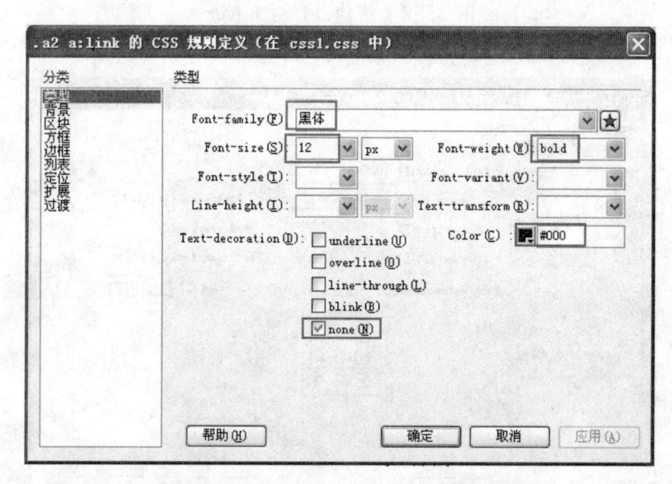

图 3.61 .a2：link 属性设置

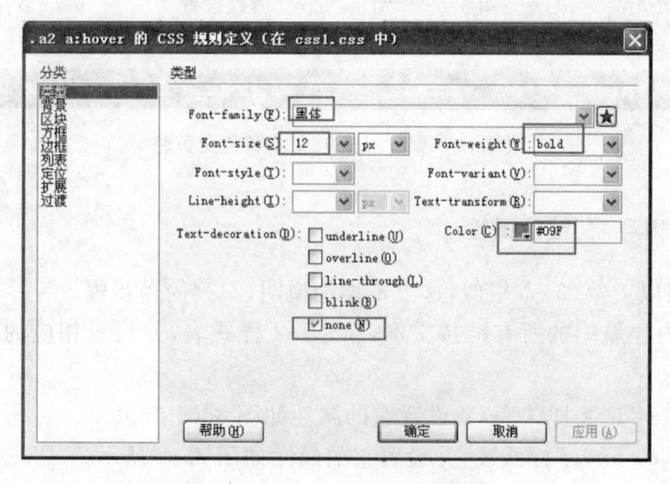

图 3.62 .a2：hover 属性设置

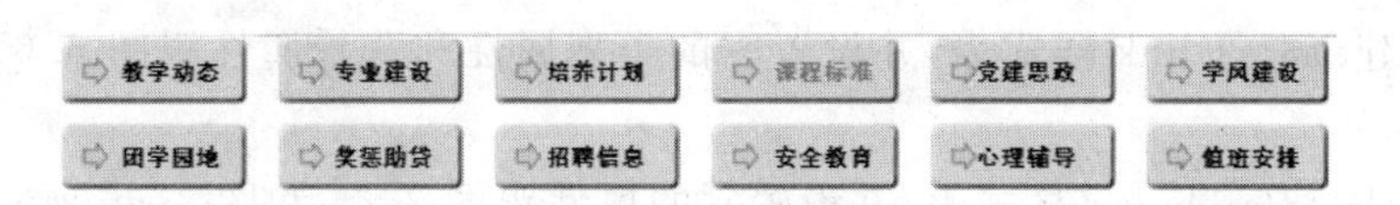

图 3.63　站内导航效果图

5. "便民网址"链接的设置

该栏链接的设置效果图跟"站内导航"一样，所以只要选择这些文本，在"CSS 样式表"面板里，选择".a2"选项，右击，选择"应用"命令即可，如图 3.64 所示。

6. "新闻中心"、"专业建设"、"招聘信息"等栏的制作

(1) 选择"新闻中心"、"专业建设"、"招聘信息"等栏所在的单元格，新建 CSS 样式表.a3，设置它的类型属性及背景属性如图 3.65 和图 3.66 所示。这里特别强调的是，对于背景的设置，得事先做好两个背景图片，一个颜色为淡蓝色，另一个颜色为深蓝色，这里用的是淡蓝色的，下面用的是深蓝色的。

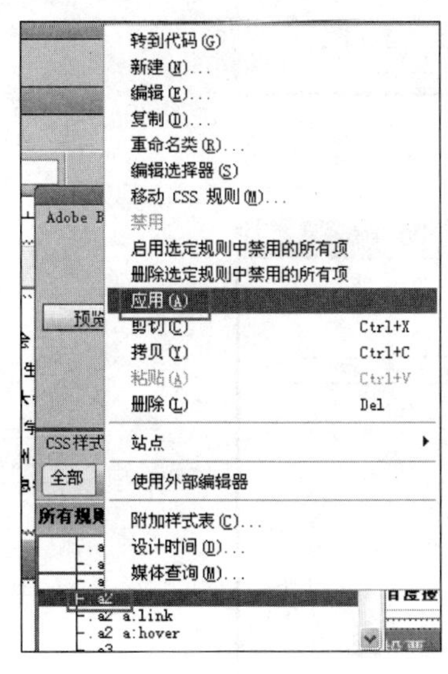

图 3.64　应用样式

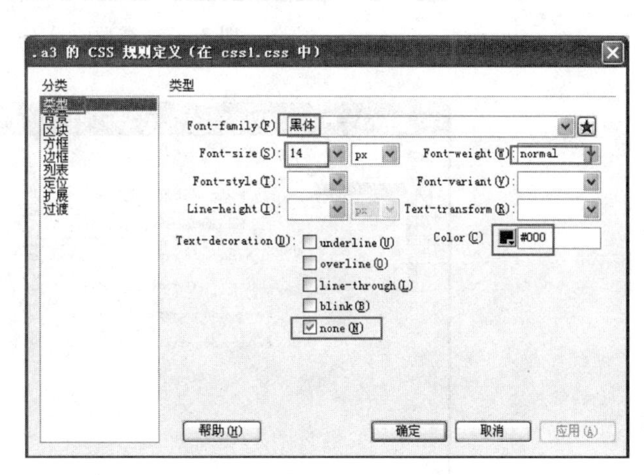

图 3.65　.a3 的类型设置

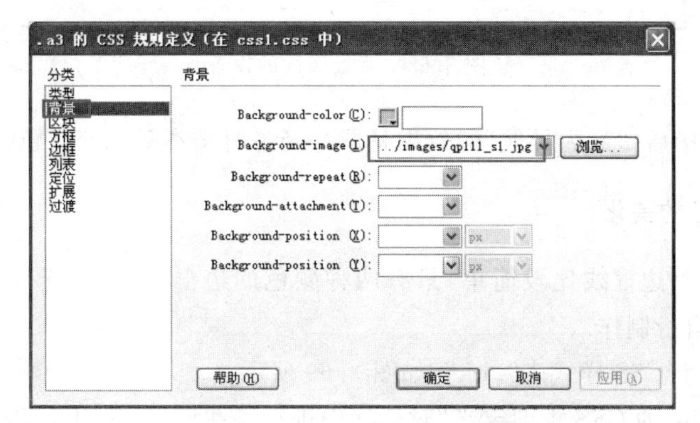

图 3.66　.a3 的背景属性设置

(2) 新建.a3 a：link 样式表，并设置它的类型属性和背景属性跟图 3.65 和图 3.66 所示相似。

(3) 新建.a3 a：hover 样式表，并设置它的属性跟图 3.65 和图 3.66 所示相似，只不过在类型属性中把文本的颜色改成黄色并加粗。在背景属性中把背景的图片改成深蓝色，如图 3.67 和图 3.68 所示。

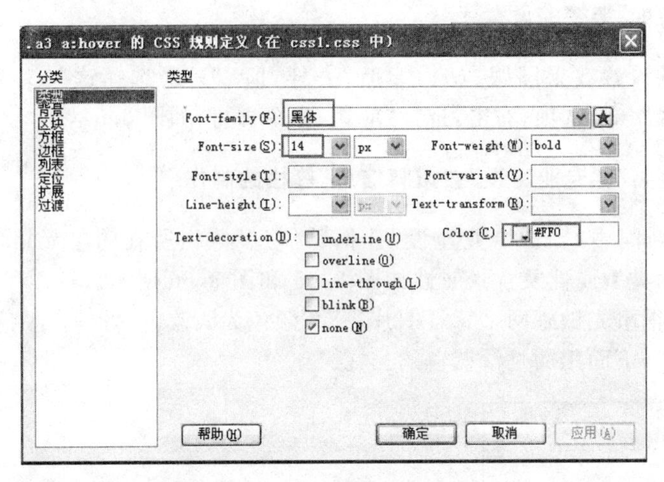

图 3.67 类型的设置

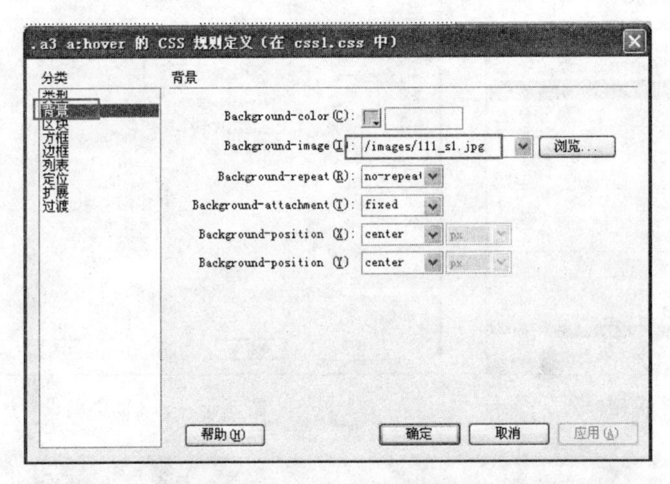

图 3.68 背景属性的设置

(4) 设置完毕后，"站内导航"的效果是鼠标经过时文本颜色变蓝色。

7. 表格边框的美化

本网站的表格边框线比较简单，只有两种颜色的边框。这里，先讲第一种边框的设置，第二种读者自行制作。

(1) 新建一个 CSS 样式表".bk"，如图 3.69 所示。

(2) 进入".bk 的 CSS 规则定义"对话框中进行属性设置，如图 3.70 所示。

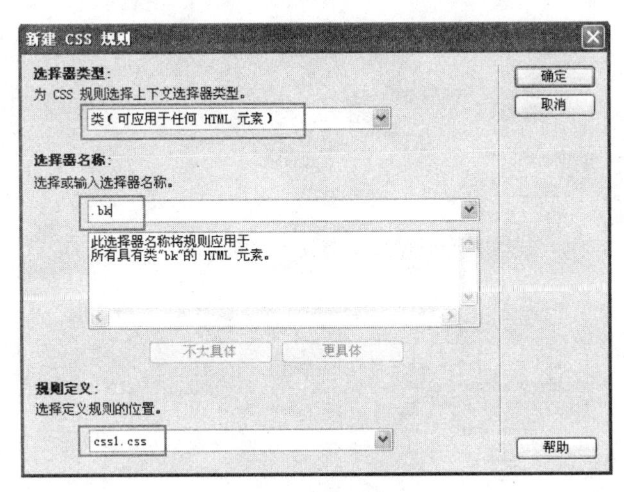

图 3.69　新建.bk 样式表

(3) 选择要调用该边框的对象，可以是单元格或表格或行或列，再在"CSS 面板"中选择". bk"，右击，选择"套用"命令。相应的边框效果就完成了，如图 3.71 所示。

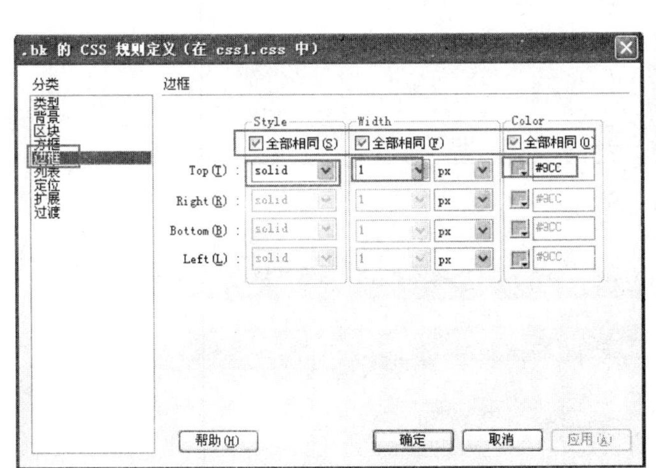

图 3.70　.bk 边框选项的设置

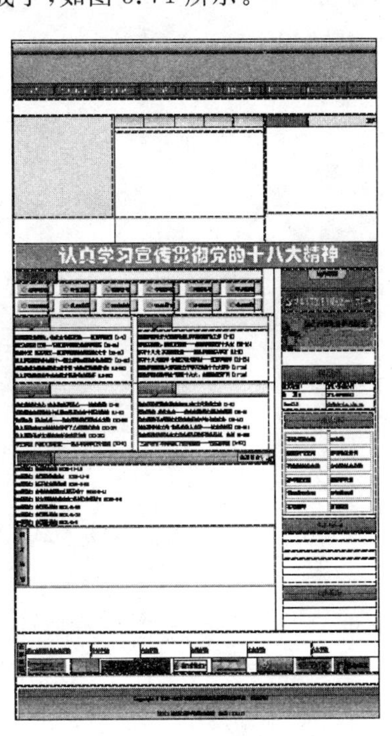

图 3.71　加边框后的效果

8. 图文混排的美化

(1) 新建一个名为". img1"的 CSS 样式表，如图 3.72 所示。

(2) 在弹出的". img1 的 CSS 规划定义"对话框中进行属性设置如图 3.73 和图 3.74 所示。

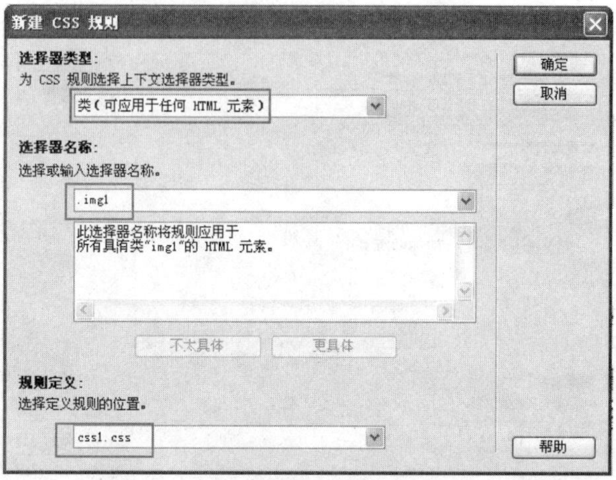

图 3.72 新建".img1"CSS 样式表

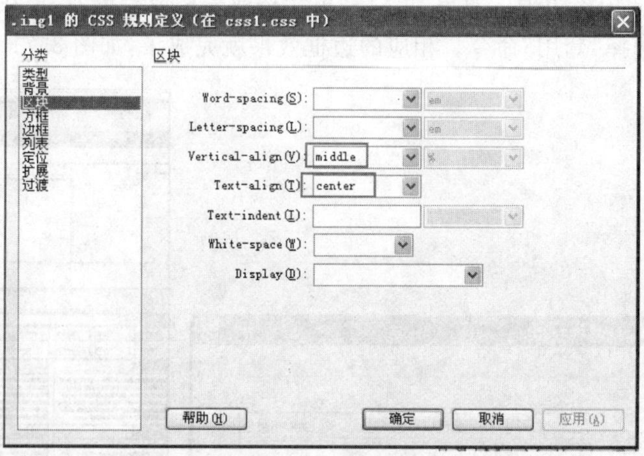

图 3.73 区块的设置

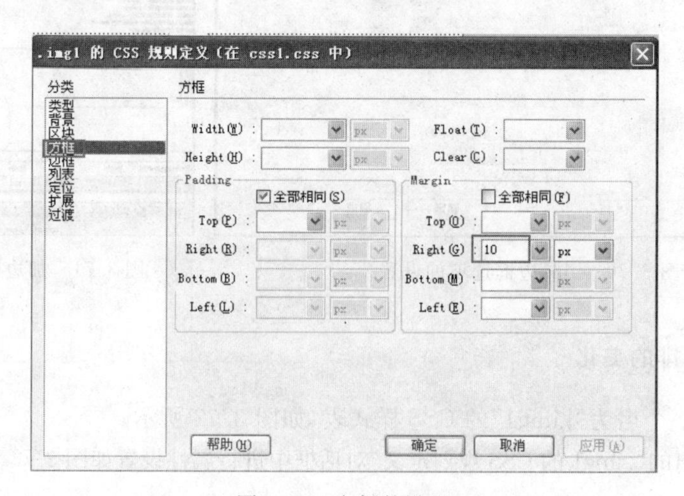

图 3.74 方框的设置

(3) 选择“党旗”图像,套用“.img”样式表。套用后的党旗效果图如图3.75所示。

图3.75　套用“.img”样式表后的党旗效果图

用同样的方法设置其他区块的图文混排部分。例如,天气预报部分图文混排效果如图3.76所示。

今天　明天
定制　七天预报

图3.76　天气预报部分图文混排效果

3.5.3　主要知识点及操作技能讲解

1. 在 Dreamweaver CS6 中创建新的 CSS 规划方法

打开文档,将光标移动到要插入 CSS 规则的位置上,然后选择下面的任意一种方法打开“新建 CSS 规则”对话框。

(1) 利用“格式”菜单:如图3.77所示,单击“格式”→“CSS 样式”→“新建”命令,可以打开“新建 CSS 规则”对话框。

(2) 利用样式表面板:如图3.78所示,打开“CSS 样式”面板,单击面板右下角的“新建 CSS 规则”按钮,也可以打开“新建 CSS 规则”对话框。

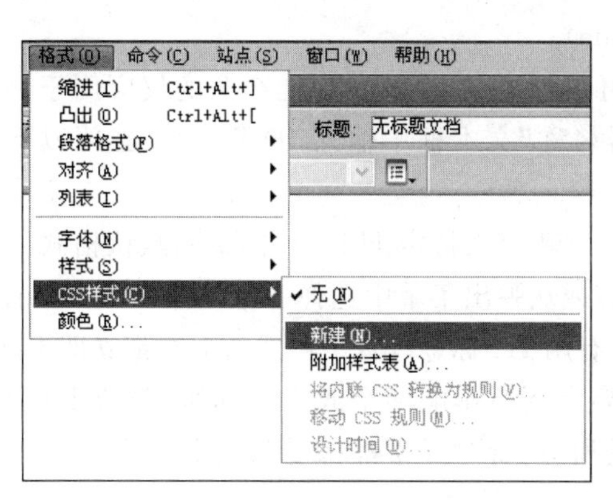

图3.77　用菜单新建样式表

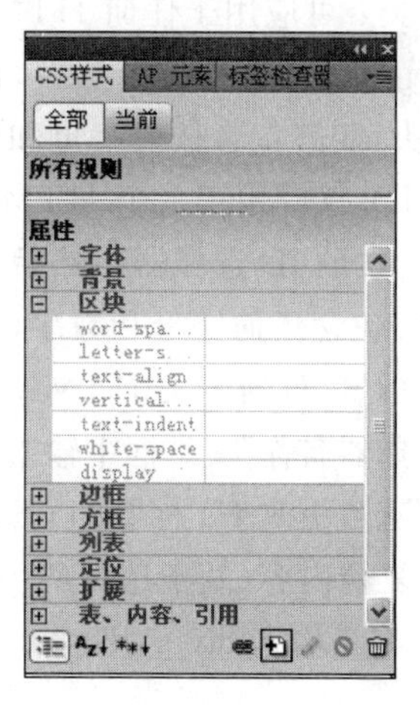

图3.78　用样式表面板新建样式表

(3) 利用属性面板:在“文档”窗口中选择文本,单击“窗口”→“属性”命令。在属性面板中单击左边的 CSS 按钮,如图3.79所示。在“目标规则”下拉列表框中选择“<新 CSS 规则>”选项。单击“编辑规则”按钮,打开“新建 CSS 规则”对话框,如图3.80所示。

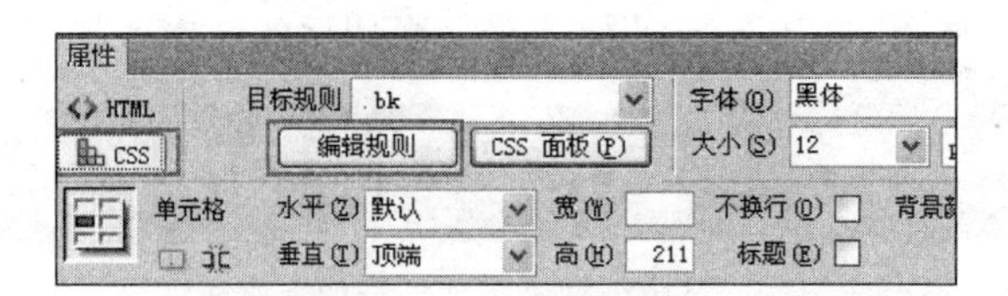

图 3.79 属性面板

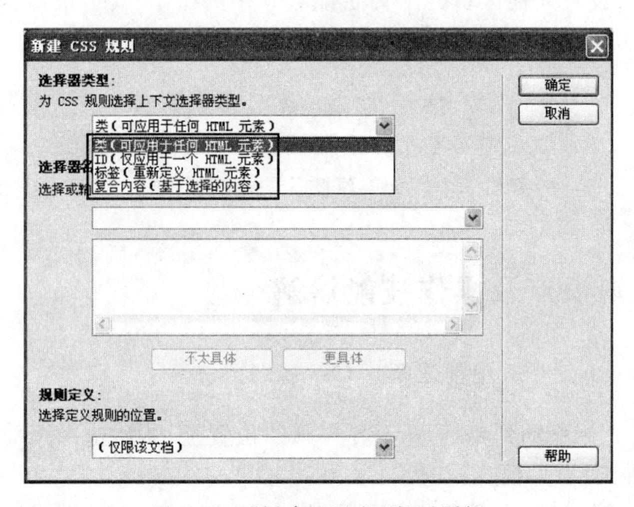

图 3.80 "新建 CSS 规则"对话框

2. CSS 选择器类型

(1) 类：可应用于任何 HTML 元素，可以创建一个用 class 属性声明的应用于任何 HTML 元素的类选择器。然后，在"选择器名称"文本框中输入类名称。类名称必须以句点(.)开头，能够包含任何字母和数字(如.blue)。

(2) ID(仅应用于一个 HTML 元素)：可以创建一个用 ID 属性声明的仅应用于一个 HTML 元素的 ID 选择器。然后，在"选择器名称"文本框中输入 ID 号。ID 必须以#号开头，能够包含任何字母和数字(如#one)。

(3) 标签(重新定义 HTML 元素)：可以重新定义特定 HTML 标签的默认格式。然后，在"选择器名称"文本框中输入 HTML 标签或从弹出菜单中选择一个标签。如 H1 的格式。当创建或更改 H1 标签的 CSS 样式时，所有用 H1 标签设置了格式的文本都立即更新。

(4) 复合内容(基于选择的内容)：可以定义同时影响两个或多个标签、类或 ID 的复合规则。如果输入 div p，则<div>标签内的所有<p>元素都将受此规则影响。

3. CSS 样式的语法

CSS 的基本语法由 3 部分构成：选择器(Selector)、属性(Property)和属性值(Value)。基本语法如下：

```
selector{property: value}
```

例如：

```
h2{font-family: 隶书;color: blue;}
```

语法说明：①selector 表示希望进行格式化的元素；②声明部分包括在选择器后的大括号中；③用“属性：属性值”描述要应用的格式化操作；④声明中的多个属性值之间必须用分号隔开，如图 3.81 和图 3.82 所示。

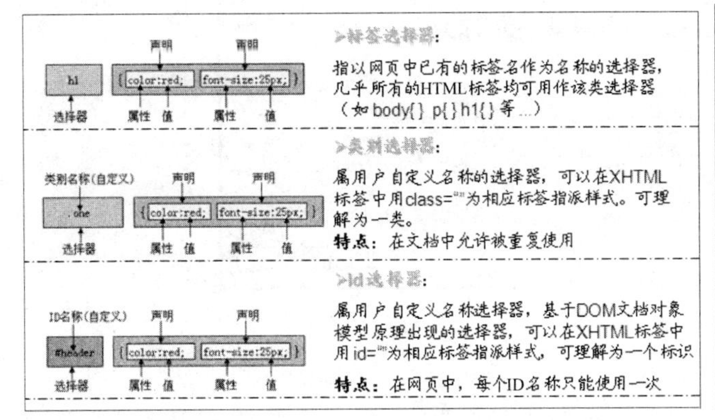

图 3.81　CCS 样式表语法 1

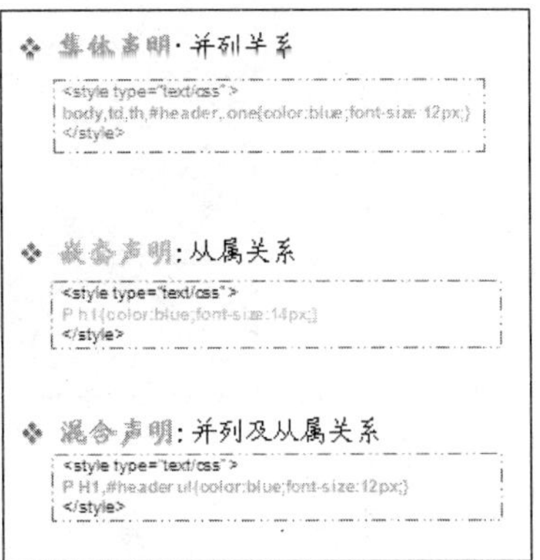

图 3.82　CSS 样式表语法 2

4. 创建 CSS 样式

(1) 建立类样式

① 在“CSS 样式”面板上，单击“新建 CSS 规则”按钮。

② 弹出“新建 CSS 规则”对话框，单击展开“选择器类型”下拉按钮，选择“类(可应用于任何 HTML 元素)”，在“选择器名称”面板下面的“选择或输入选择器名称”选项下面的空白列表处输入要命名的选择器名称，如“. aa”，单击“确定”按钮。

③ 弹出“CSS 规则定义”对话框，在“分类”列表中，选择各项进行设置，单击“确定”按钮。

④ 切换至代码视图，可以看到在代码中，添加了相应的代码。

⑤ 保存文档，按 F12 键，即可在浏览器中浏览到网页的视觉效果。

(2) 建立 ID 样式

① 在“CSS 样式”面板上，单击“新建 CSS 规则”按钮。

② 弹出“新建 CSS 规则”对话框，单击展开“选择器类型”下拉按钮，选择“ID(仅应用于一个 HTML 元素)”，在“选择器名称”面板下面的“选择或输入选择器名称”选项下面的空白列表处输入要命名的选择器名称，如“#bb”，单击“确定”按钮。

③ 弹出“CSS 规则定义”对话框，在“分类”列表中，选择“方框”选项，设置参数，单击“确定”按钮。

(3) 建立复合内容样式

在“新建 CSS 规则”对话框中，单击展开“选择器类型”下拉按钮，选择“复合内容(基于选择的内容)”选项，在“选择器名称”下拉选项中，包括了相应的选项，如图 3.83 所示。

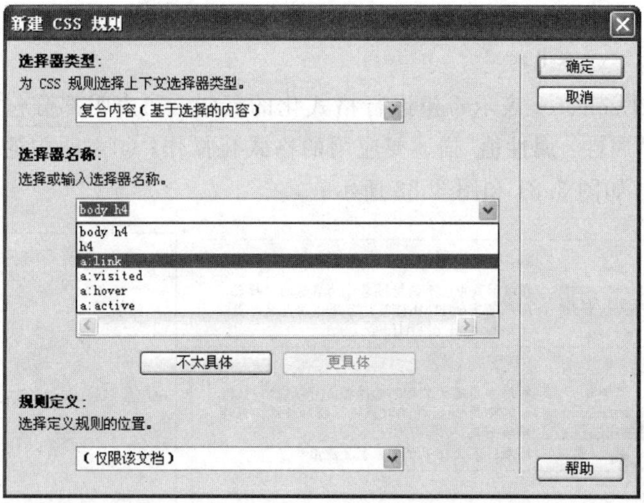

图 3.83　复合内容样式表设置

(4) 链接外部样式表

单击“CSS 样式”面板下方的“附加样式表”按钮，弹出“链接外部样式表”对话框，单击“文件/URL”后面的“浏览”按钮，插入文件，选中“链接”单选项，单击“确定”按钮，即可完成添加外部链接样式表的操作，如图 3.84 所示。

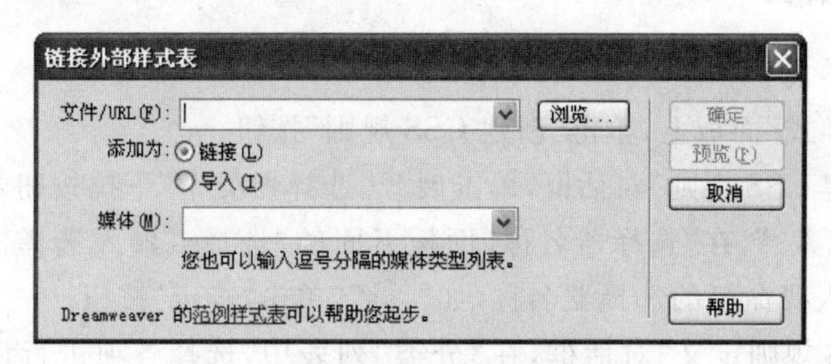

图 3.84　链接外部样式表设置

5. 在网页中添加 CSS 的方法

在对 CSS 有了大致的了解后，便希望使用 CSS 对页面进行全方位的控制。在这里主要介绍如何使用 CSS 控制页面及其控制页面的各种方法，包括内联样式、内部样式、链接外部样式等。

(1) 内联样式表

将 CSS 样式混合在 HTML 标签里使用，内联样式由 HTML 元素的 style 属性支持，只需要将 CSS 代码用分号隔开，书写在 style=""之中即可，其代码如下：

```
<Pstyle="font-size:12px;
    color: #999999; background-
    color: #eeeeee; ">网页设计</p>
```

此做法是 CSS 对元素的精确控制，但是没有很好地将表现与内容分离，所以不推荐这样的用法。

(2) 内部样式表

内部样式表也将CSS样式编写到页面中，不同的是，内部样式可以将样式统一放置在一个固定的位置。这种CSS样式控制的内容一般位于HTML文件的头部，即<head></head>标签内，并以<style>开始，以</style>结束，其代码如下：

```
<head>
<style type="text/css">
Body{
    Background-color: #eeeeee;
    Margin-left: 0px;
    Margin-top: 0px;}
</style>
</head>
```

(3) 链接外部样式表

链接外部样式表是CSS应用的首选形式，它是指将CSS样式代码单独编写在一个独立文件中，并由页面进行调用，多个网页可以同时使用一个样式表文件。其代码如下：

```
<head>
<link href="style.css"rel="stylesheet"type= "text/css"media= "screen"/>
</head>
```

Style.css 文件内容如下。

```
Body{
    Background-color: #eeeeee;
    Margin-left: 0px;
    Margin-top: 0px;}
Td  {Font-size: 12px;}
```

6. 设置CSS样式

控制网页元素外观的CSS样式用来定义字体、颜色、边距和字间距等属性，在Dreamweaver CS6中可以对所有的CSS属性进行设置。CSS属性被分为九大类，分别是类型、背景、区块、方框、边框、列表、定位、扩展和过渡，下面分别进行介绍。

(1) 设置文本样式

选择“CSS样式定义”对话框中的“类型”选项可以定义CSS样式的基本字体。

在CSS“类型”选项中可以进行如下设置，如图3.85所示。

① Font-family：用于设置字体类型。

② Font-size：定义文本大小。

③ Font-style：有正常(normal)、斜体(italic)、编斜体(oblique)。

④ Line-height：设置文本所在行的高度。

⑤ Text-decoration：添加下画线、上画线或删除线。

⑥ Font-weight：字体应用特定或相对粗体量。

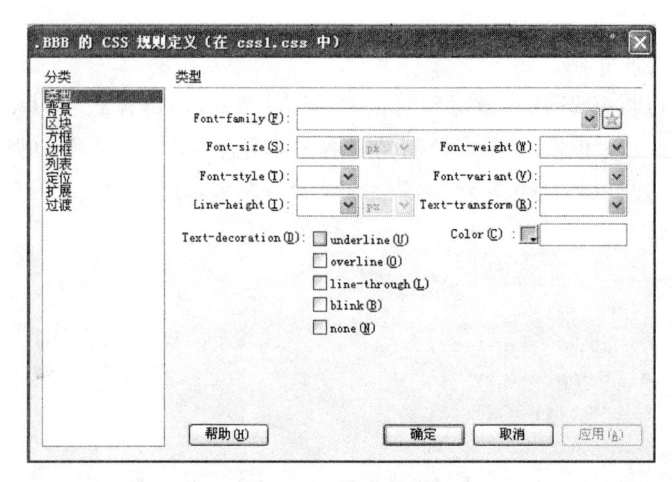

图 3.85　类型设置

⑦ Font-variant：文本小型大写字母变量。

⑧ Text-transform：每个单词首字母大写或将文本设置为全部大写或小写。

⑨ Color：文本颜色。

(2) 设置背景样式

① 在“分类”列表框中选择“背景”选项，背景属性的功能主要是在网页的元素后面加入固定的背景颜色或图像。

② 在 CSS“背景”选项中可以进行如下设置，如图 3.86 所示。

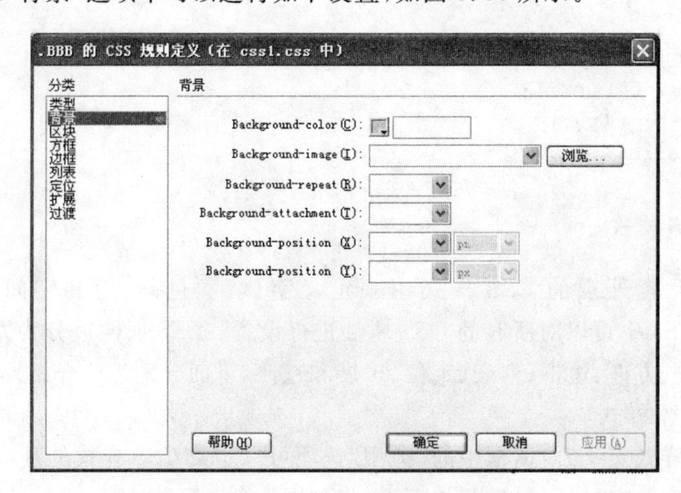

图 3.86　背景设置

- Background-color：背景颜色。
- Background-image：背景图像。
- Background-repeat：确定是否以及如何重复背景图像。
- Background-attachment：确定背景图像是固定在它的原始位置还是随内容一起滚动。

- Background-position(X)和 Background-position(Y)：指定背景图像相对于元素的初始位置，它可以将用于背景图像与页面中心垂直和水平对齐。例如，附件属性为“固定”，则位置相对于文档窗口而不是元素。

(3) 设置区块样式

① 在“分类”列表框中选择“区块”选项，区块属性可以定义区块内字体的间距和对齐设置。

② 在 CSS“区块”选项中可以进行如下设置，如图 3.87 所示。

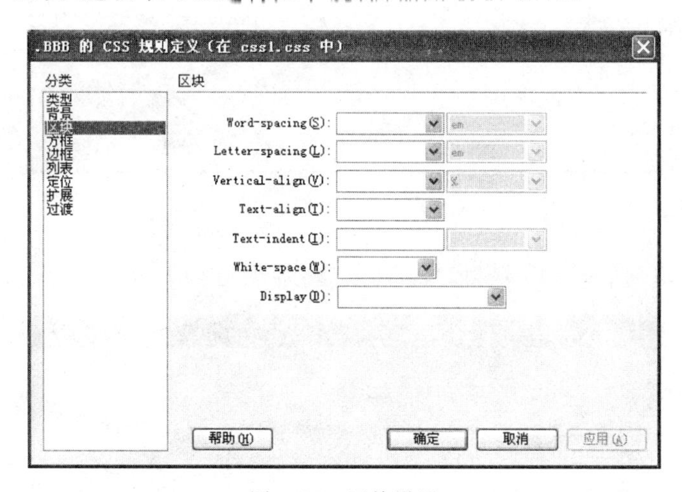

图 3.87　区块设置

- Word-spacing：设置单词的间距。
- Letter-spacing：增加或减少字母或字符的间距。
- Vertical-align：垂直对齐方式，仅用于<img>标签时。
- Text-indent：第一行文本缩进的程度。
- White-space：确定如何处理元素中的空白。
- Display：指定是否以及如何显示元素。

(4) 设置方框样式

① 在“分类”列表框中选择“方框”选项，方框属性可对控制元素在页面放置方式的标签和属性进行设置。

② 在 CSS“方框”选项中可以进行如下设置，如图 3.88 所示。

定义控制元素在页面上的放置方式。

① Width、Height：设置元素的高与宽。

② Float：设置其他元素在哪个边围绕元素浮动。

③ Clear：定义不允许 AP Div 的边。

④ Padding：指定一个元素内容与元素边框之间的间距。

⑤ Margin：指定一个元素的边框与另一个元素之间的间距。

(5) 设置边框样式

① 在“分类”列表框中选择“边框”选项，边框属性可以定义元素周围边框的设置。

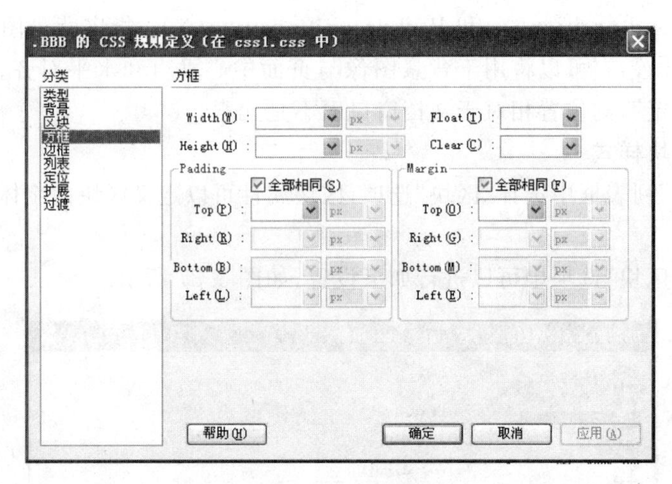

图 3.88 方框设置

② 在 CSS“边框”选项中可以进行如下设置，如图 3.89 所示。

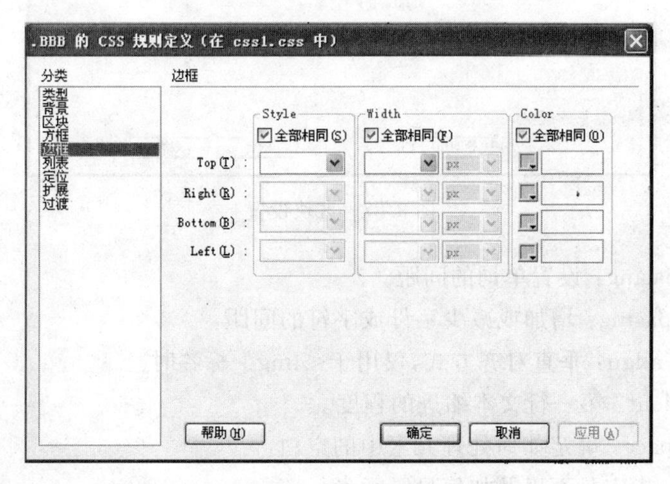

图 3.89 边框设置

定义元素周围边框的设置。

① Style：设置边框的模式外观。

② Width：设置元素边框的粗细。

③ Color：设置边框的颜色。

(6) 设置列表样式

① 在“分类”列表框中选择“列表”选项，列表属性为列表标签定义列表设置。

② 在 CSS“列表”中可以进行如下设置，如图 3.90 所示。

为列表标签定义列表设置。

① List-style-type：设置项目符号或编号的外观。

② List-style-image：项目符号指定自定义图像。

③ List-style-Position：设置列表文本是否换行和缩进(外部)以及本文是否换行到左

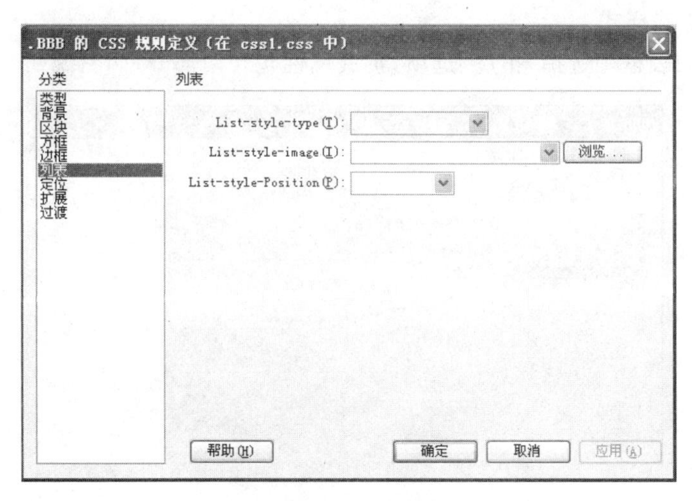

图 3.90　列表设置

边距(内部)。

(7) 设置定位样式

在“分类”列表框中选择“定位”选项，在 CSS“定位”中可以进行如下设置，如图 3.91 所示。

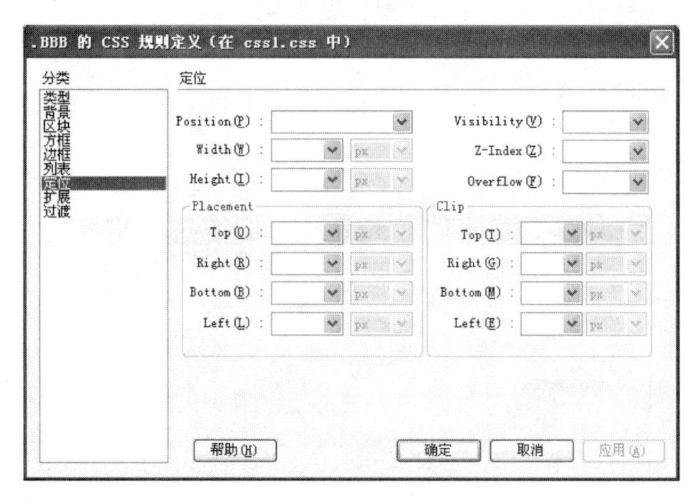

图 3.91　定位设置

使用“层”首选参数中定义层的默认标签。

① Position：Absolute，很准确地将元素移动到想要的位置，绝对定位；Fixed，相对于窗口的固定定位；Relative，相对于元素默认的位置定位；Static，还原元素定位的默认值。

② Visibility：可见性属性。

③ Placement：位置和大小。

④ Clip：定义 AP Div 的可见部分。

(8) 设置扩展样式

在“分类”列表框中选择“扩展”选项，扩展属性包含两部分，如图 3.92 所示。

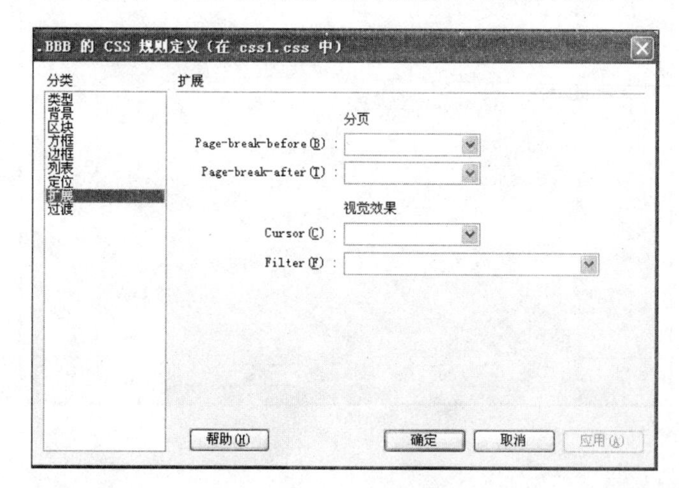

图 3.92 扩展属性设置

定义 CSS 样式扩展属性。

① Page-break-before：为打印的页面设置分页符。

② Page-break-after：检索或设置对象后出现的页分割符。

③ Cursor：改变指针图像。

④ Filter：应用特殊效果。

(9) 设置过渡样式

图 3.93 所示为过渡设置。

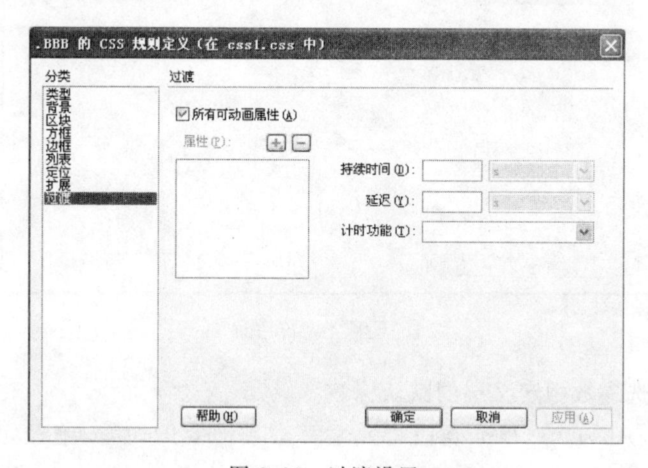

图 3.93 过渡设置

7. CCS 滤镜

CSS 滤镜：又称过滤器，可以为网页中的元素添加各种效果。主要滤镜及其说明如表 3.1 所示。

表 3.1　主要滤镜及其说明

滤　镜	说　　明	滤　镜	说　　明
Alpha	透明的渐进效果	Gray	彩色图片变灰度图
BlendTrans	淡入淡出效果	Invert	底片效果
Blur	风吹模糊的效果	Light	模拟光源效果
Chroma	指定颜色透明	Mask	矩形遮罩效果
DropShadow	阴影效果	RevealTrans	动态效果
FlipH	水平翻转	Shadow	轮廓阴影效果
FlipV	垂直翻转	Wave	波浪扭曲变形效果
Glow	边缘光晕效果	Xray	X 光照片效果

(1) Alpha 滤镜：设置透明度。例如，Alpha(Opacity=100,FinishOpacity=0,Style=2,StartX=0,StartY=0,FinishX=550,FinishY=450)(见图 3.94 和图 3.95)。

图 3.94　原图

图 3.95　应用 Alpha 后

① Opacity：透明度级别，范围是 0～100，0 代表完全透明，100 代表完全不透明。

② FinishOpacity：设置渐变的透明效果时，用来指定结束时的透明度，范围也是 0～100。

③ Style：设置渐变透明的样式，值为 0 代表统一形状、1 代表线形、2 代表放射状、3 代表长方形。

④ StartX 和 StartY：代表渐变透明效果的开始 X 和 Y 坐标。

⑤ FinishX 和 FinishY：代表渐变透明效果的结束 X 和 Y 坐标。

(2) Blur 滤镜：设置 3D 效果。例如，Blur (Add=true, Direction=135, Strength=50)(见图 3.96 和图 3.97)。

① Add：输入的布尔值，设置是否显示 3D 效果。

② Direction：设置阴影的方向，每 45°一个方向。

图 3.96　原图

图 3.97　应用 3D 后

③ Strength：设置阴影的宽度，其值越大，阴影宽度越大。

(3) DropShadow 滤镜：设置文本或图像的阴影效果，应用在文本上时，其效果更加明显。例如，DropShadow (Color=blue, OffX=2, OffY=2, Positive=1)。

① Color：设置阴影的颜色，在这里输入颜色的十六进制代码。

② OffX 和 OffY：在这里输入整数，设置 X 方向和 Y 方向上的阴影偏移量。

③ Positive：这是一个布尔值，只有 True(或非 0)和 False(或 0)两个值。

(4) Glow 滤镜：设置发光效果，例如，Glow(Color=red, Strength=10)(见图 3.98)。

① Color：选择光的颜色。

② Strength：输入 1～255 之间的整数，设置光的强度。值越大，光的强度即发光范围就越大。

(5) Shadow 滤镜：设置阴影效果，例如，Shadow (Color=red, Direction=135)(见图 3.99)。

那年秋天他们在海边......

图 3.98　应用发光后

那年那月、、、、、、

图 3.99　应用在文字上的效果

① Color：设置阴影的颜色。

② Direction：投影方向，每 45°为一个方向，0°代表垂直向上。

(6) Wave 滤镜：设置波纹效果，例如，Wave (Add=0, Freq=8, LightStrength=10, Phase=0, Strength=6)(见图 3.100 和图 3.101)。

图 3.100　原图

图 3.101　应用 Wave 后

① Add：输入布尔值，设置是否显示原对象，0 表示不显示，非 0 表示显示。

② Freq：设置波纹个数。

③ LightStrength：输入从 0～100 的数值，设置波纹效果的光照强度。0 最弱，100 则最强。

④ Phase：输入从 0～100 的百分数值，设置波浪的相角。

⑤ Strength：设置波浪起伏的幅度。

(7) FlipH、FlipV：无参滤镜，分别表示水平翻转和垂直翻转。

注意：滤镜特效有时看不到，这是因为有几种滤镜的效果对文字作用时，必须在定义 Box 选项中的 Width 参数之后，才能显示出来。这类滤镜包括 Dropshadow、Blur、Glow、Alpha、Wave 等。

3.5.4　举一反三练习

1. 完成“美食大嘴”网站的 CSS 样式表美化，如图 3.102 所示。

要求把所有的超链接的下画线去掉，并且当鼠标经过时文本的颜色变成红色。

2. 参照信息学院的首页制作方法，制作一个如图 3.103 所示的学院概况网页。然后，通过 CSS 美化文本和图像，完成如图 3.104 所示的效果图。

操作提示如下。

(1) 学院概况的 CSS 代码如下：

```
.text1 {
    font-family: "黑体";
    font-size: 36px;
    color: #F00;
    filter: DropShadow(Color=#e3e300, OffX=3, OffY=3, Positive=1);
}
```

(2) 第一张大图的边框美化代码如下：

```
.bk3 {
    border: thick solid #99F;
}
```

(3) 表格边框美化的代码如下：

```
.bk5 {
    border: thick double #000;
}
```

(4) 小图片加边框美化的代码如下：

```
.img1 {
    border: medium dashed #90C;
}
```

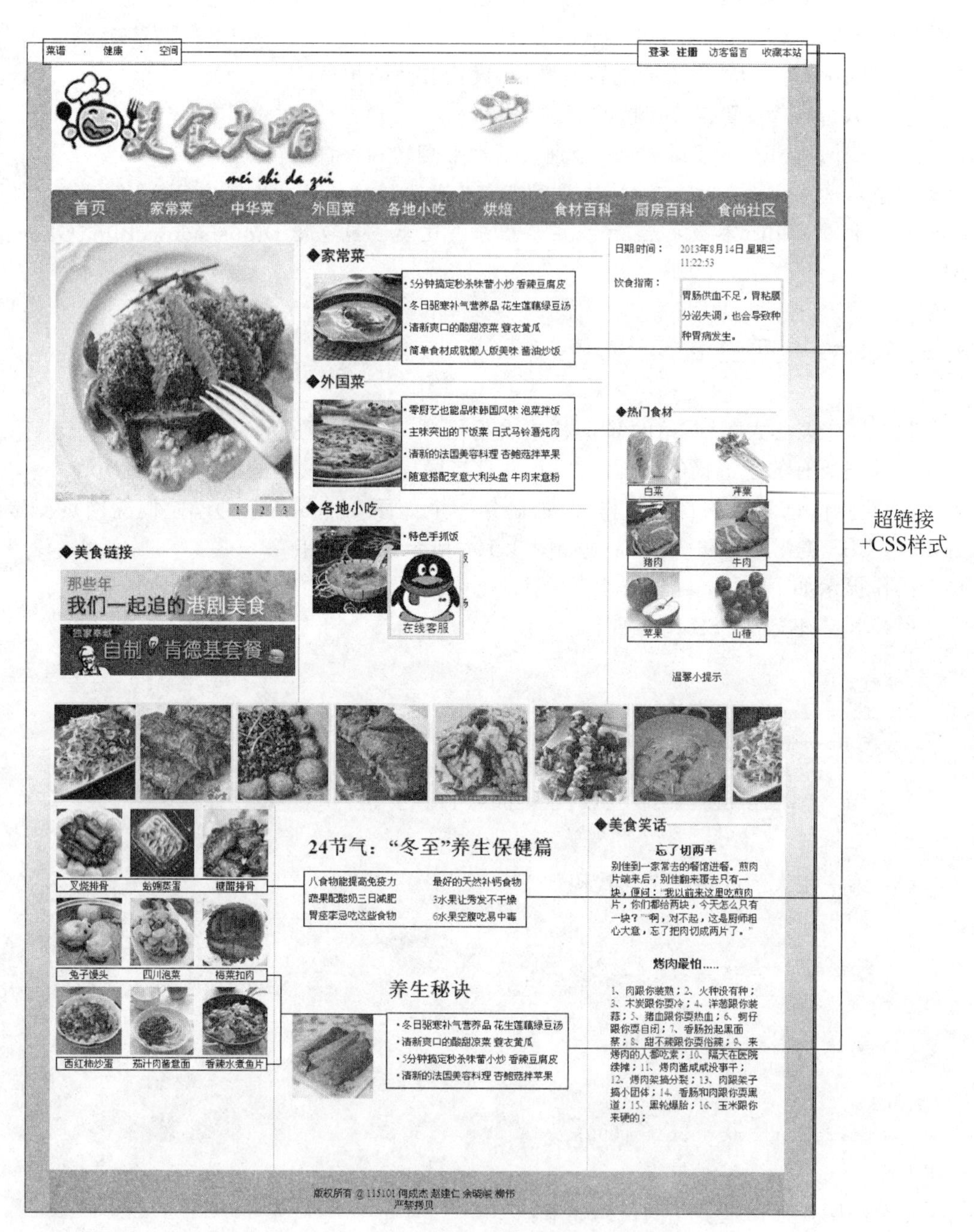

图 3.102 完成 CSS 美化后的"美食大嘴"网站首页

图 3.103　未加美化的网页

图 3.104 美化后的网页

(5) 图片特效的美化代码如下：

```
.img {
    filter: Alpha(Opacity=100,Finishopacity=0, Style=2, StartX=0,StartY=0,
    FinishX=350, FinishY=250);
}
```

(6) 黑色小标题文本的美化代码如下：

```
.text2 {
    font-family: "黑体";
    font-size: 18px;
    font-weight: bold;
    color: #000;
    padding-top: 20px;
    padding-bottom: 30px;
}
```

(7) 红色小标题文本的美化代码如下：

```
.text3 {
    font-family: "黑体";
    font-size: 14px;
    color: #FF0000;
    font-weight: bold;
}
```

3. 完成自行设计网站的CSS美化。

任务3.6　使用AP Div元素美化页面

3.6.1　任务布置及分析

网页中的“新闻中心”栏目区块如图3.105所示。准备用AP Div(俗称“层”)来完成。

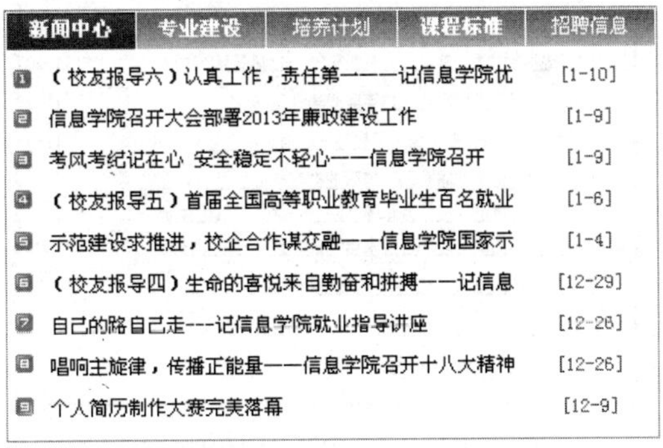

新闻中心	专业建设	培养计划	课程标准	招聘信息
（校友报导六）认真工作，责任第一——记信息学院优				[1-10]
信息学院召开大会部署2013年廉政建设工作				[1-9]
考风考纪记在心 安全稳定不轻心——信息学院召开				[1-9]
（校友报导五）首届全国高等职业教育毕业生百名就业				[1-6]
示范建设求推进，校企合作谋交融——信息学院国家示				[1-4]
（校友报导四）生命的喜悦来自勤奋和拼搏——记信息				[12-29]
自己的路自己走---记信息学院就业指导讲座				[12-26]
唱响主旋律，传播正能量——信息学院召开十八大精神				[12-26]
个人简历制作大赛完美落幕				[12-9]

图3.105　“新闻中心”栏目区块

3.6.2 操作步骤

1. 插入 AP Div

启动 Dreamweaver CS6，打开 index.html，把光标定位在“新闻中心”下面的单元格里，执行“插入”→“布局对象”→AP Div 命令，如图 3.106 所示。在相应的单元格里会出现一个 apDiv1 对象，如图 3.107 所示。拖动它的 8 个控制点即可调整它的大小。把它调整到跟整个单元格一样的大小。切换到代码视图，其代码如下：

```
<div id="apDiv1"></div>
```

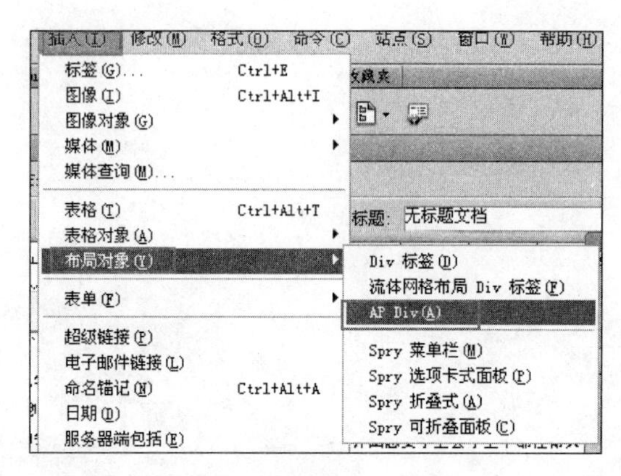

图 3.106 插入 AP Div

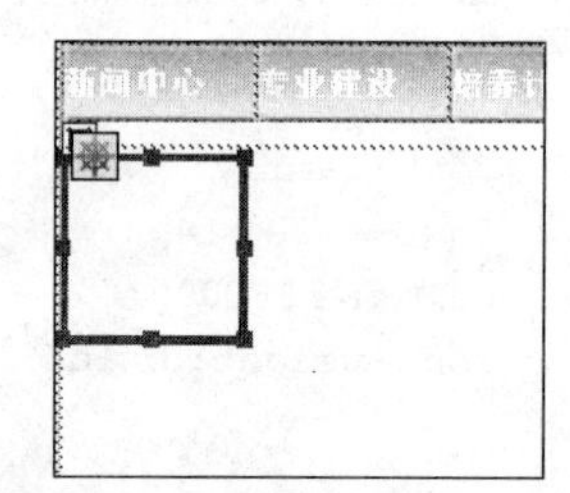

图 3.107 插入后的 apDiv1

2. 插入表格

把光标定位在 apDiv1 内，执行“插入”→“表格”命令，插入一个 9 行 3 列的表格，把第 1 列 9 个单元合格合并成一个，插入图像。在其余的几个单元格中分别输入相应的内容，如图 3.108 所示。进入代码视图，其代码如下：

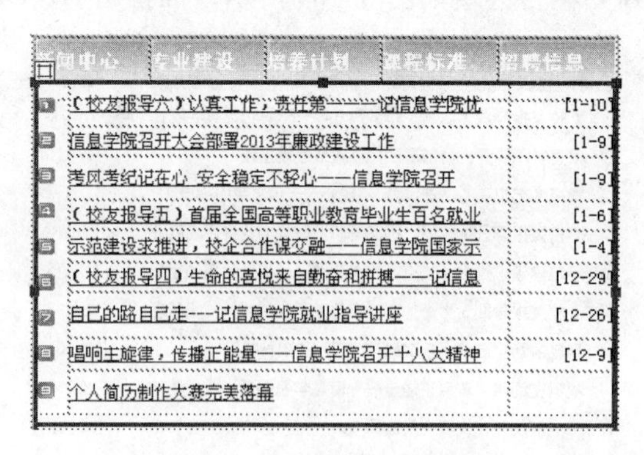

图 3.108 插入图文对象

```
<div id="apDiv1">
    <table width="135">
        <tr>
            <td> </td>
            <td> </td>
            <td> </td>
        </tr>
        <tr>
            <td> </td>
            <td> </td>
            <td> </td>
        </tr>
        <tr>
            <td> </td>
            <td> </td>
            <td> </td>
        </tr>
        <tr>
            <td> </td>
            <td> </td>
            <td> </td>
        </tr>
        <tr>
            <td> </td>
            <td> </td>
            <td> </td>
        </tr>
        <tr>
            <td> </td>
            <td> </td>
            <td> </td>
        </tr>
        <tr>
            <td> </td>
            <td> </td>
            <td> </td>
        </tr>
        <tr>
            <td> </td>
            <td> </td>
            <td> </td>
        </tr>
        <tr>
            <td> </td>
            <td> </td>
            <td> </td>
        </tr>
    </table>
</div>
```

3. 设置层跟单元格的对齐方式

新建一个 CSS 样式规则，起名为“. absolute”，并把它定义在 css1. css 文档中，设置其定位方式为“absolute”，如图 3. 109 所示，再新建一个 CSS 样式规则，起名为“. relative”，设置其定位方式为“reative”，如图 3. 110 所示。

图 3. 109　绝对定位

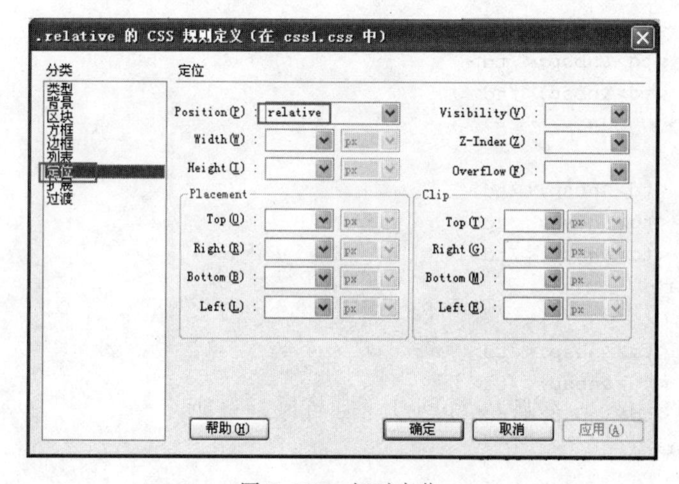

图 3. 110　相对定位

打 css1. css 查看新增的代码如下。

```
.absolute {
    position:  absolute;
}
.relative {
    position:  relative;
}
```

选择容纳 apDiv1 的容器 td，把它套用“. relative”，选择“apDiv1”，把它套用

“.absolute”，在 apDiv1 的属性查检器中上设为 2px；下设为 0px，如图 3.111 所示。这样设置的目的是让 apDiv1 的位置始终跟着它的容器 td。

4. 利用行为设置 apDiv1 的显示与隐藏

(1) 在窗口菜单中调出“Ap 元素”面板，在面板中，设置 apDiv1 的显示属性为“隐藏”，如图 3.112 所示。

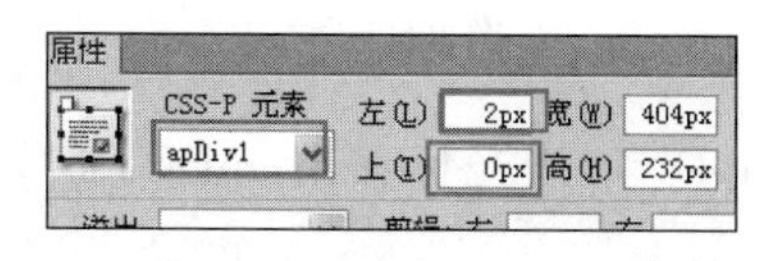

图 3.111 apDiv1 的属性设置

图 3.112 设置 ap Div 的显示属性为“隐藏”

(2) 选择“新闻中心”，在窗口菜单中调出“行为”面板，单击“添加行为”(+)按钮，在弹出的菜单中选择“显示-隐藏元素”选项，如图 3.113 所示。单击“确定”按钮后，在弹出的“显示-隐藏元素”对话框中单击元素“div‘apDiv1’”，再单击“显示”按钮，如图 3.114 所示。单击“确定”按钮后选择行为 onMouseOver 选项，如图 3.115 所示。至此的结果是当鼠标经过“新闻中心”时，apDiv1 的内容显示。

图 3.113 添加“显示-隐藏元素”行为

(3) 下面再设置当鼠标移出时，隐藏 apDiv1。选择“新闻中心”，在窗口菜单中调出“行为”面板，单击“添加行为”(+)按钮，在弹出的菜单中选择“显示-隐藏元素”选项。单击“确定”按钮后，在弹出的“显示-隐藏元素”对话框中单击元素“div‘apDiv1’”，然后再单击“隐藏”按钮，如图 3.116 所示。单击“确定”后，选择行为“onMouseOut”选项，如图 3.117 所示。按 F12 键，即可在浏览器中预览效果，可以看到，当鼠标经过“新闻中心”时，显示 apDiv1，当鼠标移出“新闻中心”时不显示 apDiv1。但当鼠标移近 apDiv1 内容上的想打开其链接时，发现 apDiv1 不显示了，因此无法单击。

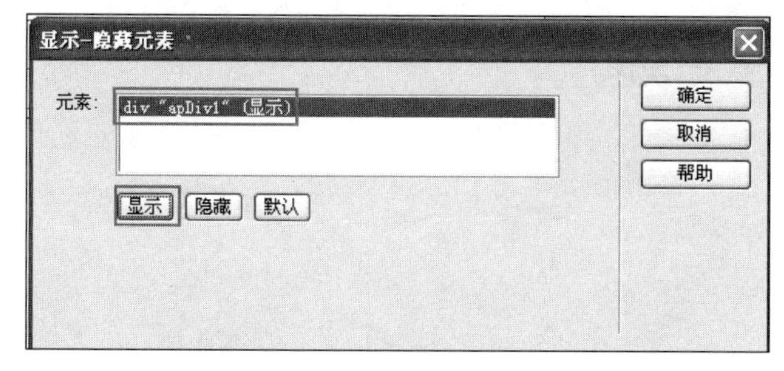

图 3.114 设置显示

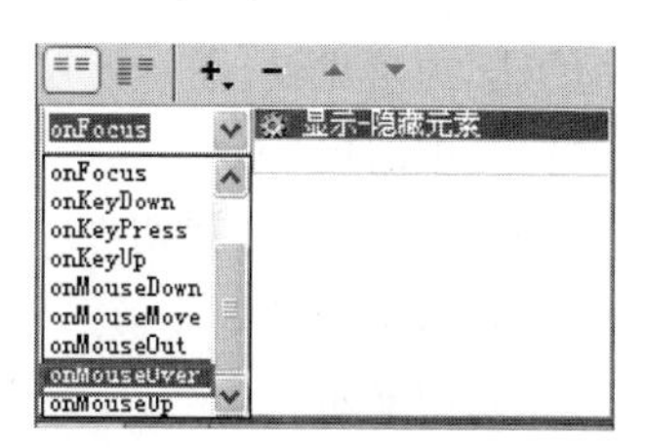

图 3.115 onMouseOver

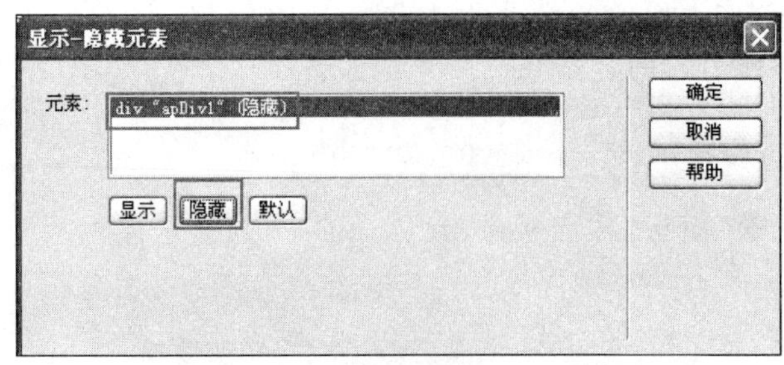

图 3.116 隐藏 apDiv1

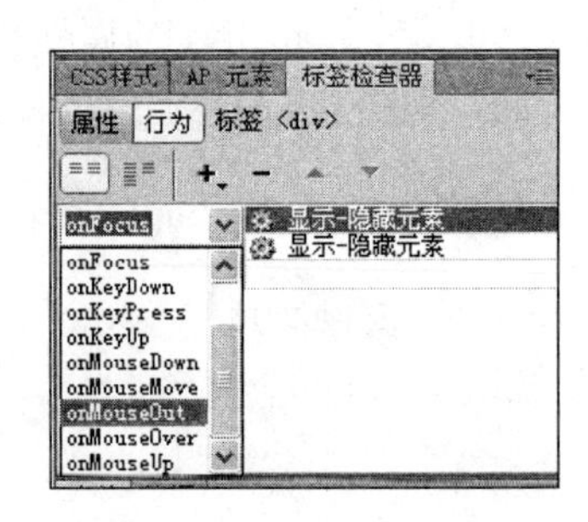

图 3.117 onMouseOut

(4) 下面要设置当光标经过 apDiv1 时,显示 apDiv1,当光标移出 apDiv1 时,隐藏 apDiv1,步骤如下。

① 选择 apDiv1 添加行为,设置 onMouseOver,显示 apDiv1。

② 选择 apDiv1 添加行为,设置 onMouseOver,隐藏 apDiv1。

至此,“新闻中心”一栏的内容制作完毕,其余几栏,读者自行完成。

3.6.3 主要知识点及操作技能讲解

1. AP Div

(1) 什么是 AP Div

AP 元素(绝对定位元素),是一种 HTML 网页元素,一般称为层,即网页内容的容器,包含文本、图像或其他任何可以在 HTML 文档正文中放入的内容。其可以精确定位在网页中的任何地方。主要特点如下。

① 作为容器,可以放置其他网页元素。

② 灵活定位。

(2) 编辑 AP Div 元素

① 调整层的大小。

② 层的层次关系。

③ 层的首选设置。

④ 层的对齐。

(3) 层的可见性设置

① AP 面板的使用(选择、命名、隐藏、次序)。

② 层的可见性。

③ 简单的层特效。

(4) 层的溢出与裁切

① 溢出可见性。

② 裁切显示。

(5) 层的嵌套

嵌套的含义:嵌套并不表示一个在另外一个里面显示,而是指一个 AP 元素的代码在另一个 AP 元素代码的内部。嵌套的 AP 元素会随着父 AP 元素的移动而移动，并继承父 AP 元素的可见性。

2. 行为

(1) 什么是行为

Dreamweaver CS6 的行为是一个带有面向对象设计思想的工具。在 Dreamweaver CS6 的“行为”面板中提供了 20 多种行为，利用这些行为，不需要书写一行代码，就可以在网页中实现丰富的动态与交互效果，如为网页添加播放音乐、显示/隐藏层、弹出消息、打开新浏览窗口等功能，达到用户与页面的交互。

所谓行为，就是一段预定义好的程序代码通过浏览器的解释并响应用户操作的过程。一个行为是由一个事件(Event)所触发的动作(Action)，因此把行为又称为事件的响应，是被用来动态响应用户操作、改变当前页面效果或是执行特定任务的一种方法。

行为可以附加到整个文档，即附加到<body>标签，还可以附加到超链接、图像、文字、表单元素或多种其他 HTML 元素中的任何一种。

(2) 行为是由事件和动作组成的

① 动作：动作是由一段预先写好的 JavaScript 代码组成的，该代码能执行各种特殊任务。

② 事件：事件是浏览器生成的消息，它指示该页的访问者已执行了某种操作。事件决定了为某一页面元素所定义的动作在什么时候被执行，即在何时触发一个动作。

(3) “行为”面板(窗口—行为)(见图 3.118)

要运用行为，首先要选择运用行为的对象，即网页元素，然后决定要发生的动作(见图 3.119)，最后设置决定该动作在何种情况下触发。

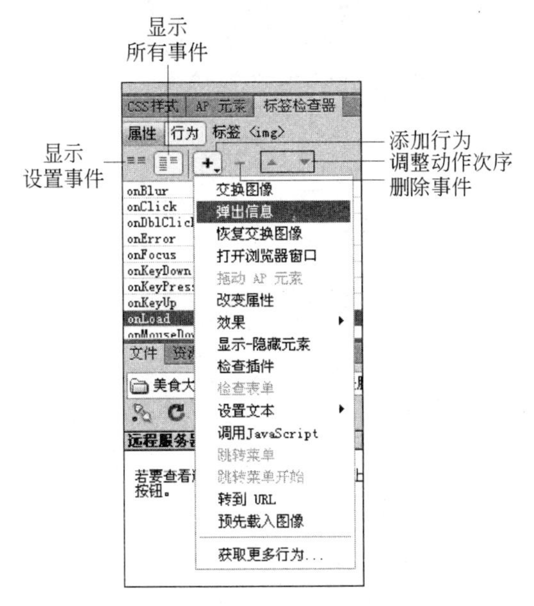

图 3.118 “行为”面板

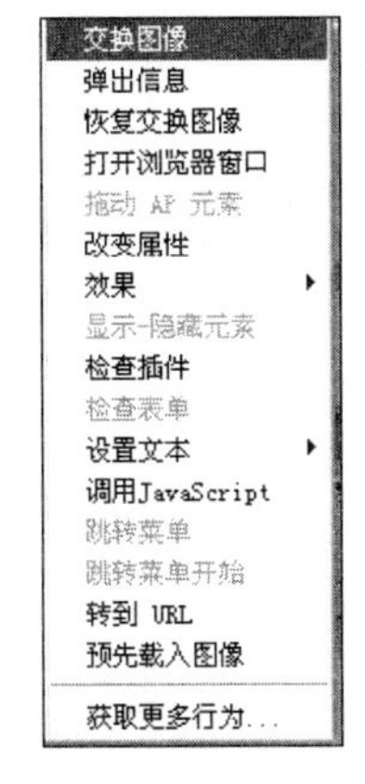

图 3.119 行为选项

(4) 常用行为(动作)简介

注:完成动作(行为)的设置后,在“行为”面板的列表框会显示出行为的名称与默认的事件名称。如果要改变此行为的事件,可单击“事件”列表框中默认事件名称右侧的按钮,在弹出的“事件名称”列表框中重新选定事件名,然后对其属性进行设置(见图 3.120~图 3.130)。

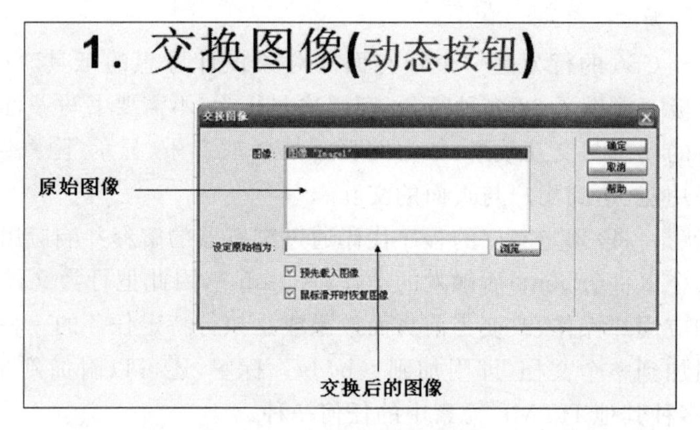

图 3.120 交换图像

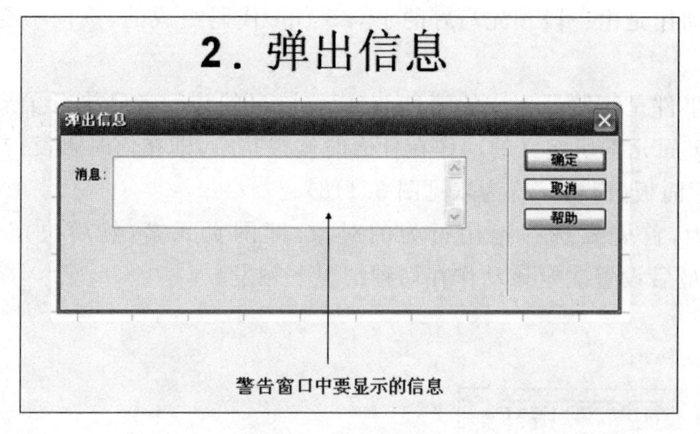

图 3.121 弹出信息

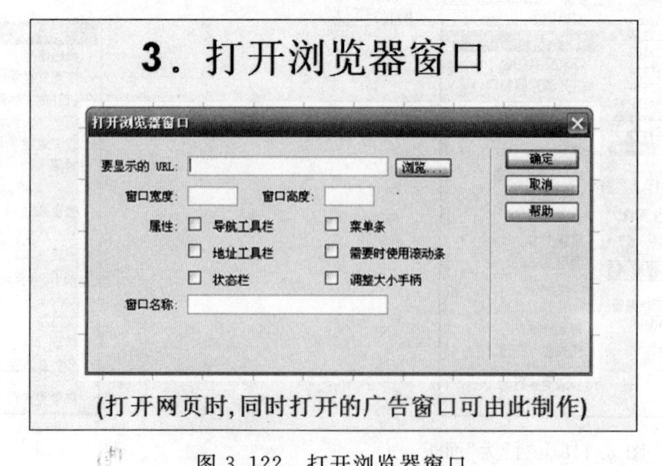

图 3.122 打开浏览器窗口

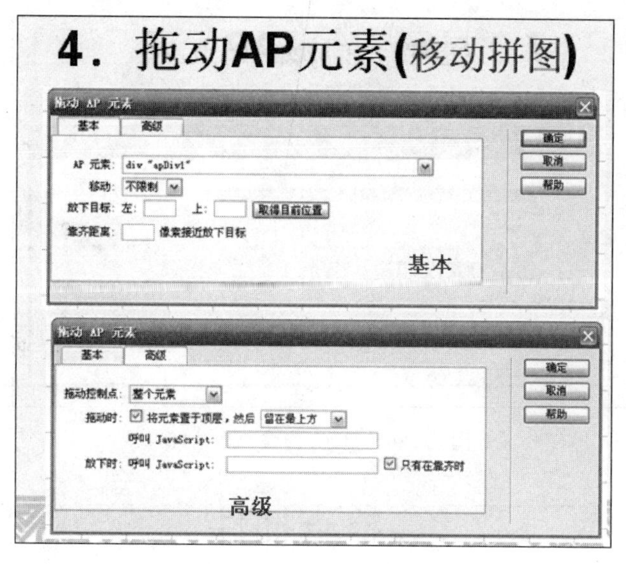

图 3.123　拖动 AP 元素

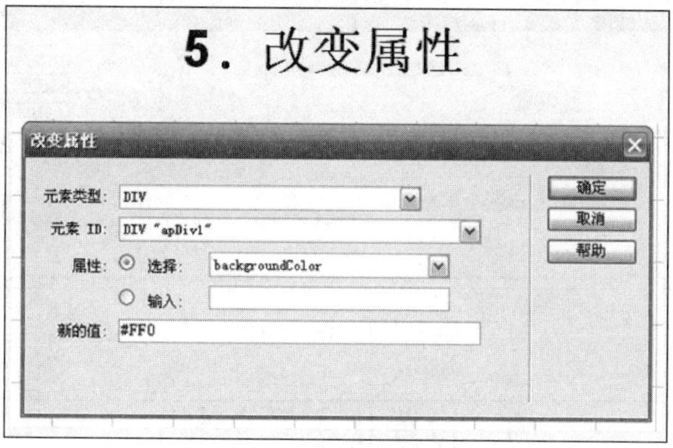

5. 改变属性

改变属性

元素类型: DIV

元素 ID: DIV "apDiv1"

属性: 选择: backgroundColor

输入:

新的值: #FF0

确定

取消

帮助

图 3.124　改变属性

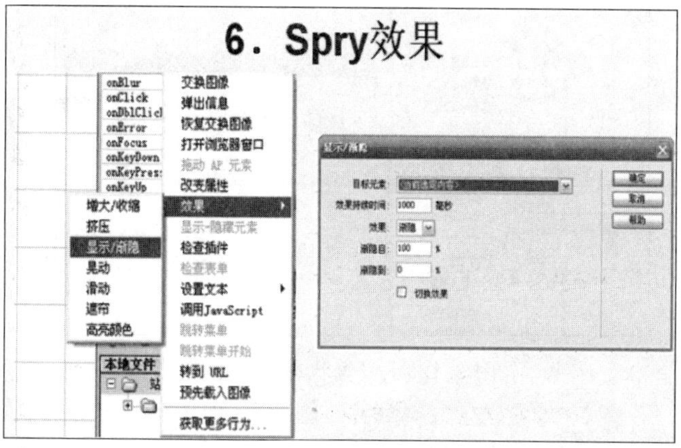

6. Spry效果

onBlur
onClick
onDblClick
onError
onFocus
onKeyDown
onKeyPress
onKeyUp

交换图像
弹出信息
恢复交换图像
打开浏览器窗口
拖动 AP 元素
改变属性
效果
显示-隐藏元素
检查插件
检查表单
设置文本
调用JavaScript
跳转菜单
跳转菜单开始
转到 URL
预先载入图像
获取更多行为...

增大/收缩
挤压
显示/渐隐
晃动
滑动
遮帘
高亮颜色

本地文件

显示/渐隐

目标元素

效果持续时间: 1000 毫秒

效果: 渐隐

渐隐自: 100 %

渐隐到: 0 %

切换效果

确定

取消

帮助

图 3.125　Spry 效果

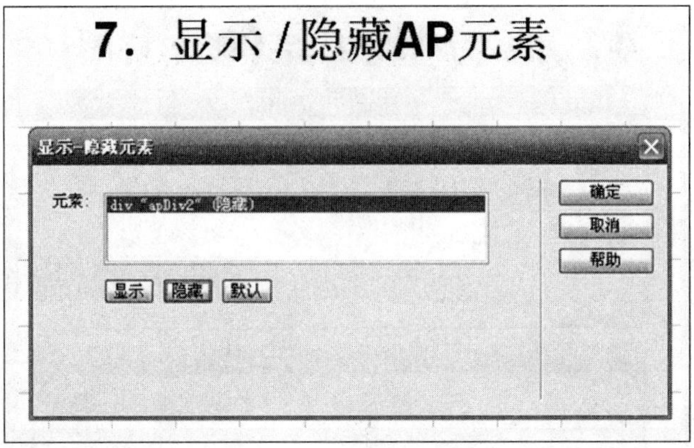

7. 显示/隐藏AP元素

显示-隐藏元素

元素: div "apDiv2" (隐藏)

显示 隐藏 默认

确定 取消 帮助

图 3.126 显示/隐藏 AP 元素

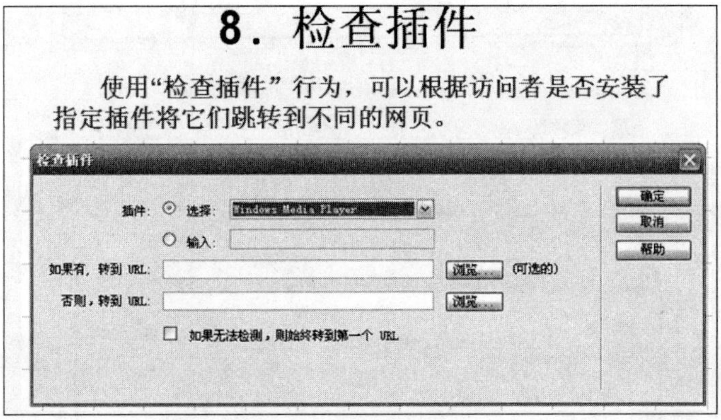

8. 检查插件

使用“检查插件”行为，可以根据访问者是否安装了指定插件将它们跳转到不同的网页。

检查插件

插件: 选择: Windows Media Player

输入:

如果有，转到 URL: 浏览... (可选的)

否则，转到 URL: 浏览...

如果无法检测，则始终转到第一个 URL

确定 取消 帮助

图 3.127 检查插件

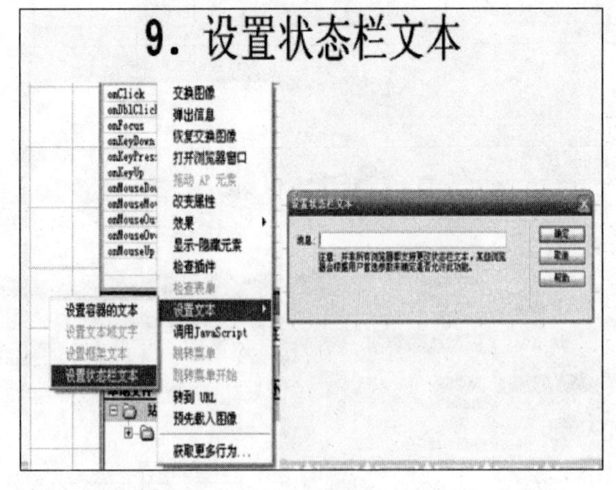

图 3.128 设置状态栏文本

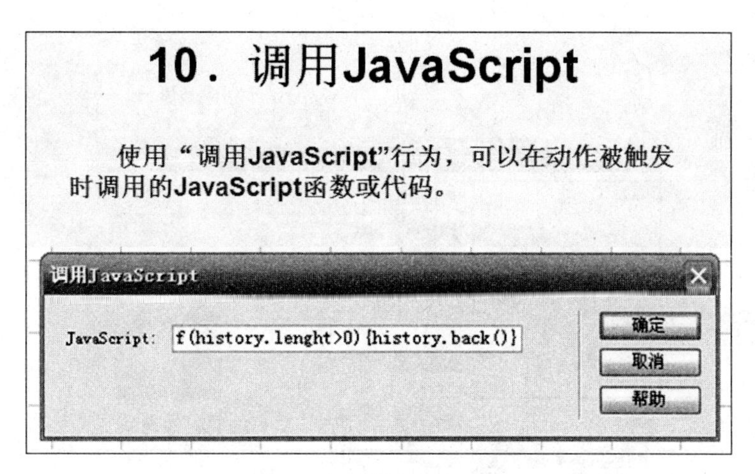

图 3.129 调用 JavaScript

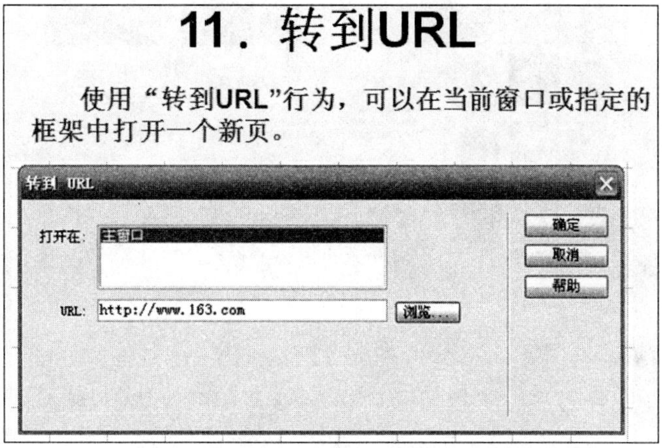

11．转到URL

使用“转到URL”行为，可以在当前窗口或指定的框架中打开一个新页。

转到 URL
打开在：
主窗口
URL：
http://www.163.com
浏览...
确定
取消
帮助

图 3.130 转到 URL

3.6.4 举一反三练习

1. 完成“美食大嘴”相应的操作，图 3.131 所示的图片切换是利用层和行为来完成的。

操作提示：(1)插入一个 1 行 2 列的表格，把鼠标定位在第 1 个单元格中执行“插入”→“布局对象”→“Ap Div”命令，把光标定位在 apDiv1 中，执行“插入”→“图像”命令，选择“1.jpg”。用同样方法插入第二、第三个 apDiv。然后，分别插入图像 2.jpg、3.jpg。

(2) 选择 apDiv1，在“属性检查器”中设置它的宽为 293，高为 306，左为 0，右为 0，如图 3.132 所示。选择 apDiv1 里的图像“1.jpg”，设置它的属性宽为 293，高为 306，如图 3.133 所示。

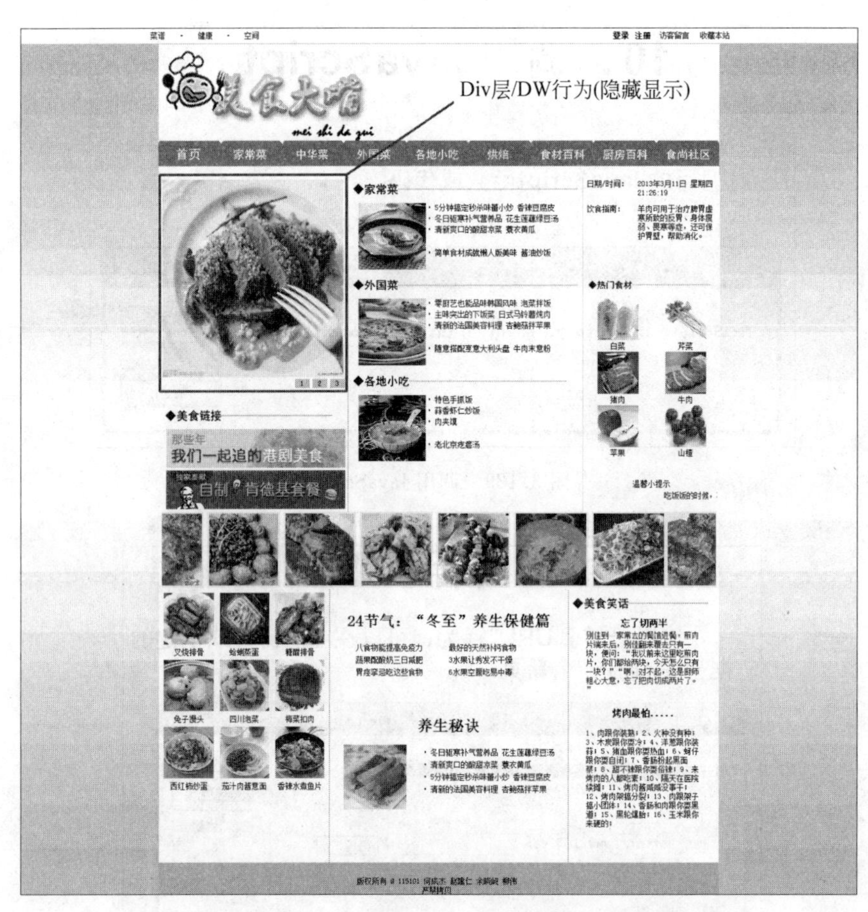

图 3.131　利用层和行为完成"美食大嘴"的图片切换

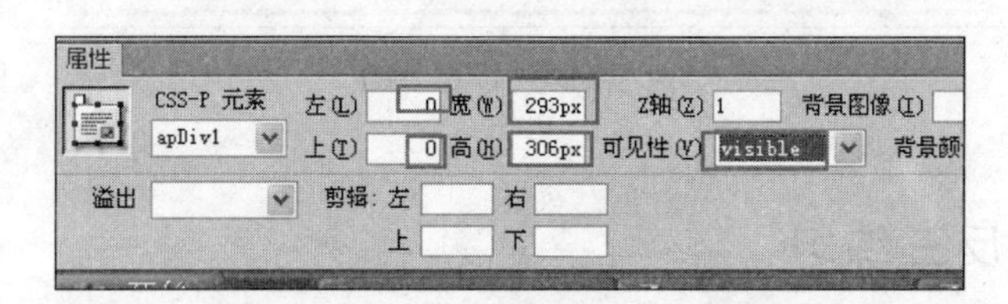

图 3.132　apDiv1 的属性

图 3.133　1.jpg 的属性设置

用同样的方法分别设置 apDiv2、apDiv3 的属性(跟 apDiv1 的相同),也设置它们里面的 2.jpg、3.jpg 的属性(跟 1.jpg 的相同)。

(3) 新建一个样式表.aa。把它的定位设置为 relative。并把它应用于第 1 个单元格的＜td＞标签中。

(4) 把表格的第 2 个单元格拆分成 4 列。调整它们的大小,然后把后 3 个单元格的背景颜色设置为淡灰色，分别输入文本“1”、“2”、“3”，如图 3.134 所示。

(5) 选择“1”所在的单元格＜td＞，单击“添加行为”(+.)按钮，在弹出的快捷菜单中选择“显示-隐藏元素”选项，设置 apDiv1 为显示，其余两个为隐藏，如图 3.135 所示。

图 3.134　输入文本后的效果图

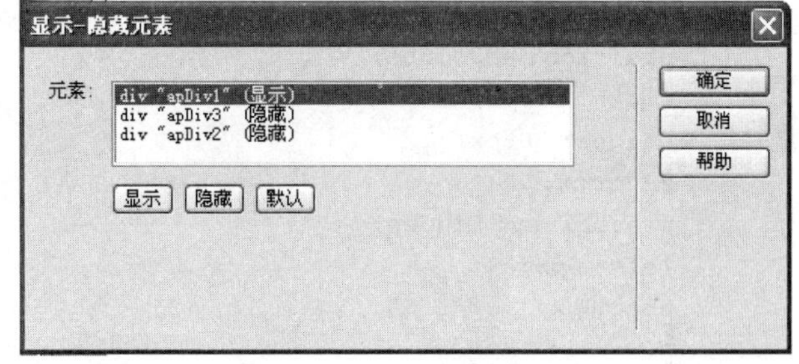

图 3.135　显示-隐藏设置 1

用同样的方法分别选择“2”所在的单元格和“3”所在的单元格，设置显示隐藏元素如图 3.136 和图 3.137 所示。

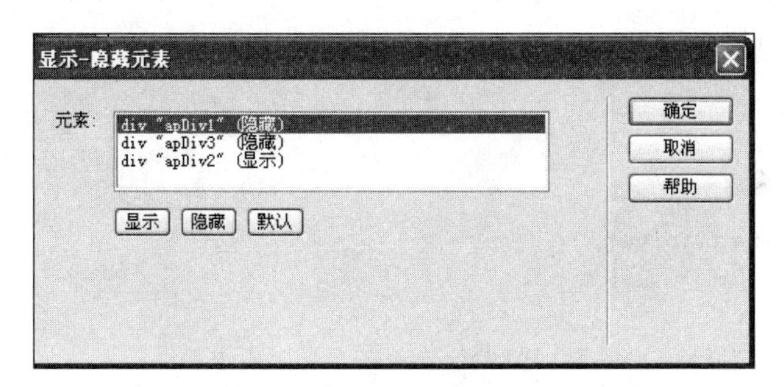

图 3.136　显示-隐藏设置 2

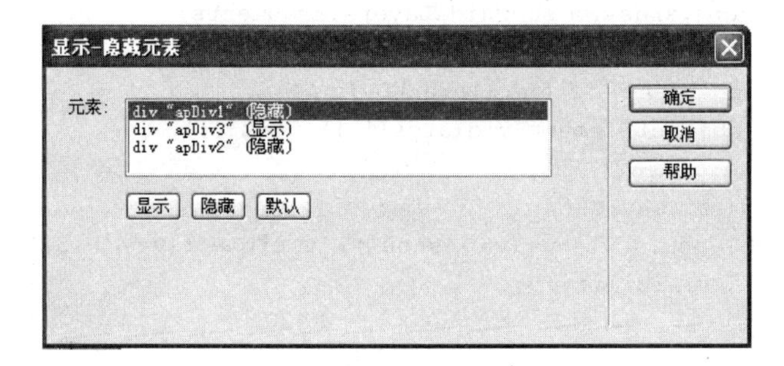

图 3.137　显示-隐藏设置 3

(6) 测试。参考代码如下：

```
<style type="text/css">
```

```
#apDiv1 {
    position: absolute;
    width: 293px;
    height: 306px;
    z-index: 1;
    left: 0px;
    top: 0px;
    visibility: visible;
}
#apDiv2 {
    position: absolute;
    width: 293px;
    height: 306px;
    z-index: 2;
    visibility: hidden;
    left: 0px;
    top: 0px;
}
#apDiv3 {
    position: absolute;
    width: 293px;
    height: 306px;
    z-index: 3;
    visibility: hidden;
    left: 0;
    top: 0;
}
.aa {
    position: relative;
}
</style>
<script type="text/javascript">
function MM_showHideLayers()
{   //v9.0
    var i,p,v,obj,args=MM_showHideLayers.arguments;
    for (i=0; i<(args.length-2); i+=3)
        with (document) if (getElementById &&
            ((obj=getElementById(args[i]))! =null))
        {   v=args[i+2];
            if(obj.style){
            obj=obj.style;v=(v=='show')?'visible':(v=='hide')?'hidden':v;}
            obj.visibility=v;
        }
}
</script>
<table width="293">
    <tr>
        <td height="306" colspan="4" class="aa"><div id="apDiv1">
        <img src="image/4.jpg" width="293" height="306"/></div></td>
```

```
    </tr>
    <tr>
        <td width="96" height="24"> </td>
        <td width="34" height="24" bgcolor="#999999"
        onmouseover="MM_showHideLayers('apDiv1','','show','apDiv3',
                                '','hide','apDiv2','','hide')">1</td>
         <td width="32" bgcolor="#999999" onmouseover="MM_showHideLayers
         ('apDiv1','','hide','apDiv3','','hide','apDiv2','','show')">2</td>
         <td width="26" bgcolor="#999999" onmouseover="MM_showHideLayers
         ('apDiv1','','hide','apDiv3','','show','apDiv2','','hide')">3</td>
    </tr>
</table>
<div id="apDiv3"><img src="image/5.jpg" width="293" height="306"/></div>
<div id="apDiv2"><img src="image/3.jpg" width="293" height="306"/></div>
```

2. 完成自行设计网站相应的操作。

任务 3.7　使用 JavaScript 创建首页的动态效果

3.7.1　任务布置及分析

信息学院首页中的第一行“当前日期”、“时钟”、“设为首页”、“添加收藏”等栏目是用 JavaScript 来实现动态效果的，如图 3.138 所示。

3.7.2　操作步骤

1. 电子时钟制作

(1) 打开首页 index. html。

(2) 把光标定位在首页的第一个单元格中，切换到“代码”窗口。

(3) 在第一个<td>标签后面输入代码段“<div id="showtime">今天是：<span id="localtime"></span></div>”，如图 3.139 所示。

(4) 在以上代码后，加入如下代码，定义生成时间字符串的函数。

```
<script language="javascript">
    function showLocale(objD)
{
    var str;                    //定义变量，将来该变量的值就是由时间对象转换来的字符串
    var hh=objD.getHours();   //获取时、分、秒，并所传入日期是一个星期中的第几天
    var mm=objD.getMinutes();
    var ss=objD.getSeconds();
    var getweek=objD.getDay();
    if(getweek==1) week="星期一";          //根据之前得到的日期计算应显示为星期几
    else if(getweek==2) week="星期二";
```

图 3.138 首页中需用 JavaScript 制作的内容

```
<body >
<table width="1004" border="0" cellspacing="0" cellpadding="0">
  <tr>
    <td  height="28" align="left" background="images/qp_rl_cl_sl.jpg" bgcolor="#D6D6D6">
    <div id="showtime">今天是:<span id="localtime"></span></div>
```

图 3.139　加入代码

```
    else if(getweek==3) week="星期三";
    else if(getweek==4) week="星期四";
    else if(getweek==5) week="星期五";
    else if(getweek==6) week="星期六";
    else week="星期日";
    str=(objD.getYear())+"年";              //如果不显示年份,把这行注释掉
    //生成日期字符串
    str+=(objD.getMonth()+1)+"月"+objD.getDate()+"日";
    str+=week;                  //加入星期字符串如果不显示星期,把这行注释掉
    if(hh<10) hh='0'+hh;        //将时间字符串进行格式化,保证时、分、秒都由两位字符显示
    if(mm<10) mm='0'+mm;
    if(ss<10) ss='0'+ss;
    str+=""+hh+":"+mm+":"+ss;              //加入完成格式化的时、分、秒
    return(str);                           //返回生成的字符串
}
</script>
```

函数说明：①功能——将传入的时间对象转换为特定格式的字符串；②参数——(objD)时间对象；③返回值——由时间对象转换来的字符串。

(5) 书写定时启动,获取当前时间的 JavaScript 脚本代码。

```
<script language="javascript">
function tick()                                //定时启动,获取当前时间
{
    var today;                                 //定义变量,将来它的值便是当前系统时间
    today=new Date();                          //获取当前系统时间
    //调用 showLocale()函数生成时间字符串,并将其作为内容加入 span 标签 localtime 中
    document.getElementById("localtime").innerText=showLocale(today);
    window.setTimeout("tick()", 1000);
                                    //设置每 1000ms(1s=1000ms)执行一次 tick()函数
}
tick();
</script>
```

注：几乎每个 HTML 标签都有 innerText 属性,该属性的作用是设置或获取位于对象起始和结束标签内的文本。

setTimeout (表达式,延时时间)函数在执行时,是在载入后延迟指定时间后,去执行一次表达式,仅执行一次。对于该函数的说明,会在"滚动公告"任务中与 setInterval 进行比较分析。

(6) 如果要设置显示的格式,则在网页<head>...</head>标签之间加入如下代码：

```
#showtime
```

```
{
    height: 30px;
    line-height: 30px;
    font-size: 16px;
    text-indent: 30px;
}
#localtime{
        margin-left: 10px;
        color: #FF0;
}
</style>
```

(7) 按 F12 键,预览网页,效果如图 3.140 所示。

2. 添加到收藏夹

(1) 打开 index.html。

(2) 找到存放加入收藏的单元格,切换到代码模式,找到<td>标签,在<td>...</td>标签之间输入如下代码。

```
<a href="javascript: window.external.AddFavorite('http: //jyfw.zjvtit.edu.cn/
   xxxy/','信息学院网站')">加入收藏</a>
```

(3) 按 F12 键,预览网页,效果图如图 3.141 所示。

图 3.140 显示日期时钟等

图 3.141 加入收藏

3. 设为首页

(1) 打开 index.html。

(2) 找到存放加入收藏的单元格,切换到代码模式,找到<td>标签,在<td>...</td>标签之间输入如下代码。

```
<aonclick="this.style.behavior='url(#default#homepage)';
this.setHomePage ('http: //jyfw.zjvtit.edu.cn/xxxy/ ');" href="#">设为首页</a>
```

(3) 按 F12 键,预览网页,效果图如图 3.142 所示。

图 3.142 设为首页

4. 制作通知公告栏的滚动效果

(1) 使用循环向上滚动的字幕,当浏览者鼠标移动到字幕区域后字幕停止滚动;当浏览者移出字幕区域后,字幕继续滚动。

(2) 打开首页 index.html。

(3) 找到存放该滚动公告的单元格</td>,在该<td>...</td>标签之间插入如下代码：

```
<MARQUEE direction=up height=220 onMouseOut=this.start()
    onMouseOver=this.stop() scrollAmount=2 scrollDelay=1><br>
        <a href="#">学院多媒体制作大赛</a>><br>
        <a href="#">科技文化节的有关事项</a>><br>
        <a href="#">期末考试的有关通知</a><br>
        <a href="#">学评教情况通报</a><br>
        <a href="#">关于个人简历制作大赛的通知</a><br>
        <a href="#">关于班主任电话家访的有关事项</a><br>
        <a href="#">有关导师制的通知</a><br>
        <a href="#">教师下派锻炼的若干规定</a><br>
        <a href="#">关于补考安排的通知</a><br>
        <a href="#">关于公共选修课的有关通知</a><br>
</MARQUEE>
```

（4）marquee 属性的使用说明。

<marquee>...</marquee>：移动属性的设置，这种移动不仅仅局限于文字，也可以应用于图片，表格等。

① 鼠标属性。

```
onMouseOut=this.start();          //鼠标移出状态滚动
onMouseOver=this.stop();          //鼠标经过时停止滚动
```

② 方向。

```
<direction=left|right|up|down>
```

例如：

```
<marquee direction=left>从右向左移!</marquee>
```

③ 方式。

```
<bihavior=scroll|slide|alternate>
```

例如：

```
<marquee behavior=scroll>一圈一圈绕着走!</marquee>
<marquee behavior=slide>只走一次就停了!</marquee>
<marquee behavior=alternate>来回走</marquee>
```

④ 循环。

```
<loop=循环次数>              //若未指定则循环不止(infinite)
```

例如：

```
<marquee loop=3 width=50%behavior=scroll>只走 3 趟</marquee>
<marquee loop=3 width=50%behavior=slide>只走 3 趟</marquee>
<marquee loop=3 width=50%behavior=alternate>只走 3 趟!</marquee>
```

⑤ 速度。

```
<scrollamount=#>
```

例如：

```
<marquee scrollamount=20>啦啦啦,我走得好快哟!</marquee>
```

⑥ 延时。

```
<scrolldelay=#>
```

例如：

```
<marquee scrolldelay=500 scrollamount=100>啦啦啦,我走一步,停一停!</marquee>
```

⑦ 外观(Layout)设置。

⑧ 对齐方式(Align)。

(5) 按F12键,预览网页,效果如图3.143所示。

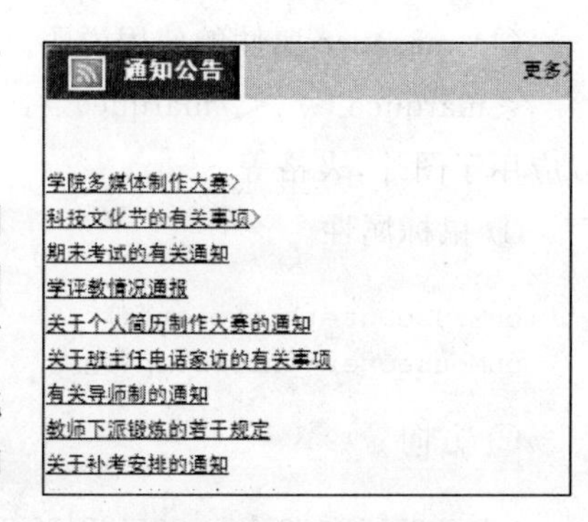

图3.143 滚动效果

5. 制作首页循环滚动图片广告

使用循环向左滚动展示"图片快讯"系列。当浏览者将鼠标移动到图片区域后图片停止运动;当浏览者移出图片区域后,图片继续运动。该效果也可以同上面的制作方法一样用marquee来制作,但此处要介绍另外一种制作方法(用div标签和JavaScript脚本)。

(1) 打开首页index.html。

(2) 找到存放该系列图片的单元格<td>，在该<td>...</td>标签之间插入如下代码。

```
<div align="center" id="dem1o"
    style="overflow: hidden;height: 140px;width: 700px;">
  <table width="960"border="0"cellspacing="0"cellpadding="0"align="center">
    <tr>
    <td align="center" id="demo11">
       t<table border="0" cellspacing="0" cellpadding="0"><tr>
     <td style="padding-left: 5px; padding-top: 2px;"><a href="#"
     target="_blank"><img title="学校综合楼" src="images/marquee1.jpg"
     width="170" border="0" height="125"/></a></td>
     <td style="padding-left: 5px; padding-top: 2px;"><a href="#"
     target="_blank"><img title="学校教学楼" src="images/marquee2.jpg"
     width="170"border="0" height="125"/></a></td>
     <td style="padding-left: 5px; padding-top: 2px;"><a href="#"
     target="_blank"><img title="机床设备" src="images/marquee3.jpg"
     width="170" border="0" height="125"/></a></td>
     <td style="padding-left: 5px; padding-top: 2px;"><a href="#"
```

```
        target="_blank"><img title="数控机床" src="images/marquee4.jpg"
        width="170" border="0" height="125"/></a></td>
        <td style="padding-left: 5px; padding-top: 2px;"><a href="#"
        target="_blank"><img title="学生实习" src="images/marquee5.jpg"
        width="170" border="0" height="125"/></a></td>
        <td style="padding-left: 5px; padding-top: 2px;"><a href="#"
        target="_blank"><img title="数字基地" src="images/marquee6.jpg"
        width="170" border="0" height="125"/></a></td>
        <td style="padding-left: 5px; padding-top: 2px;"><a href="#"
        target="_blank"><img title="分组实验" src="images/marquee7.jpg"
        width="170" border="0" height="125"/></a></td>
        <td style="padding-left: 5px; padding-top: 2px;"><a href="#"
        target="_blank"><img title="实训中心" src="images/marquee8.jpg"
        width="170" border="0" height="125"/></a></td>
        <td style="padding-left: 5px; padding-top: 2px;"><a href="#"
        target="_blank"><img title="计算中心" src="images/marquee9.jpg"
        width="170" border="0" height="125"/></a></td>
      </tr></table>
      </td>
        <td id="demo12">  </td>
      </tr>
    </table>
    </div>
<script language="javascript" type="text/javascript">
<!--
    var dem1o=document.getElementById("dem1o");
    var demo11=document.getElementById("demo11");
    var demo12=document.getElementById("demo12");
    var speed=20;    //数值越大滚动速度越慢
    demo12.innerHTML=demo11.innerHTML
    function Marquee(){
        if(demo12.offsetWidth-dem1o.scrollLeft<=0)
            dem1o.scrollLeft-=demo11.offsetWidth;
        else{
            dem1o.scrollLeft++;
        }
    }
    var MyMar=setInterval(Marquee,speed);
    dem1o.onmouseover=function(){clearInterval(MyMar);}
    dem1o.onmouseout=function(){MyMar=setInterval(Marquee,speed);}
-->
</script>
```

(3) 按 F12 键,预览网页,效果如图 3.144 所示。

6. 制作主页幻灯切换广告

(1) 打开 index.html。

图 3.144　滚动图片效果

(2) 找到存放幻灯切换广告的单元格<td>,切换到代码编辑模式。

(3) 准备素材文件 1.jpg、2.jgp、3.jpg、4. jpg,并把它们存放在站点根目录下的 news 文件夹的 images 文件夹下。然后,把 playswf. swf 文件放在站点根目录下。

(4) 在该<td>...</td>标签之间输入如下代码。

```
<SCRIPT type=text/javascript>
<! --
    imgUrl1="news/images/1.jpg";
    imgtext1="春季拔河比赛";
    imgLink1=escape("#");
    imgUrl2="news/images/2.jpg";
    imgtext2="新落成的计算中心";
    imgLink2=escape("#");
    imgUrl3="news/images/3.jpg";
    imgtext3="学生分组实验";
    imgLink3=escape("#");
    imgUrl4="news/images/4.jpg";
    imgtext4="学术会议交流";
    imgLink4=escape("#");
    var focus_width=260;
    var focus_height=210;
    var text_height=20;
    var swf_height=focus_height+text_height;
    var pics=imgUrl1+"|"+imgUrl2+"|"+imgUrl3+"|"+imgUrl4;
    var links=imgLink1+"|"+imgLink2+"|"+imgLink3+"|"+imgLink4;
    var texts=imgtext1+"|"+imgtext2+"|"+imgtext3+"|"+imgtext4;
    document.write('<object ID="focus_flash" classid="clsid: d27cdb6e-ae6d-11cf-
   96b8 - 44553540000 " codebase =" http: //fpdownload. macromedia. com/pub/
    shockwave/cabs/flash/swflash.cab#version=6,0,0,0" width="'+focus_width +
    '" height="'+swf_height +'">');
    document.write ('< param name =" allowScriptAccess" value =" same-Domain" >
    <param name="movie"value="playswf.swf"><param name= "quality"value="high">
    <param name="bgcolor" value="#FFFFFF">');
    document.write('<param name="menu" value="false"><param name=wmode
                  value="opaque">');
    document.write('<param name="FlashVars" value="pics='+pics+'&links='+
       links+'&texts='+texts+'&borderwidth='+focus_width+'&borderheight=
       '+focus_height+'&textheight='+text_height+'">');
```

```
    document.write('<embed ID="focus_flash" src="playswf.swf" wmode="opaque"
    FlashVars="pics='+pics+'&links='+links+'&texts='+texts+'&borderwidth=
    '+focus_width+'&borderheight='+focus_height+'&textheight='+text_height+'"
    menu="false" bgcolor="#C5C5C5" quality="high" width= "'+focus_width+
    '" height="' + swf_height + '" allowScriptAccess = "sameDomain" type =
    "application/x-shockwave-flash" pluginspage="http://www.macromedia.com/
    go/getflashplayer"/>');
    document.write('</object>');
-->
</SCRIPT>
```

(5) 按 F12 键，预览网页，效果如图 3.145 所示。

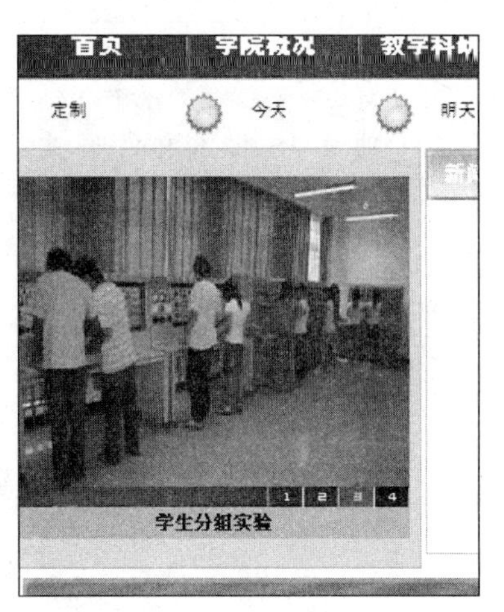

图 3.145 幻灯切换广告效果

3.7.3 主要知识点及操作技能讲解

1. 什么是 JavaScript

(1) JavaScript 是由 Netscape 公司开发并在浏览器中执行的脚本语言。它可以嵌入到 HTML 文件中，增加网页动态效果或数据合法性验证。

(2) 它是基于对象(Object-based)的语言。与 Java 名字类似，但实际上无关。

(3) 基于事件驱动(Event Driver)。当客户在主页中执行了某种操作，如单击鼠标、移动窗口、选择菜单等，将会引起相应的事件响应。

2. 主要功能

(1) 网页特效：光标动画、动态广告等。

(2) 数据验证：登录、注册、调查表。

3. JavaScript 的语言特点

JavaScript 的语言特点如图 3.146 所示。

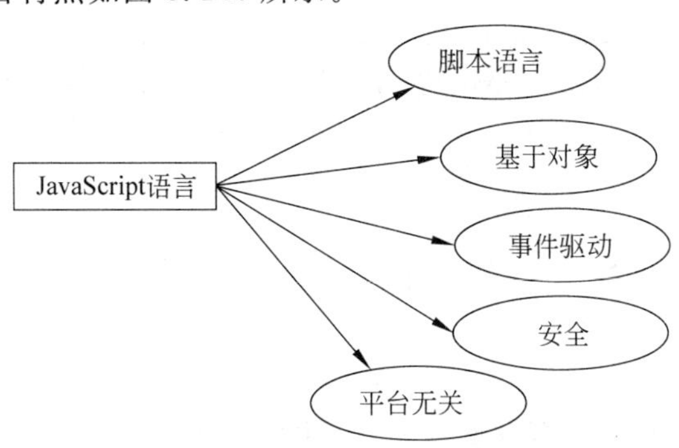

图 3.146 JavaScript 的语言特点

4. 将 JavaScript 嵌入网页的方法

(1) ＜SCRIPT＞标签：用＜SCRIPT＞标签将语句嵌入文档，如图 3.147 所示。

```
<SCRIPT ?"JavaScript" >
document. write ("欢迎来到JavaScript世界");
</SCRIPT>
```

图 3.147　将语句嵌入文档

(2) 独立 JS 脚本文件形式：将 JavaScript 文件链接到 HTML 文档，如图 3.148 所示。

```
<SCRIPT language= " JavaScript " src= " 文件名. is " >
</SCRIPT>
```

图 3.148　独立 JS 脚本文件

(3) 具体事件属性方式：通过事件属性与 HTML 结合，如图 3.149 所示。

```
<input type= " button " onclick="i=20;i=i+100; alert (i);"
value= "click me " />
```

图 3.149　事件属性方式

例 1：使用＜Script＞标签，如图 3.150 所示。

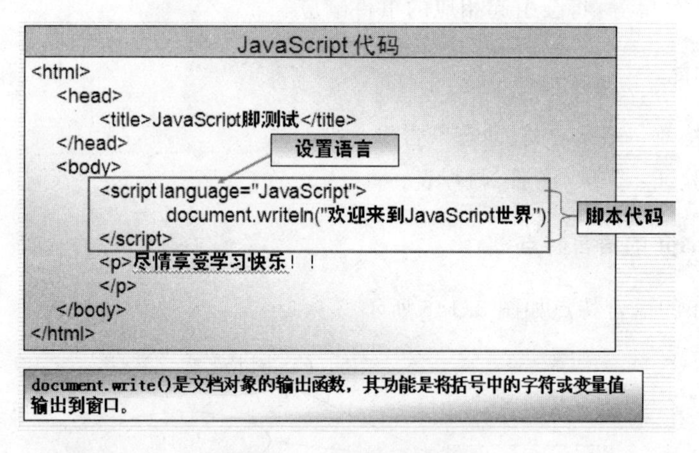

图 3.150　＜SCRIPT＞标签

例 2：使用独立 JS 文件嵌入，如图 3.151 所示。

5. 基本数据类型

在 JavaScript 中的数据类型有数值类型、布尔类型(用 true 或 false 表示)、字符串类型(用""号或‘’括起来的字符或数值)、空值数据类型、特殊字符类型等。

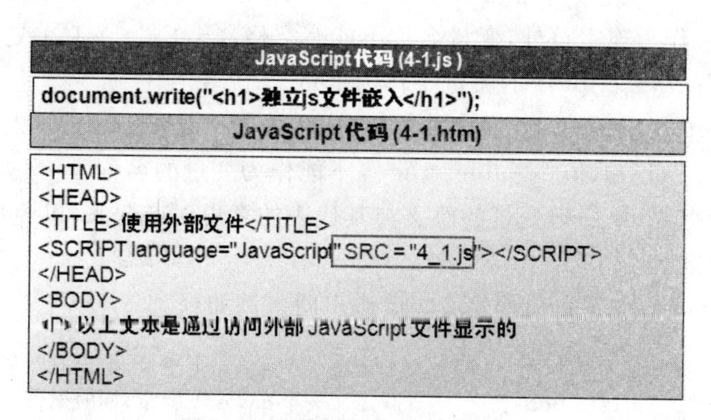

JavaScript代码 (4-1.js)

```
document.write("<h1>独立js文件嵌入</h1>");
```

JavaScript代码 (4-1.htm)

```
<HTML>
<HEAD>
<TITLE>使用外部文件</TITLE>
<SCRIPT language="JavaScript" SRC = "4_1.js"></SCRIPT>
</HEAD>
<BODY>
<P> 以上文本是通过访问外部 JavaScript 文件显示的
</BODY>
</HTML>
```

图 3.151　使用独立 JS 文件嵌入

(1) 数值类型

其包括整数与浮点数。整数可以为正数、0 或者负数。整数可以指定为十进制，八进制或十六进制；浮点数可以包含小数点，也可以包含一个“e”。“e”大小写均可，在科学计数法中表示“10 的幂”，JavaScript 没有严格的区分开，两者在程序中可以自由地转换。

(2) 布尔类型

布尔类型只有两种状态：true 或 false。它主要用来说明或代表一种状态或标志，以说明操作流程。它与 C++ 是不一样的，C++ 可以用 1 或 0 表示其状态，而 JavaScript 只能用 true 或 false 表示其状态。

(3) 字符串类型

使用单引号（'）或双引号（"）括起来的一个或几个字符。如 "This is a book of JavaScript "、"3245"、"ewrt234234" 等。

(4) 空值数据类型

JavaScript 中有一个空值，其表示什么也没有。如试图引用没有定义的变量，则返回一个空值。

在 Submit 中，用 value="" 表示空值。不写的话有默认值“提交”按钮。

(5) 特殊字符

同 C 语言一样，JavaScript 中同样也有一些以反斜杠（\）开头的不可显示的特殊字符。通常称其为控制字符。如\a：警报；\b：退格；\f：走纸换页；\n：换行；\r：回车；\t：横向跳格，即水平制表符，光标移到下一个制表位置；\'：单引号；\"：双引号；\\：反斜杠等。

6. 变量

变量的主要作用是存取数据、提供存放信息的容器。对于变量，必须明确变量的命名、变量的类型、变量的声明及其变量的作用域。

(1) 变量的命名

JavaScript 中的变量命名同其计算机语言非常相似，这里要注意以下两点。

① 必须是一个有效的变量，即变量以字母开头，中间可以出现数字如 test1、text2

等。除下画线(_)作为连字符外，变量名称不能有空格、(+)、(-)、(,)或其他符号。

② 不能使用JavaScript中的关键字作为变量。

在JavaScript中，定义了40多个关键字，这些关键字是JavaScript内部使用的，不能作为变量的名称。如var、int、double、true等不能作为变量的名称。

在对变量命名时，最好把变量的意义与其代表的意思对应起来，以免出现错误。

(2) 变量的类型

在JavaScript中，变量可以用命令var作声明。例如：

```
var mytest;                          //定义一个 mytest 变量,但没有赋值
var mytest="This is a book";         //定义一个 mytest 变量,同时赋值
```

在JavaScript中，变量可以不作声明，而在使用时再根据数据的类型来确其变量的类型。如：x=100、y="125"、xy=true、cost=19.5等。其中，x为整数，y为字符串，xy为布尔型，cost为实数型。

(3) 变量的声明及其作用域

JavaScript变量可以在使用前先作声明，并可赋值。通过使用var关键字对变量作声明。对变量作声明的最大好处就是，能及时发现代码中的错误；因为JavaScript是采用动态编译的，而动态编译不易发现代码中的错误，特别是在变量命名方面。

对于变量还有一个重要性——变量的作用域。在JavaScript中，同样有全局变量和局部变量。全局变量是定义在所有函数体之外，其作用范围是整个函数；而局部变量是定义在函数体之内，只对该函数是可见的，而对其他函数则是不可见的。

7. 表达式和运算符

(1) 表达式

在定义完变量后，就可以对它们进行赋值、改变、计算等一系列操作，这一过程通常又由表达式来完成，可以说它是变量、常量、布尔及运算符的集合，因此表达式可以分为算术表述式、字串表达式、赋值表达式以及布尔表达式等。

(2) 运算符

运算符是指完成操作的一系列符号，在JavaScript中，有算术运算符，如+、-、*、/等；有比较运算符，如!=、==等；有逻辑布尔运算符，如!(取反)、|、||等；有字串运算，如+ 、+=等。

在JavaScript中，主要有双目运算符和单目运算符。其中，双目运算符组成如下。

操作数1　运算符　操作数2

双目运算表达式由两个操作数和一个运算符组成。如50+40、"This"+"that"等。而单目运算符，只需一个操作数，其运算符可在前或后。

① 算术运算符：JavaScript中的算术运算符有单目运算符和双目运算符。

② 双目运算符：+(加)、-(减)、*(乘)、/(除)、%(取模)、|(按位或)、&(按位与)、<<(左移)、>>(右移)、>>>(右移，零填充)。

③ 单目运算符：-(取反)、~(取补)、++(递加1)、--(递减1)。

④ 比较运算符：比较运算符的基本操作过程是，首先对它的操作数进行比较，然后再返回一个True或False值，有8个比较运算符：<(小于)、>(大于)、<=(小于等于)、>=(大于等于)、==(等于)、!=(不等于)。

⑤ 布尔逻辑运算符：在JavaScript中增加了几个布尔逻辑运算符：!(取反)、&=(与之后赋值)、&(逻辑与)、|=(或之后赋值)、|(逻辑或)、^=(异或之后赋值)、^(逻辑异或)、?:(三目操作符)、||(或)、==(等于)、|=(不等于)。

其中，三目操作符主要格式如下.

```
操作数?结果 1: 结果 2
```

若操作数的结果为真，则表述式的结果为结果1；否则，为结果2。

8. 程序控制流

(1) if条件语句

语法：

```
//格式
if(条件 1)
{
    语句块 1;
}

//格式 2
if(条件 1)
{
    语句块 1;
}
else{
    语句块 2;
}
//格式 3
if(条件 1)
{
    语句块 1;
}
else if(条件 2){
    语句块 2;
}
```

功能：若条件1为true，则执行语句块1；否则，执行语句块2。

说明：若if后的语句有多行，则必须使用花括号将其括起来。

(2) For循环语句

语法：

```
for(初始化;条件;增量)
{
    语句块;
```

```
}
```

功能：实现条件循环，当条件成立时，执行语句块；否则，跳出循环体。

说明：初始化参数决定循环的开始位置，且必须赋予变量的初值。

条件：其是指用于判别循环停止时的条件。若条件满足，则执行循环体；否则，跳出循环体。

增量：主要定义循环控制变量在每次循环时按什么方式变化。

(3) while 循环

该语句与 for 语句一样，当条件为真时，重复循环；否则，退出循环。

语法：

```
while(条件)
{
    语句块;
}
```

(4) break 和 continue 语句

与 C++ 语言相同，使用 break 语句可使循环从 for 或 while 循环中跳出，continue 则可使程序跳过循环内剩余的语句而进入下一次循环。

(5) label 语句

该语句为 break 或 continue 语句中的标号提供标识，指示程序继续执行的地方。这个语句生效，它的标号必须是 break 或 continue 语句中的标号。

语法：

```
label:语句块
```

其中，label 可以任意命名（当然，不能使用关键字命名）。

(6) do...while 语句

语法：

```
do{
    语句块;
}
while(条件)
```

(7) switch 语句

switch 语句容许程序赋值一个表达式并将这个值与 case 标号进行匹配。如果发现匹配，则执行相应的语句；否则，与 default 语句匹配；如果还没有，则继续执行 switch 下面的语句。

语法：

```
switch(expression)
{
    case label:
        语句块 1;
        break;
```

```
    case label:
        语句块 2;
        break;
    ⋮
    default:  语句块
}
```

可选项 break 用于确保程序在执行匹配的语句后立即退出 switch 语句。如果忽略了这个选项,则程序执行 switch 中下一个语句。expression 是用于与标号 label 匹配的值,而 label 是用于与 expression 匹配的值。

(8) 注释

像其他所有语言一样,JavaScript 的注释在运行时也是被忽略的。注释只给程序员提供信息。

JavaScript 注释有两种:单行注释和多行注释。单行注释用双斜杠"//"表示。当一行代码有"//"时,那么,"//"后面的部分将被忽略。而多行注释是用"/*"和"*/"括起来的一行到多行文字。程序执行到"/*"处,将忽略"/*"以后的所有文字,直到出现"*/"为止。

(9) var 语句

var 语句常常是一种编程风格而非一种方法。理论上,在编程时,需要在赋值语句前加上 var 用于声明变量。

```
varname=value;            //不推荐
var varname=value;        //推荐用法
```

但实际上,完全可以不使用 var 去声明,JavaScript 知道编程者是否进行赋值。因此,var 只是一种理论上的需要而已。但为了增强程序可读性,尽量使用 var 声明变量。

9. JavaScript 函数定义

语法:

```
function 函数名 (参数,参数 2…)
{
    函数体;
    return 表达式;
}
```

说明:①当调用函数时,所用变量或字面量均可作为变元传递;② 函数由关键字 function 定义;③函数名:定义自己函数的名字;④参数表,是传递给函数使用或操作的值,其值可以是常量,变量或其他表达式;⑤通过指定函数名(实参)来调用一个函数;⑥必须使用 return 将值返回;⑦函数名对大小写是敏感的。

10. 事件驱动及事件处理

(1) 基本概念

JavaScript 是基于对象(Object-based)的语言。这与 Java 不同,Java 是面向对象的语言。而基于对象语言的基本特征，就是采用事件驱动(Event-Driver)。通常鼠标或热键的动作称之为事件(Event)，而由鼠标或热键引发的一连串程序的动作，称之为事件驱动(Event Driver)。而对事件进行处理的程序或函数，称之为事件处理程序(Event Handler)。

(2) 事件处理程序

在JavaScript中，对象事件的处理通常由函数(function)担任。其基本格式与函数全部一样，可以将前面所介绍的所有函数作为事件处理程序。

语法：

```
function 事件处理名(参数表)
{
    事件处理语句集;
}
```

(3) 事件驱动

JavaScript事件驱动中的事件是通过鼠标或热键的动作引发的，它主要有以下几个事件。

① 单击事件onClick。当用户单击鼠标时，产生onClick事件。同时，onClick指定的事件处理程序或代码将被调用执行。通常在下列基本对象中产生。

a. button(按钮对象)。

b. checkbox(复选框)或(检查列表框)。

c. radio (单选按钮)。

d. reset buttons(重要按钮)。

e. submit buttons(提交按钮)。

例如：可通过下列程序激活change()文件。

```
<Form>
    <Input type="button" Value="" onClick="change()">
</Form>
```

可以使用自己编写的函数作为事件处理程序，也可以使用JavaScript中内部的函数，还可以直接使用JavaScript的代码等。

例如：

```
<Input type="button" value=" " onclick="alert("这是一个例子")">
```

② onChange改变事件。当利用text或texturea元素输入字符值改变时发该事件，同时当在select表格项中一个选项状态改变后也会引发该事件。

例如：

```
< Form>
    <Input type="text" name="Test" value="Test" onCharge="check(this.test)">
</Form>
```

③ 选中事件onSelect。当text或textarea对象中的文字被加亮后，引发该事件。

④ 获得焦点事件onFocus。当用户单击text或textarea以及select对象时，产生该

事件。此时，该对象成为前台对象。

⑤ 失去焦点 onBlur。当 text 对象或 textarea 对象以及 select 对象不再拥有焦点而退到后台时，引发该事件，它与 onFocus 事件是一个对应的关系。

⑥ 载入文件 onLoad。当文档载入时，产生该事件。onLoad 的一个作用就是在首次载入一个文档时检测 Cookie 的值，并用一个变量为其赋值，使它可以被源代码使用。

⑦ 卸载文件 onUnload。当 Web 页面退出时，引发 onUnload 事件，并可更新 Cookie 的状态。

11. 基于对象的 JavaScript 语言

(1) 一个对象要真正地被使用，可采用以下几种方式获得。

① 引用 JavaScript 内部对象。

② 由浏览器环境提供。

③ 创建新对象。

这就是说一个对象在被引用之前，这个对象必须存在，否则引用将毫无意义，而出现错误信息。从上面内容可以看出，JavaScript 引用对象可通过 3 种方式获取。要么创建新的对象，要么利用现存的对象。

(2) 有关对象操作语句

在 JavaScript 中，提供了几个用于操作对象的语句和关键词及运算符。

① for…in 语句，格式如下。

```
for(对象属性名 in 已知对象名)
{
    语句块;
}
```

说明：该语句的功能是用于对已知对象的所有属性进行操作的控制循环。它是将一个已知对象的所有属性反赋值给一个变量；而不是使用计数器来实现的。该语句的优点就是，无须知道对象中属性的个数即可进行操作。

② with 语句。使用该语句的意思是，在该语句体内，任何对变量的引用被认为是这个对象的属性，以节省一些代码。

语法：

```
with (object)
{
    语句块;
}
```

所有在 with 语句后的花括号中的语句，都是在后面 object 对象的作用域中的。例如：

```
<script language="JavaScript" >
with (Math)
{
    xx=abs(-890);
```

```
        yy=PI/4;
        alert(xx);
        alert(yy);
    }
    </script>
```

③ this 关键字。this 是指对当前的引用，在 JavaScript 中，由于对象的引用是多层次、多方位的，往往一个对象的引用又需要对另一个对象的引用，而另一个对象有可能又要引用另一个对象，这样有可能造成混乱，最后自己已不知道现在引用的是哪一个对象，为此 JavaScript 提供了一个用于将对象指定当前对象的语句 this。

④ new 运算符。使用 new 运算符可以创建一个新的对象。

语法：

```
Newobject=new Object(Parameters table);
```

说明：Newobject 为创建的新对象；Object 是已经存在的对象；Parameters table 是参数表；new 是 JavaScript 中的命令语句。例如，创建一个新日期对象的代码如下：

```
NewData=new Data();
birthday=NewData(December 12.1998);
```

之后，就可使 NewData、birthday 作为一个新的日期对象了。

12. 对象属性的引用

对象属性的引用可由下列 3 种方式之一实现。

(1) 使用点(.)运算符

```
university.Name="云南省";
university.city="昆明市";
university.Date="1999";
```

其中，university 是一个已经存在的对象，Name、City、Date 是它的 3 个属性，通过操作对其赋值。

(2) 通过对象的下标实现引用

```
university[0]="云南";
university[1]="昆明市";
university[2]="1999";
```

通过数组形式的访问属性，可以使用循环操作获取其值。

```
function showuniversity(object)
    for (var j=0;j<2; j++)
        document.write(object[j])
```

若采用 for...in，则可以不知其属性的个数后就可以实现。

```
Function showmy(object)
    for (var prop in this)
```

```
document.write(this[prop]);
```

(3) 通过字符串的形式实现

```
university["Name"]="云南";
university["City"]="昆明市";
university["Date"]="1999";
```

13. 对象的方法的引用

在 JavaScript 中，对象方法的引用非常简单。例如：

```
ObjectName.methods();
```

实际上，methods()＝FunctionName 方法实质上是一个函数。如引用 university 对象中的 showmy()方法，则可使用 document. write (university. showmy())或 document. write(university)。

如引用 math 内部对象中 cos()的方法，则其代码如下：

```
with(math)
    document.write(cos(35));
    document.write(cos(80));
```

若不使用 with 则引用时相对要复杂些，其代码如下：

```
document.write(Math.cos(35));
document.write(math.sin(80));
```

14. 常用对象的属性和方法

JavaScript 为人们提供了一些非常有用的常用内部对象和方法。用户不需要用脚本来实现这些功能。这正是基于对象编程的真正目的。

在 JavaScript 中，提供了 string(字符串)、Math(数值计算)和 Date(日期)3 种对象和其他一些相关的方法。从而为编程人员快速开发强大的脚本程序提供了非常有利的条件。

在 JavaScript 中，对于对象属性与方法的引用，有两种情况：其一是指引用对象是静态对象，即在引用此类对象的属性或方法时，不需要为它创建实例；而另一种对象则在引用它的对象或方法时，必须为它创建一个实例，即此类对象是动态对象。

对 JavaScript 内部对象的引用，是以紧紧围绕着它的属性与方法进行的。因而明确对象的静动性对于掌握和理解 JavaScript 内部对象具有非常重要的意义。

(1) String 对象

String 对象具有内部静态性，当访问 properties 和 methods 时，可使用(.)运算符实现。

语法：

```
objectName.prop/methods
```

① 串对象的属性。该对象只有一个属性，即 length。它表明了字符串中的字符个数，包括所有符号。例如：

```
mytest="This is a JavaScript";
mystringlength=mytest.length;
```

最后，mystringlength 返回 mytest 字符串的长度为 20。

② 串对象的方法。String 对象的方法共有 19 个。主要用于有关字符串在 Web 页面中的显示、字体大小、字体颜色、字符的搜索以及字符的大小写转换。其主要方法如下。

a. 锚点 anchor()：该方法创建如用 HTML 文件中一样的 anchor 标记。使用 anchor 如用 HTML 中(A Name="")一样。并且通过如下格式访问：

```
string.anchor(anchorName)
```

b. 有关字符显示的控制方法：big，字体显示；Italics()，斜体字显示；bold()，粗体字显示；blink()，字符闪烁显示；small()，字符用小体字显示；fixed()，固定高亮字显示；fontsize(size)，控制字体大小。

c. 字体颜色方法：fontcolor(color)。

d. 字符串大小写转换：toLowerCase()，小写转换；toUpperCase()，大写转换。下面把一个给定的串分别转换成大写和小写格式。

```
newString=stringValue.toUpperCase();
newString=stringValue.toLowerCase;
```

e. 字符搜索：indexOf[charactor，fromIndex]，从指定 formIndtx 位置开始搜索 charactor 第一次出现的位置。

f. 返回字符串的一部分字符串：substring(start，end)，从 start 开始到 end 的字符全部返回。

(2) 数学函数的 Math 对象

功能：提供除加、减、乘、除以外的一些数学运算，如对数、平方根等。

静动性：静态对象。

① 主要属性。Math 中提供了 6 个属性，它们是数学中经常用到的常数 e、以 10 为底的自然对数 Ln10、以 2 为底的自然对数 Ln2、表示 3.14159 的 Pi、1/2 的平方根 SQRT1_2，2 的平方根为 SQRT2。

② 主要方法。

a. 绝对值：abs()。

b. 正弦余弦值：sin()、cos()。

c. 反正弦反余弦：arcsin()、arccos()。

d. 正切反正切：tan()、arctan()。

e. 四舍五入：round()。

f. 平方根：sqrt()。

g. 基于几方次的值：pow(base，exponent)。

举实例如下：

```
xx=Math.abs(-890);
alert(xx);
```

(3) 日期及时间对象

功能：提供一个有关日期和时间的对象。

静动性：动态性，即必须使用 new 运算符创建一个实例。

例如：

```
MyDate=new Date();
```

其中，Date 对象没有提供直接访问的属性。只具有获取和设置日期和时间的方法。

日期起始值：1770 年 1 月 1 日 00：00：00。

① 获取日期和时间的方法如下：

```
getYear()            //返回年数
getMonth()           //返回当月号数
getDate()            //返回当日号数
getDay()             //返回星期几
getHours()           //返回小时数
getMintes()          //返回分钟数
getSeconds()         //返回秒数
getTime()            //返回毫秒数
```

② 设置日期和时间的方法如下：

```
setYear()            //设置年
setDate()            //设置当月号数
setMonth()           //设置当月份数
setHours()           //设置小时数
setMintes()          //设置分钟数
setSeconds()         //设置秒数
setTime ()           //设置毫秒数
…
```

15. JavaScript 中的系统函数

JavaScript 中的系统函数又称内部方法。它提供了与任何对象无关的系统函数，使用这些函数不需要创建任何实例，可直接用。

(1) 返回字符串表达式中的值

方法名：eval(字符串表达式)

例如：

```
test=eval("8+9+5/2");
```

(2) 返回字符串 ASCII 码

方法名：unEscape (string)

(3) 返回字符的编码

方法名：escape(character)

(4) 返回实数

方法名：parseFloat(floustring)

(5) 返回不同进制的数

方法名：parseInt(numbestring,radiX)

其中,radix 是数的进制,numbestring 是字符串数。

16. 创建新对象

在 JavaScript 中,创建一个新的对象是十分简单的。首先,它必须定义一个对象,而后再为该对象创建一个实例。这个实例就是一个新对象,它具有对象定义中的基本特征。

(1) 对象的定义

JavaScript 对象的定义,格式如下：

```
function Object(属性表){
    this.prop1=prop1;
    this.prop2=prop2;
    ⋮
    this.meth=FunctionName1;
    this.meth=FunctionName2;
    …
}
```

在一个对象的定义中,可以为该对象指明其属性和方法。通过属性和方法构成了一个对象的实例。以下是一个关于 university 对象的定义。

```
function university(name,city,createDate,URL) {
    this.name=name;
    this.city=city;
    this.creat Date=new Date(createDate);
    this.URL=URL;
    return (this);
}
```

其中,name 表示指定一个“单位”名称;city 表示“单位”所在城市;creatDate 表示记载 university 对象的更新日期;URL 表示该对象指向的网址。

(2) 创建对象实例

一旦对象定义完成后,就可以为该对象创建一个实例了,格式如下：

```
NewObject=new object();
```

其中,NewObjct 是新的对象,object 是已经定义好的对象。例如：

```
u1=new university("陕西省","西安市","January 05,199712: 00: 00",
                  "http: //www.xian.com");
u2=new university("西安交通大学","西安","January 07,1997 12: 00: 00",
                  "htlp: //www.YNKJ.CN");
```

(3) 对象方法的使用

在对象中，除了使用属性外，有时还需要使用方法。在对象的定义中，可以看到this.meth=functionName语句，那就是定义对象的方法。实质上，对象的方法就是一个函数functionName，通过它实现自己的意图。

例如，在university对象中增加一个方法，该方法是显示它自己本身，并返回相应的字符串。

```
function university(name,city,createDate,URL) {
    this.name=name;
    this.city=city;
    this.createDate=new Date(createDate);
    this.URL=URL;
    this.showuniversity=showuniversity;
}
```

其中，this.showuniversity就是定义了一个方法——showuniversity()。而showuniversity()方法是实现university对象本身的显示。

```
function showuniversity(){
    for (var prop in this)
        alert(prop+="+this[prop]+"");
}
```

其中，alert是JavaScript中的内部函数，显示其字符串。例如：

```
<script language="JavaScript" type="text/JavaScript">
function university(name,city,createDate,URL) {
    this.name=name;
    this.city=city;
    this.createDate=new Date(createDate);
    this.URL=URL;
    return (this);
}
u1=new university("陕西省","西安市","January 05,199712: 00: 00",
                  "http: //www.xian.com");
u2=new university("西安交通大学","西安","January 07,1997 12: 00: 00",
                  "htlp: //www.YNKJ.CN");
for(var prop in u1){
    document.write(u1[prop]+"  ");
}
document.write("<br>");
for(var prop in u2){
    document.write(u2[prop]+"  ");
}
//alert(u1);
//alert(u2);
</script>
```

17. JavaScript 中的数组

(1) 使用 new 创建数组

在 JavaScript 中,不像其他语言那样具有明显的数组类型,但可以通过 function 定义一个数组,并使用 new 对象操作符创建一个具有下标的数组,从而可以实现任何数据类型的存储。

① 定义对象的数组。

```
function arrayName(size)
{
    this.length=size;
    for(var X=0;X<=size;X++)
        this[X]=0;
    return this;
}
```

② 创建数组实例。一个数组定义完成以后,还不能马上使用,必须为该数组创建一个数组实例,并赋初值。

```
Myarray=new arrayName(3);
Myarray[1]="字串 1";
Myarray[2]="字串 2";
Myarray[3]="字串 3";
document.write(Myarray[3])
```

一旦给数组赋初值后,数组中就具有真正意义的数据了,以后就可以在程序设计过程中直接引用。

(2) 使用 new Array 创建数组

实例如下:

```
var arr=new Array();                //arr.length=0
arr[9]="nihao";                     //arr.length=10
document.write(arr.length);
```

(3) 内部数组

在 JavaScript 中,为了方便内部对象的操作,可以使用窗体(forms)、框架(frames)、元素(element)、链接(links)和锚(anchors)数组实现对对象的访问。

① anchors[]: 使用<A name="anchorName">标签来建立锚的链接。

② links[]: 使用<A href="URL">标签来定义一个超文本链接项。

③ forms[]: 在程序中使用多窗体时,建立该数组。

④ elements[]: 在一个窗口中使用多个元素时,建立该数组。

⑤ frames[]: 建立框架时,使用该数组。

⑥ anchors[]: 用于窗体的访问(它是通过<form name="form1">所指定的),link

[]用于被链接到的锚点的访问(它是通过<a href=URL>所指定的)。forms[]反映窗体的属性,而 anchors[]反映 Web 页面中的链接属性。

有关锚数组的文档如下:

```
<HTML>
<HEAD>
<BODY>
<a name="MyAnchorsName1">定义第一个锚名</a>
HTML Code
<a name="MyAnchorsName2">定义第二个锚名</a>
HTML Code
<a href="#MyAnchorsName1">建立锚的链接</a>
<a href="#MyAnchorsName2">建立锚的链接</a>
...
```

该文档段建立了两面全锚的链接,可通过 anchors[]访问这些锚。document.anchors[0]反映第一个锚,而 document.anchors[1]反映第二个锚的有关信息。

18. 使用内部对象系统

使用浏览器的内部对象系统,可实现与 HTML 文档进行交互。它的作用是将相关元素组织包装起来,提供给程序设计人员使用,从而减轻编程人的劳动,提高设计 Web 页面的能力。

(1) 浏览器对象层次及其主要作用

除了前面提到过的文档对象 document 外,navigator 浏览器对象中还提供了窗口对象(window)以及历史对象(history)和位置对象(location)。浏览器对象(navigator)提供有关浏览器的信息。

① 窗口对象(window)。window 对象处于对象层次的最顶端,它提供了处理 navigator 窗口的方法和属性。

② 位置对象(location)。location 对象提供了与当前打开的 URL 一起工作的方法和属性,它是一个静态的对象。

③ 历史对象(history)。history 对象提供了与历史清单有关的信息。

④ 文档对象(document)。document 对象包含了与文档元素(elements)一起工作的对象,它将这些元素封装起来供编程人员使用。

编程人员利用这些对象,可以对 WWW 浏览器环境中的事件进行控制并作出处理。在 JavaScript 中提供了非常丰富的内部方法和属性,从而减轻了编程人员的工作,提高了编程效率。这正是基于对象与面向对象的根本区别所在。在这些对象系统中,文档对象属于非常重要的地位,它位于最低层,但对于实现 Web 页面信息交互起作关键作用,因而它是对象系统的核心部分。

(2) 文档对象功能及其作用

在 navigator 浏览器对象中,document 对象是核心,同时也是最重要的,如图 3.152 所示。

links	anchor	fom	method	prop
链接对象	锚对象	窗体对象	方法	对象

图 3.152　文档对象

从图 3.152 中可以看出，document 对象的主要作用就是把这些基本的元素（如 links、anchor 等）包装起来，提供给编程人员使用。从另一个角度看，document 对象又是由属性和方法组成的。

① document 的 3 个主要对象。document 主要有 links、anchor、form 这 3 个最重要的对象。

a. anchor 锚对象：anchor 对象指的是＜A Name=…＞…＜/A＞标签在 HTML 源码中存在时产生的对象。它包含着文档中所有的 anchors 信息。

b. links 链接对象：link 对象指的是用＜A Href=…＞…＜/A＞标签定义的链接到的超文本或超媒体的元素作为一个特定的 URL。

c. form 窗体对象：窗体对象是文档对象的一个元素，它含有多种格式的对象储存信息，使用它可以在 JavaScript 脚本中编写程序进行文字输入，并可以用来动态改变文档的行为。通过 document. forms[]数组来使得在同一个页面上可以有多个相同的窗体，使用 forms[]数组要比使用窗体名字要方便得多。

下面就是一个使用窗体数组和窗体名字的例子。该程序使得两个窗体中的字段内容保持一致。

```
<HTML>
<head>
</head>
<body>
<form >
<input type=text onChange="document.my.elements[0].value=this.value;" >
</form>
<form NAME="my">
<input type=text onChange="document.forms[0].elements[0].value=this.value;">
</form>
</body>
</HTML>
```

其中，用了 OnChange 事件（当窗体内容改变时激发）。第一个，使用窗体名字标识 my；第二个，使用窗体数组 forms[]。但其效果是一致的。

② 文档对象中的 attribute 属性。document 对象中的 attribute 属性，主要用于在引用 Href 时，控制着有关颜色的格式和有关文档标题、文档原文件的 URL 以及文档最后更新的日期。这部分元素的主要含义如下。

a. 链接颜色 alinkcolor：该元素主要用于当选取一个链接时，链接对象本身的颜色就按 alinkcolor 指定改变。

b. 链接颜色 linkcolor：当用户使用＜A Href=…＞Text string＜/A＞创建链接后，textstring 的颜色就会按 linkcolor 所指定的颜色更新。

c. 浏览过后的颜色 vlinkcolor：该属性表示的是已被浏览存储为已浏览过的链接颜色。

d. 背景颜色 bgcolor：该元素包含文档背景的颜色。

e. 前景颜色 fgcolor：该元素包含 HTML 文档中文本的前景颜色。

③ 文档对象的基本元素

a. 窗体属性：窗体属性是与 HTML 文档中<Form>...</Form>相对应的一组对象在 HTML 文档所创建的窗体数，由 length 指定。并通过 document. forms. length 反映该文档中所创建的窗体数目。

b. 锚属性 anchors：在该属性中，包含了 HTML 文档的所有<A>...</A>标签中由 Name=...语句标识的锚。所有锚的数目保存在 document. anchors. length 中。

c. 链接属性 links：链接属性是指在文档中<A>... </A>的由 Href=... 指定的链接数目，其链接数目保存在 document. links. length 中。

下面通过一个例子来说明文档对象的综合应用。

```
<HTML>
<head>
</HEAD>
<BOdy>
<Form Name="mytable">
请输入数据:
<Input Type="text" Name="text1" Value="">
</Form>
<A name="Link1" href="test31.htm">链接到第一个文本</a><br>
<A name="Link2" href="test32.htm">链接到第二个文本</a><br>
<A name="Link2" href="test33.htm">链接到第三个文本</a><br>
<A href="#Link1">第一锚点</a>
<A href="#Link2">第二锚点</a>
<A Href="#Link3">第三锚点</a>
<BR>
<Script Language="JavaScript">
document.write("文档有"+document.links.length+"个链接"+"<br>");
document.write("文档有"+document.anchors.length+"个锚点"+"<br>");
document.write("文档有"+document.forms.length+"个窗体");
</script>
</body>
</HTML>
```

19. 窗口及输入输出

由于 JavaScript 是基于对象的脚本编程语言，因此它的输入输出就是通过对象来完成的。其中，有关输入可通过窗口对象（window）来完成，而输出则可通过文档对象（document）的方法来实现。

(1) 窗口及输入输出

示例：

```
<HTML>
```

```
<Head>
<script languaga="JavaScript">
var test=window.prompt("请输入数据：");
document.write(test+"是 JavaScript 输入输出的例子");
</script>
</Head>
</HTML>
```

其中，window.prompt()就是一个窗口对象的方法。其基本作用是，当装入 Web 页面时，在屏幕上显示一个具有“确定”和“取消”的对话框，让用户输入数据。document.write 是一个文档对象的方法，它的基本功能是实现 Web 页面的输出显示。

(2) Window 对象

该对象包括许多有用的属性、方法和事件驱动程序，编程人员可以利用这些对象控制浏览器窗口显示的各个方面，如对话框、框架等。在使用时，应注意以下几点。

① 该对象对应于 HTML 文档中的<Body>和<FrameSet>两种标签。

② onLoad 和 onUnload 都是窗口对象属性。

③ 在 JavaScript 脚本中可直接引用窗口对象，例如，window.alert("窗口对象输入方法")可直接使用如下格式：

```
alert("窗口对象输入方法");
```

(3) 窗口对象的事件驱动

窗口对象主要有装入 Web 文档事件 onLoad 和卸载时 onUnload 事件。

(4) 窗口对象的方法

窗口对象的方法主要用来提供信息或输入数据以及创建一个新的窗口。

① 创建一个新窗口 open()：使用 window.open()方法可以创建一个新的窗口。其中，参数表提供有窗口的主要特性和文档及窗口的命名。

② 具有 OK 按钮的对话框：alert()方法能创建一个具有 OK 按钮的对话框。

③ 具有 OK 和 Cancel 按钮的对话框：confirm()方法为编程人员提供一个具有两个按钮的对话框。

④ 具有输入信息的对话框：prompt()方法允许用户在对话框中输入信息，并可使用默认值，其基本格式如下：

```
prompt("提示信息",默认值);
```

(5) 窗口对象中的属性

窗口对象中的属性主要用来对浏览器中存在的各种窗口和框架的引用，其主要属性有以下几个方面。

① 使用帧(frames)：window 对象有以下两个属性可以使用帧文档。

a. frames 数组属性：它是通过 HTML 标签<Frames>的顺序来引用的，其包含了一个窗口中的全部帧数。

b. parent.frames.length 属性：它用于指定窗口中帧的数量。

帧本身已是一类窗口，继承了窗口对象所有的全部属性和方法。

② status：包含文档窗口中帧中的当前信息。

示例：

```
<HTML>
<HEAD>
</HEAD>
<BODY>
<hr>
<h1>修改浏览器窗口的状态栏信息<br>
</h1>
<form  name="statform" id="statform">
    <input name="input1" type="text" id="input1" size="65"><br>
    <input type="button"  value="修改"
          onClick="window.status=document.statform.input1.value;">
</form><br>
<hr>
结束
</BODY>
</HTML>
```

③ self：引用当前窗口。在 JavaScript 中，self 是 window 的同义词，即

```
self.status="Thank you!";
```

等价于

```
window.status="Thank you!";
```

(6) 文档对象及输出流

在 JavaScript 文档对象中，提供了用于显示关闭、消除、打开 HTML 页面的输出流。

① 建新文档 open()方法：使用 window.open()创建一个新的窗口或在指定的命令窗口内打开文档。由于窗口对象是所加载的父对象，因而人们在调用它的属性或方法时，利用 window.open()与 open()是一样的。

② 打开一个窗口的基本格式如下：

```
window.open("URL","窗口名字","窗口属性");
```

其中，窗属性参数是一个字符串列表项，它由逗号分隔，它指明了有关新创建窗口的属性，如表 3.2 所示。

表 3.2　Window 属性参数

参　数	设定值	含　　义
toolbar	yes|no	建立或不建立导航工具栏
location	yes|no	建立或不建立地址工具栏
directions	yes|no	建立或不建立标准目录按钮
status	yes|no	建立或不建立状态栏
menubar	yes|no	建立或不建立菜单条

续表

参　数	设定值	含　　义
scrollbars	yes｜no	建立或不建立滚动条
resizable	yes｜no	能否改变窗口大小
width	yes｜no	确定窗口的宽度
height	yes｜no	确定窗口的高度

③ write()、writeln()输出显示：该方法主要用来实现在 Web 页面上显示输出信息。在实际使用中，需注意以下几点。

a. writeln()与 write()唯一不同之处在于，在末尾加了一个换行符。

b. 为了正常显示其输出信息，必须指明＜pre＞...＜/pre＞标签，使之告诉编辑器。

c. 输出的文档类型，可以由浏览器中的有效的合法文本类型所确定。

④ 关闭文档流 close()：在实现多个文档对象中，必须使用 close()来关闭一个对象后，才能打开另一个文档对象。

⑤ 清除文档内容 clear()：使用该方法可清除已经打开文档的内容。

(7) 简单的输入、输出例子

在 JavaScript 中，可以利用 prompt()方法和 write()方法实现与 Web 页面用户进行交互。下面就是一个有关实现交互的例子。

```
<HTML>
<HEAD>
<TITLE></TITLE>
</HEAD>
<BODY>
<Script Language="JavaScript">
<!--Hide From Other Browsers
document.write("<H1>有关交互的例子");
my=prompt("请输入数据：");
document.write(my+"</H1>");
document.close();
// Stop Hiding from Other Browsers-->
</Script>
</BODY>
</HTML>
```

从上面程序可以看出，可通过 write()和 prompt()方法实现交互。在 JavaScript 脚本语言中，可以使用 HTML 语言的代码，从而实现混合编程。其中＜H1＞和＜BR＞就是 HTML 标签。

3.7.4 举一反三练习

1. 制作“美食大嘴”首页的“饮食指南”滚动公告。

(1) 在＜body＞标签之前加入＜style＞标签，并缩写 Div 的样式表。

```
<style type="text/css">
#gg_c{
    height: 100px;
    width: 120px;
    overflow: hidden;
    text-indent: 20px;
    font-size: 12px;
    line-height: 24px;
    border-color: #0F0;
    border-style: solid;
}
</style>
```

(2) 创建一个 Div 并加入公告内容。

```
<div id="gg_c">
    <div id="gg1">
    <p>一戒长期精神紧张。精神长期焦虑紧张，会通过大脑皮层影响植物神经系统，使胃肠功
    能紊乱，胃黏膜血管收缩，胃酸和胃蛋白酶分泌过多，导致胃炎和溃疡的发生。</p><p>二
    戒熬夜过度劳累。过度劳累，会引起胃肠供血不足，胃黏膜分泌失调，也会导致种种胃病发
    生。</p>

    <p>三戒饮食不均。饮食饥饱不均，饥饿时胃中空空，胃黏膜分泌的胃酸和胃蛋白酶对胃壁
    是一种不良刺激；暴饮暴食又使胃壁过度扩张，食物在胃中停留时间过长，这都会对胃造成很
    大的伤害。</p>

    <p>四戒浓茶咖啡。浓茶和咖啡都是中枢兴奋剂，能通过神经反射以及直接的影响，使胃黏
    膜出血，分泌功能失调，黏膜屏障破坏，促成溃疡发生。</p>

    <p>五戒进食时过快。细嚼慢咽有利于食物的消化，细嚼慢咽时唾液分泌增多，又有保护胃
    黏膜的作用。进食时狼吞虎咽，食物未经充分咀嚼，势必增加胃肠的负担。</p>

    <p>六戒睡前进食。睡前进食不仅影响睡眠，而且会刺激胃酸分泌，容易诱发溃疡。</p>

    </div>
</div>
```

(3) 滚动效果的制作。

① 定义内容滚动的函数如下：

```
<script language="javascript">
function upAndUp(container){
    var newScrollTop=container.scrollTop+1;
    container.scrollTop=newScrollTop;
    if(container.scrollTop<newScrollTop){
        container.scrollTop=0;
    }
```

```
}
</script>
```

该函数实现公告栏的滚动效果。

container 为显示公告的容器。该函数无返回值。

② 书写定时调用内容滚动的函数定义。

```
<script language="javascript">
⋮
function goUP(area,part1){
    var news=document.getElementById(area);
    var p1=document.getElementById(part1);
    //获取公告容器 Div 和存放公告内容的 Div
    var newsT=0;                              //用于存储计时器标识码的变量

    news.onmouseover=function(){
        clearInterval(newsT);
   }
    news.onmouseout=function(){          //若光标移入公告板,则停止滚动
        newsT=window.setInterval(function(){upAndUp(news)},50);
    //若光标移出公告板,则继续滚动
    }
    newsT=window.setInterval(function(){upAndUp(news)},50);
    //启动计时器,每 50ms 调用一次滚动公告板的函数
}
</script>
```

脚本说明:

函数 goUP()的作用——定时调用内容滚动函数(每 50ms 调用一次内容滚动函数)。

参数——(area)显示公告容器的 id;(part1)存放公告内容的 div 的 id。

在</body>标签之前,编写调用 goUP()函数的 JavaScript 代码。

```
<script type="text/javascript">
   goUP("gg_c","gg1");
</script>
```

添加滚动后的效果如图 3.153 所示。

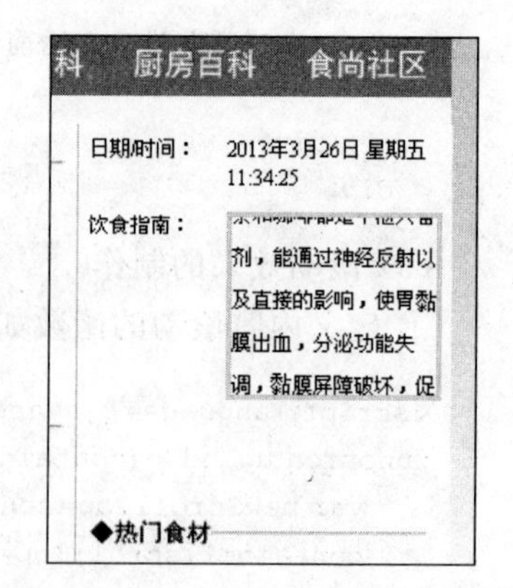

图 3.153 添加滚动后的效果

2. 在“美食大嘴”首页添加一个浮动广告。

(1) 定义浮动容器格式的代码如下:

```
<style type="text/css">
#floatdiv{
   position: absolute;
   z-index:  6;
   border:  thick double #0F0;
   font-family:  "黑体";
```

```
    font-size: 14px;
    background-color: #FF0;
    text-align: center;
    color: #F00;
}</style>
```

(2) 定义浮动容器的代码如下：

```
    <div id="floatdiv">
    <img src="image\qq_middle.jpg" height="80px" width="82px"><br>
    <a  target = blank href = tencent: //message/? uin = 981371569&Site = ec666.
    com&Menu=yes>在线客服</a>
</div>
```

(3) 用JS实现浮动效果的代码如下：

```
<script language="javascript" type="text/javascript">
/*
利用window对象,实现浮动效果
① 有一个Div,就是我们要控制的,它的起始点坐标(0,0)
② 设定横向和纵向的速度
③ 控制div移动
*/
var img=document.getElementById("floatdiv");
//设置Div起始点坐标
var x=0,y=0;
//设置Div行进速度
var xSpeed=0.6,ySpeed=0.8;
//设置图片移动
var w=document.body.clientWidth-150,h=document.body.clientHeight-130;
function floatdiv(){
    //比较图片是否到达边界,如查到达边界 改变方向;如未到达边界
    if(x>w||x<0) xSpeed=-xSpeed;
    if(y>h||y<0) ySpeed=-ySpeed;

    x+=xSpeed;
    y+=ySpeed;

    //设置坐标值,起始坐标+速度
    img.style.top=y+"px";
    img.style.left=x+"px";
    setTimeout("floatdiv()",10);
}
floatdiv();
</script>
```

图3.154 浮动广告效果

浮动广告效果如图3.154所示。

3. 为"美食大嘴"首页添加其他JS特效，如图3.155所示。

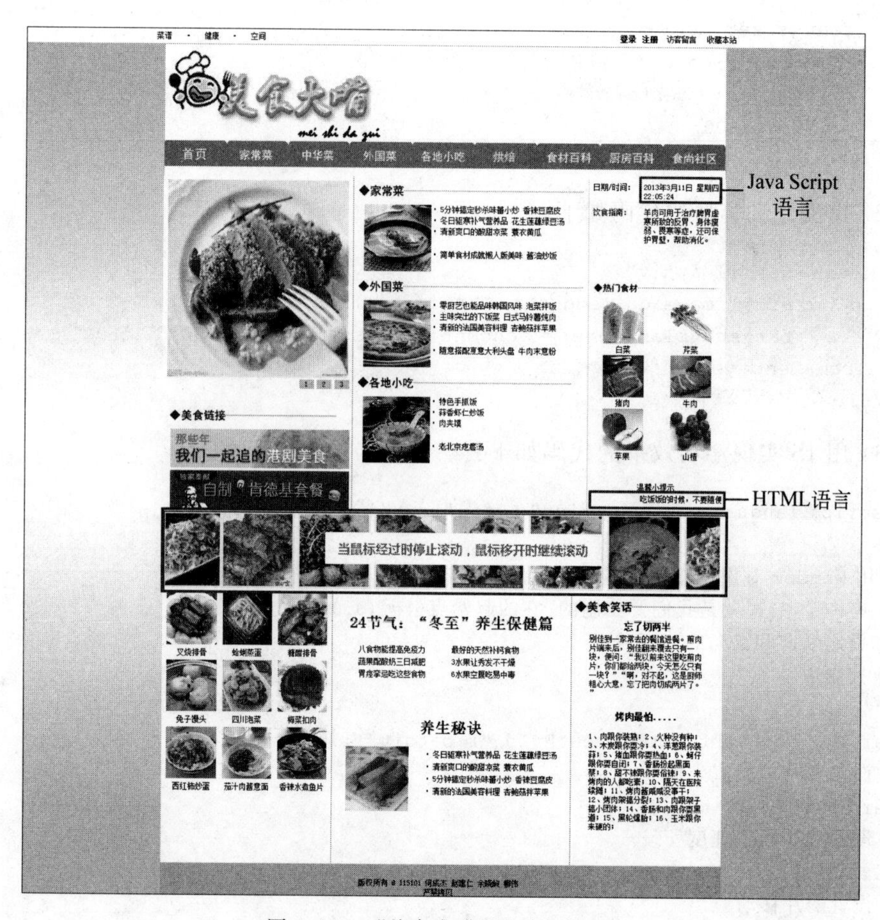

图 3.155 "美食大嘴"网页中的 JS

任务 3.8 为首页插入表单

3.8.1 任务布置及分析

网页中许多时候要用到表单操作。制作如图 3.156 所示的信息学院调查问卷表。

3.8.2 操作步骤

1. 新建文件

打开 Dreamweaver CS6，新建一个 HTML 文档，命名为 dcwq.html。

2. 插入表单

执行"插入"→"表单"→"表单"命令，插入一个表单，如图 3.157 所示。

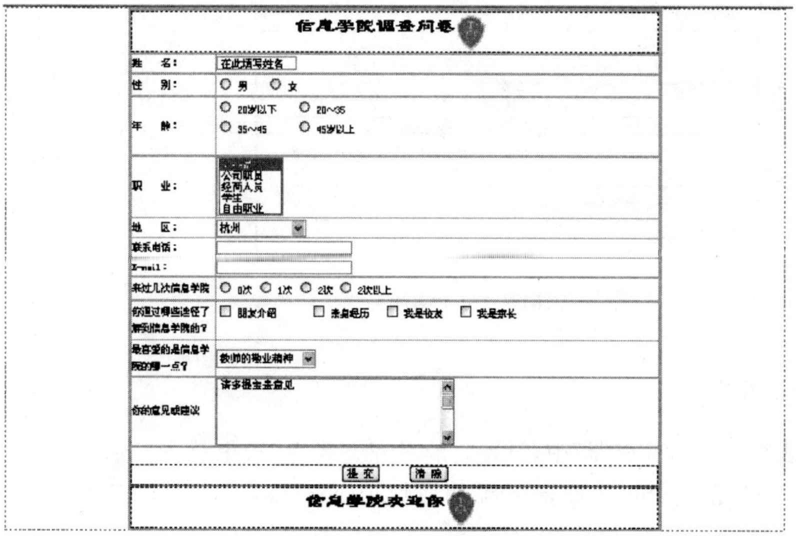

图 3.156 信息学院调查问卷表

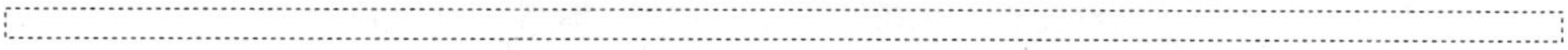

图 3.157 表单

3. 插入表格

把光标定位在上述表单之中，执行菜单“插入”→“表格”命令，插入一个14行2列的表格，其设置如图3.158所示。插入后效果如图3.159所示。

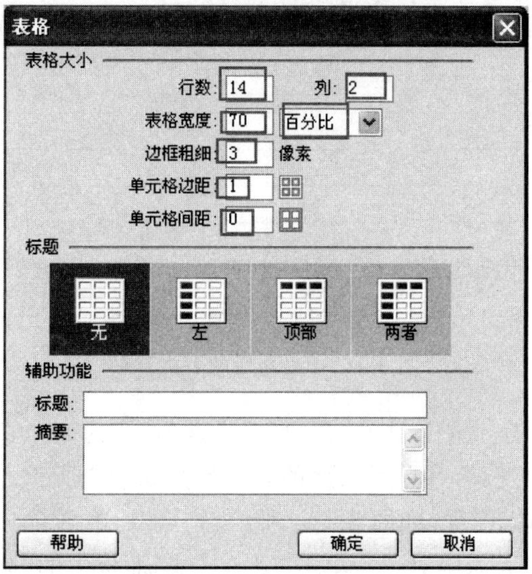

图 3.158 表格的设置

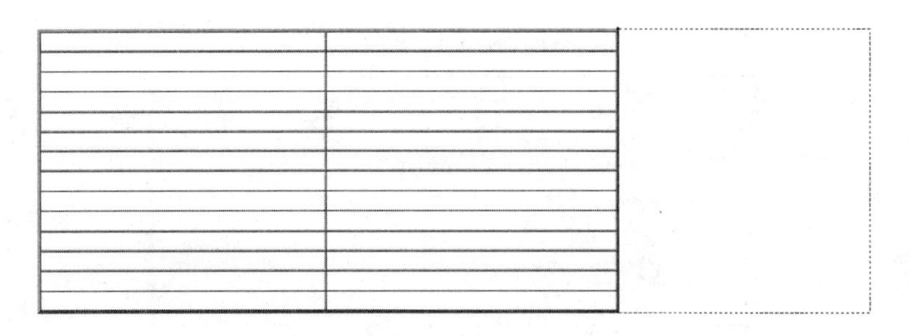

图 3.159　表格插入后的效果

4. 美化表格

选中表格，在“属检查器”中，设置它的对齐方式为“居中对齐”，如图 3.160 所示。切换到代码窗口在＜table＞标记下添加属性项 bordercolor＝"＃FF9900"，如图 3.161 所示。

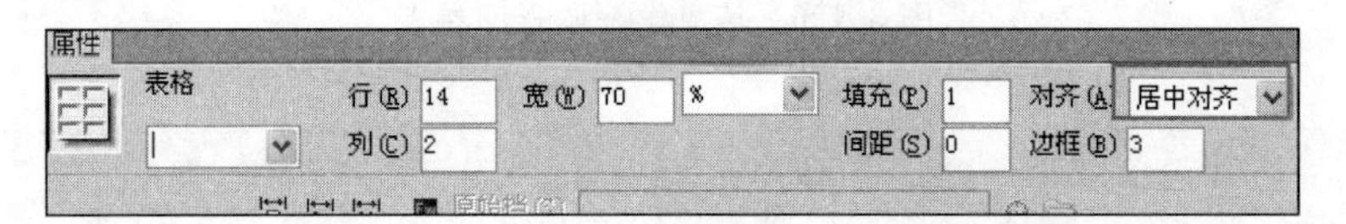

图 3.160　表格对齐方式设置

图 3.161　设置边框线的颜色

回到设计窗口，美化后的表格效果如图 3.162 所示。

图 3.162　美化后的表格效果

(1) 合并单元格。分别把第 1 行、第 13 行、第 14 行的两个单元格合并成一个单元格。并调整单元格的宽度，合并单元格后的效果如图 3.163 所示。

(2) 输入文本及插入图像，如图 3.164 所示。

把图像和文本设置为居中对齐。单击“CSS 样式”面板中的“附加样式表”按钮，如图 3.165 所示。在弹出的“链接外部样式表”对话框中选择原先制作的样式表文件，如图 3.166 所示。把外部样式表链入，选择图像，套用其中的 img1 样式。

图 3.163　合并单元格后的效果

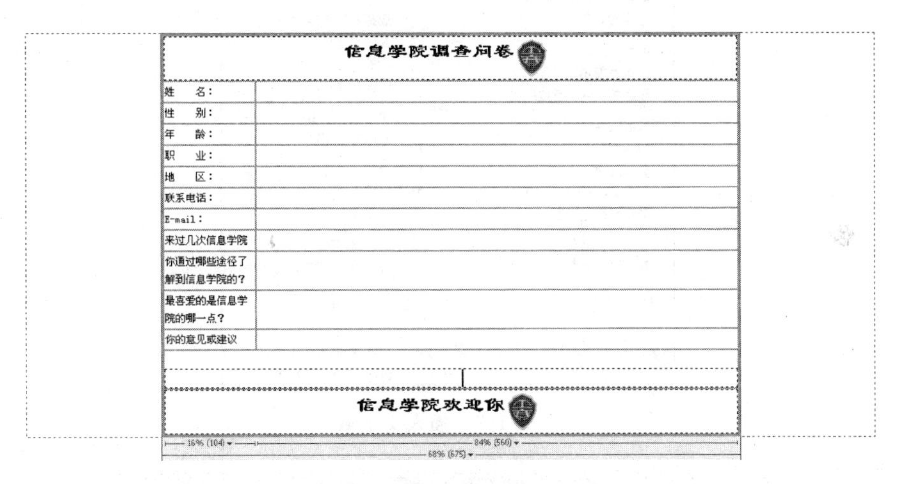

图 3.164　输入文本及插入图像

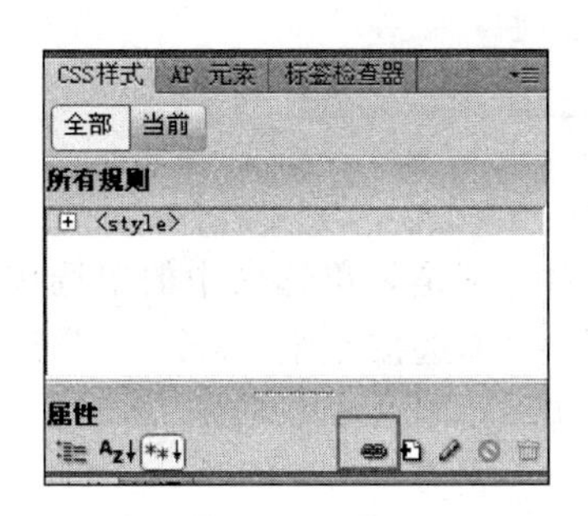

图 3.165　“CSS 样式”面板

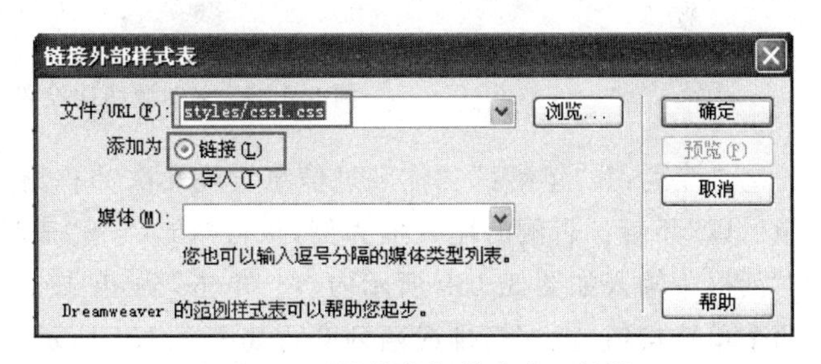

图 3.166　“链接外部样式表”对话框

(3) 插入表单项。

① “姓名:”右侧的输入框为文本域。执行“插入”→“表单”→“文本域”命令,如图 3.167 所示。选择所插入的文本域,在“属性检查器”中可以输入初始值,设置最多字符数和字符宽度如图 3.168 所示。“联系电话:”、“E-mail:”这几栏的右侧也都为文本域,与“姓名:”右侧的输入框相似。“你的意见或建议:”右侧的为多行文本域。“你通过哪些途径了解到信息学院的?”右侧输入的是多选按钮组,制作方法与前面相似。

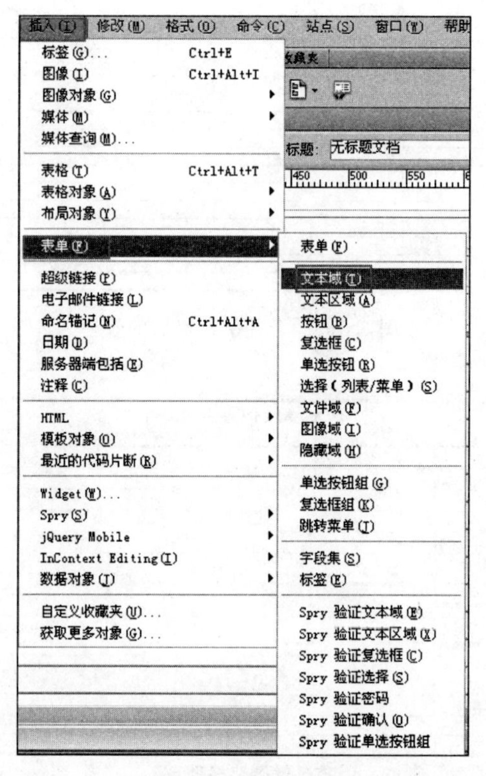

图 3.167 插入文本域

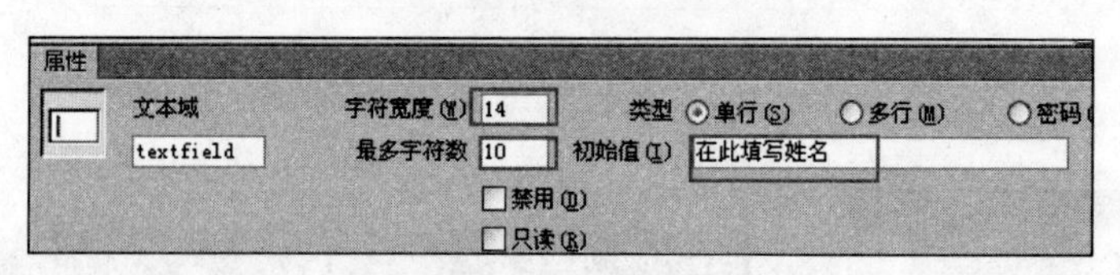

图 3.168 文本域属性设置

② “性别:”、“年龄:”、“你来过信息学院几次?”右侧的内容都是表单选项中的单选按钮组。以“年龄:”右侧的输入框为例，执行“插入”→“表单”→“单选按钮组”命令，在弹出的对话框中输入如图 3.169 所示内容。单击“确定”按钮以后，如图 3.170 所示。拖动其中两个单选按钮，把它们排成两列两行如图 3.171 所示。

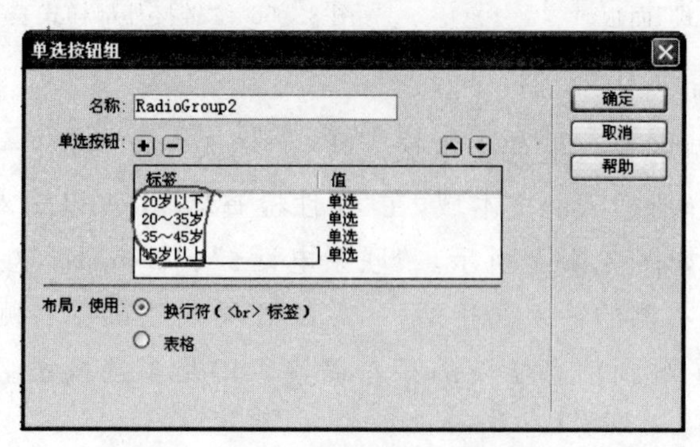

图 3.169 “单选按键组”对话框

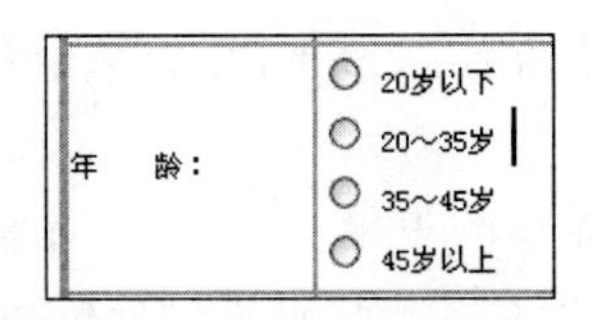

图 3.170 插入单选按钮组

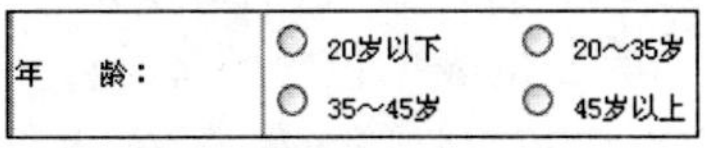

图 3.171 调整后的单选按钮组

③“职业：”、“地区：”、“最喜爱的是信息学院的哪一点？”这几栏右侧的都为选择(列表/菜单)，下面以“你最喜欢信息学院哪一点？”为例进行介绍。执行“插入”→“表单”→“选择(列表/菜单)”命令，插入如图 3.172 所示的选择。单击所插入的“选择(列表/菜单)”选项，在“属性检查器”中单击“列表值…”按钮，如图 3.173 所示。在弹出的“列表值”对话框中单击“+”按钮添加列表项，修改列表项的标签如图 3.174 所示。然后，单击“确定”按钮即可。

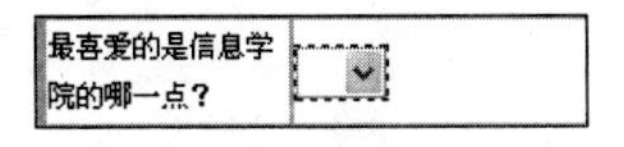

图 3.172 插入“列表”

图 3.173 列表值

图 3.174 添加列表项

④“提交”与“清除”插入的是按钮。执行“插入”→“表单”→“按钮”命令，在“属性检查器”上把它设为“提交表单”，如图 3.175 所示。执行“插入”→“表单”→“按钮”命令，在“属性检查器”上把它设为“重设表单”，如图 3.176 所示。

图 3.175 提交表单

图 3.176 重设表单

3.8.3 主要知识点及操作技能讲解

1. 表单

所谓表单，就是指在网页中内嵌一个窗口，在该窗口中可以插入各种表单对象，目的是为了实现浏览网页的用户同 Internet 服务器之间的交互。一般来说，表单中包含多种对象，如文本框、复选框、单选按钮、列表框等。

一个完整的表单包含两部分：一是在网页中进行描述的表单对象（表单元素）；二是应用程序，它可以是服务器端的，也可以是客户端的，用于对客户信息进行分析和处理。

表单支持“客户端—服务器”关系中的客户端。当访问者在 Web 浏览器中的表单中输入信息，然后单击“提交”按钮时，这些信息将被发送到服务器，服务器端脚本或应用程序对这些信息进行处理，然后将被请求信息发送回用户（或客户端）。用于处理表单数据的常用服务器端技术包括 ASP、PHP 等。

(1) 插入表单。插入表单后，在文档窗口中出现红色虚框线，Dreamweaver 会自动生成＜form＞...＜/form＞标签，如图 3.177 所示。

图 3.177　插入表单

注意：如果没有插入空白表单，就直接在文档中插入表单对象，则 Dreamweaver 会出现一个提示框，提示是否需要为插入表单对象添加表单标签。

(2) 设置表单属性。在属性检查器中设置表单的各项属性，如图 3.178 所示。

图 3.178　表单属性设置

① 表单 ID：为选中的表单命名，以便在处理程序中引用。

② 动作：在该域中指定处理表单信息的脚本或应用程序。单击“浏览”按钮，查找并选择脚本或应用程序，或直接输入脚本或应用程序的 URL。

③ 方法：选择将表单数据传输到服务器的方法。

a. POST：在 HTTP 请求中嵌入表单数据。

b. GET：将值追加到请求该页的 URL 中。

c. 默认：使用选择浏览器的默认方式，通常是 GET 方式。

④ 目标：指定一个窗口，在该窗口中显示调用程序所返回的数据。

2. 添加表单对象

(1) 添加文本域

文本域有 3 种类型：单行文本域、多行文本域、密码文本域，如图 3.179 所示。

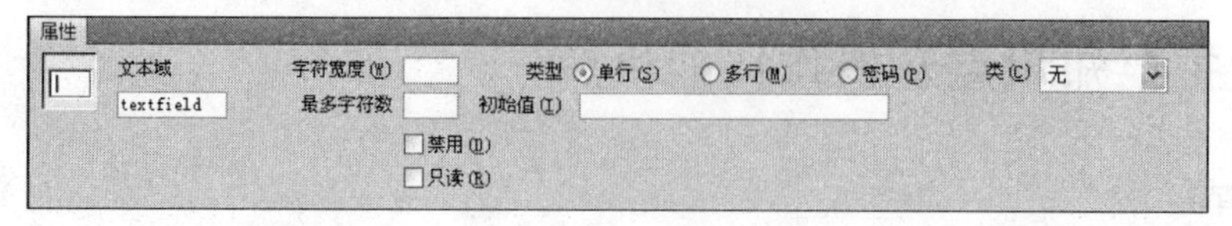

图 3.179　文本域

文本域包括如下几个属性。

① 文本域名称：为文本框命名，若被提交，服务器处理程序会读取该变量的值。

② 字符宽度：指定文本框中最多可显示的字符数。

③ 最多字符数：指定用户在单行文本框中最多可输入的字符数。

④ 初始值：指定在首次加载表单时，文本框中显示的文本内容。

⑤ 禁用：如选中，则该文本框显示为灰色区域，不能输入内容。

⑥ 只读：一般配合“初始值”使用，用户只能看到初始值，但无法改变。

(2) 添加隐藏域

隐藏域对于站点访问者来说是不可见的，是放置在文档中收集或发送信息的不可见元素。隐藏域信息是在表单提交时传送给服务器的。实际上，隐藏域是用户要传到服务器上，但不必要显示的文本。如用户登录了一个网站，此时要求填写详细资料，此时就没必要再填写用户名了，因此将其隐藏。然而却仍要传给服务器，告诉服务器，是用户填写了资料。

插入隐藏域的基本操作如下。

① 在“设计”视图中，将文本光标定位于表单轮廓内。

② 选择“插入”面板”→““表单”子面板→“隐藏域”命令。

③ 设置隐藏域属性，如图3.180所示。

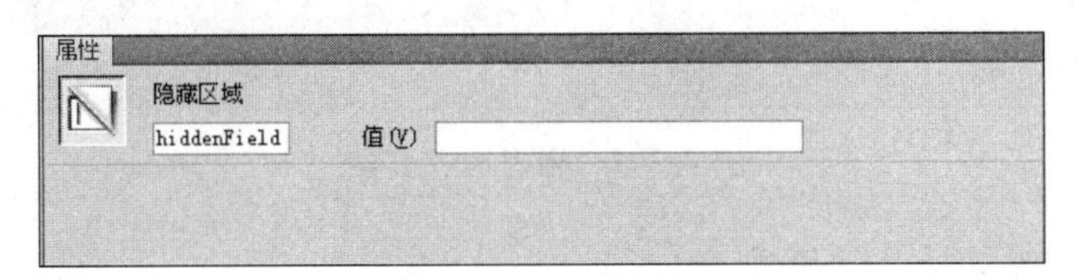

图3.180 隐藏域属性设置

(3) 添加复选框

复选框可以使用户在多个选项中进行多重选择。复选框属性设置如图3.181所示。

图3.181 复选框属性设置

复选框包括如下几个属性。

① 复选框名称：给复选框命名。

② 选定值：复选框选中后，为其赋定的值，该值可以被提交到服务器上，以便被应用程序处理。

③ 初始状态：如果选择“已勾选”选项，则表示复选框在初始状态下被选中。

(4) 添加单选按钮

使用单选按钮，用户只能从一组选项中选择一个选项。单选按钮属性设置如图3.182所示。

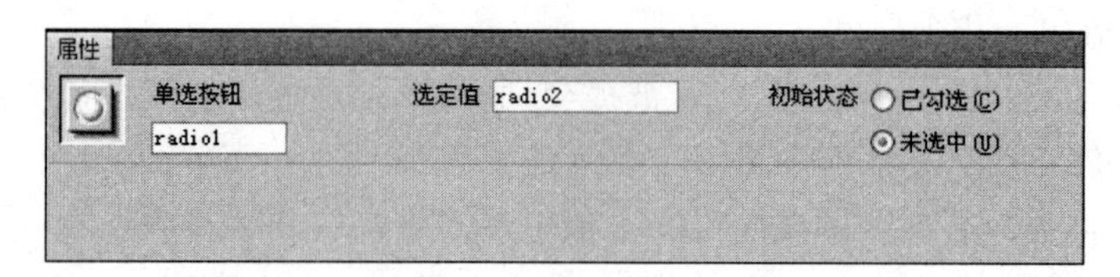

图 3.182 单选按钮属性设置

单选按钮包括如下几个属性。

① 单选按钮名称：设定单选按钮的名称。该名称一定要保证同组的命名相同，否则不具排斥性。

② 选定值：在该域中输入当选择该单选按钮时要传送给服务器的值。

③ 初始状态：如果选择“已勾选”，则表示单选按钮在浏览器载入表单时被选中。

(5) 添加列表/菜单

访问者可以从一个列表中选择一个或多个项目。当页面空间有限而又需要显示许多菜单选项时，列表/菜单就显得非常有用。列表属性设置如图 3.183 所示。

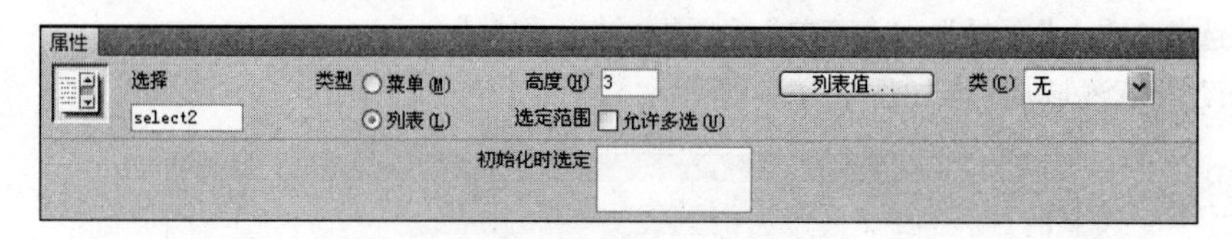

图 3.183 列表属性设置

列表/菜单包括如下几个属性。

① 名称：用来给列表菜单命名，且该名称在页面中必须是唯一的。

② 高度：用来指定显示的行数，默认是 1 行，设定 3 行则能在页面上显示 3 个选项。

③ 选定范围：若允许多选，则在浏览器下可以按 Ctrl 键进行多项选择。

④ 列表值：单击可出现列表值的编辑对话框，增加或删除列表项。

⑤ 初始化时选定：设置列表中默认选定的菜单项，若允许多选，则可用 Ctrl 键选择多个菜单项为初始选项。

(6) 添加图像域

“插入图像域”按钮同“提交”按钮一样，具有提交表单的功能，它是以可以创建漂亮的图像的按钮来替代普通的按钮。

插入图像域的操作方法如下。

① 光标置于表单中。

② 执行“插入”→“表单”→“图像域”命令。

③ 在“选择图像源文件”对话框中，为该按钮选择图像。

④ 在弹出的“输入标签辅助功能属性”对话框中，设置相应选项。

⑤ 设置图像域属性。

(7) 添加文件域

文件域使用户可以选择计算机上的文件，并将该文件上传到服务器。用户可以手动输入要上传的文件路径，也可以使用“浏览”按钮定位并选择文件。文件域由一个文本框和按钮组成，单击“浏览”按钮浏览磁盘文件，在文本框中显示打开文件的路径。

(8) 创建跳转菜单

跳转菜单实质上也是一种选择菜单，只不过它可以使每个选项都链接到某个 URL 文档或文件，如图 3.184 所示。

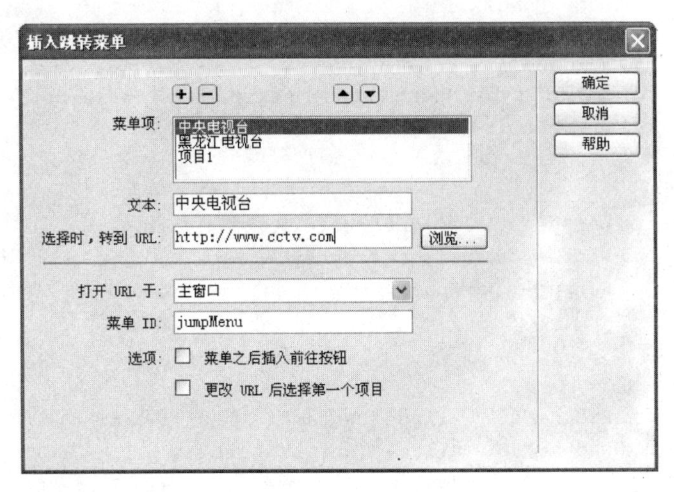

图 3.184　跳转菜单

3.8.4　举一反三练习

1. 完成本网站首页中表单部分内容的制作，详细步骤不再详述。
2. 完成“美食大嘴”用户注册部分的制作并设计表单检查，如图 3.185 所示。

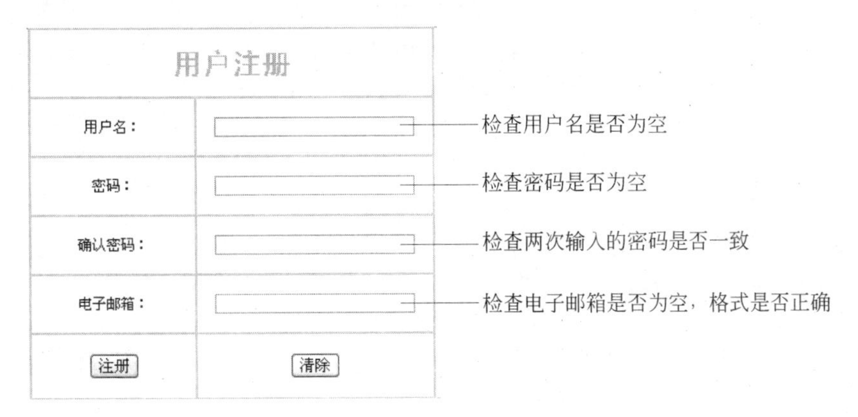

图 3.185　注册界面

(1) 制作可视化界面，可以模仿前面的制作。切换到代码窗口，该部分的源代码如下。

```
<form id="form1" name="form1" method="post" action="">
```

```
<table width="50%" border="1" align="center" cellpadding="15" cellspacing="0"
bordercolor="#CCCCCC">
    <tr>
        <td colspan="2" align="center"><h1 class="STYLE1">用户注册</h1>
        </td>
    </tr>
    <tr>
        <td width="50%" align="center">用户名：</td>
        <td width="50%" align="center"><label>
            <input type="text" name="textfield" id="textfield"/>
        </label></td>
    </tr>
    <tr>
        <td width="50%" align="center">密码：</td>
        <td width="50%" align="center"><label>
            <input type="password" name="textfield2" id="textfield2"/>
        </label></td>
    </tr>
    <tr>
        <td width="50%" align="center">确认密码：</td>
        <td width="50%" align="center"><label>
            <input type="password" name="textfield3" id="textfield3"/>
        </label></td>
    </tr>
    <tr>
        <td width="50%" align="center"><label>电子邮箱：</label></td>
        <td width="50%" align="center"><label>
            <input name="textfield4" type="text" id="textfield4"/>
        </label></td>
    </tr>
    <tr>
        <td width="50%" align="center"><input type="button" name="button"
        id="button" value="注册" onClick="regist()"/></td>
        <td width="50%" align="center"><input type="reset" name="button2"
        id="button2" value="清除"/></td>
    </tr>
</table>
    </form>
```

(2) 用JS设置表单检查。

```
<script type="text/javascript">
function regist()
{
    var name=document.form1.textfield.value;
    var passwd=document.form1.textfield2.value;
    var compass=document.form1.textfield3.value;
    var email=document.form1.textfield4.value;
    /*检查用户名是否为空*/
    if(name==""){
```

```
        alert("用户名不能为空");
        return;
    }
    /*检查密码是否为空*/
    if( passwd==""){
        alert("密码不能为空");
        return;
    }
    /*检查确认密码跟密码是否一致*/
    if( compass==""){
        alert("确认密码不能为空");
        return;
    }
    if( compass !=passwd){
        alert("密码不一致");
    }
    /*检查 Email 是否为空*/
    if( email==""){
        alert("邮箱不能为空");
        return;
    }
    /*检查 Email 格式是不是正确*/
    var re;
    re=/^[a-zA-Z0-9]+@ [a-zA-Z0-9]+.[a-z][a-z.]{2,8}$/;
     if(!re.test(email))
     {
        alert("请输入正确的邮件地址!");
        return;
     }
    alert("注册成功!");
    document.form1.textfield.value="";
    document.form1.textfield2.value="";
    document.form1.textfield3.value="";
    document.form1.textfield4.value="";
}
</script>
```

任务3.9　创建并应用网页模板

3.9.1　任务布置及分析

通过前面的操作已基本完成了首页，但是一个完整的网站往往会有多个页面，而有些页面在布局上都是相同的，这时使用 Dreamweaver 中的模板就可以大大提高相同布局网页的制作效率。模板可以作为创建其他文档的样板文档。当创建模板时，可以说明哪些网页元素不可编辑，哪些元素可以编辑，其扩展名为.dwt。模板有利于保持网页风格的一致；提高工作效率；适合于团队合作。本任务就是利用前面制作的网站首页制作成模板文件，再利用模板文件来完成其他网页的制作。

3.9.2 操作步骤

（1）打开前面制作的首页文件 index. html。

（2）创建模板。执行“文件”→“另存为模板”命令，在弹出的“另存模板”对话框中，选择站点为“信息学院”，输入模板名字“mb”，如图 3.186 所示。单击“保存”按钮后，文件面板中自动生成名为“Templates”的文件夹，mb. dwt 文件即保存在这个文件夹中，如图 3.187 所示。

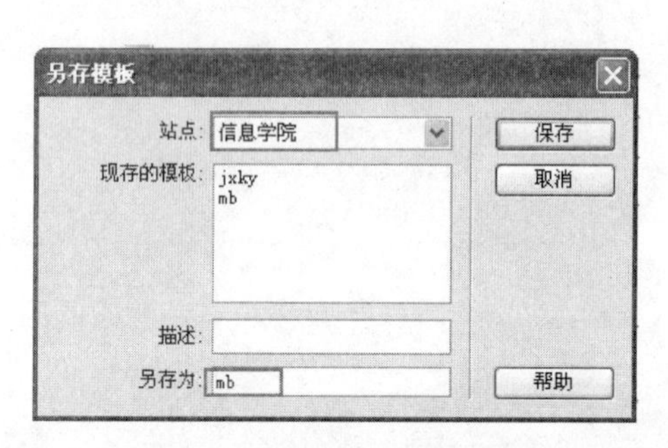

图 3.186 “另存模板”对话框

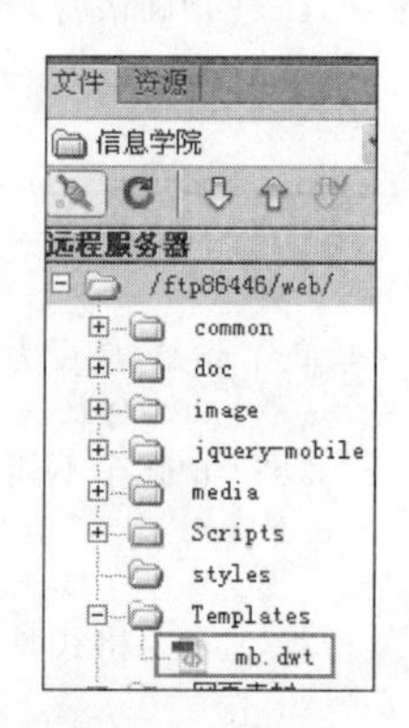

图 3.187 模板文件

（3）添加可编辑区域。把网页中头部和尾部的内容留下，中间所有的内容都删除，选择中间的表格(table)，执行“插入”→“模板对象”→“可编辑区域”命令，如图 3.188 所示。

图 3.188 添加可编辑区域

（4）从模板生成网页文件。执行“文件”→“新建”命令，在弹出的“新建文档”对话框中选择“模板中的页”选项，并选择相应的站点及模板如图 3.189 所示。在如图 3.190 所示的可编辑区域里插入表格并输入相应内容就制作成如图 3.191 所示的网页，并把它保存为“xygk. html”。

（5）用同样的方法制作如图 3.192 所示的图片快讯网页(tpkx. html)。

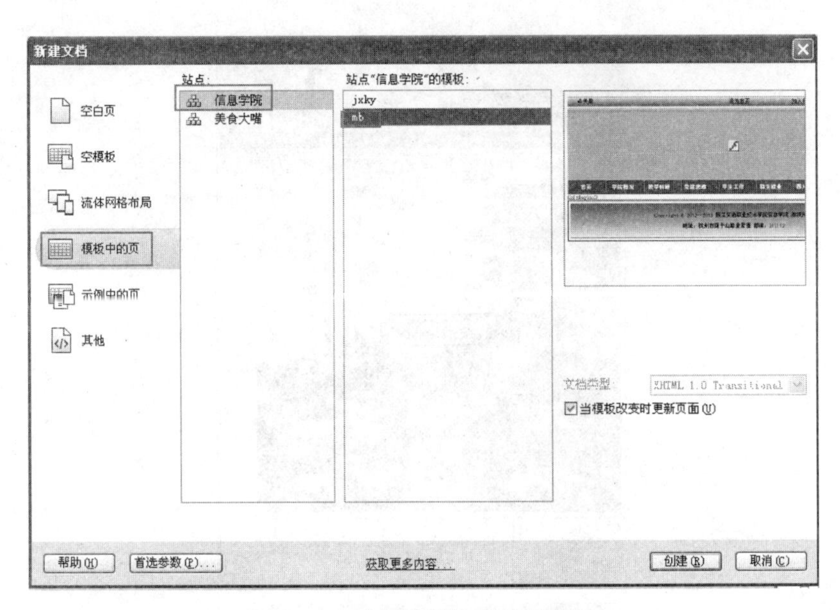

图 3.189　新建"模板中的页"文档

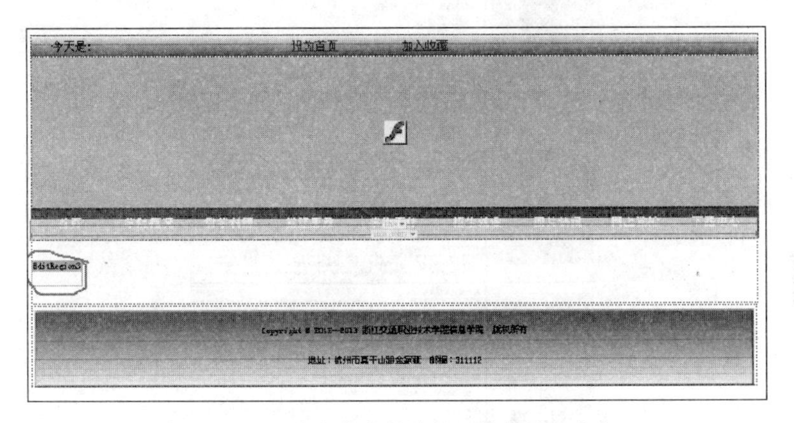

图 3.190　在文件中的编辑区域中插入内容

3.9.3　主要知识点及操作技能讲解

1. 模板的概念

模板实际上就是具有固定格式和内容的文件,其文件扩展名为.dwt。

它是一种特殊的文档,可以按照模板创建新的网页,从而得到与模板相似但又有所不同的新的网页。当修改模板时,使用该模板创建的所有网页可以一次自动更新,这就大大提高了网页更新和维护的效率。

2. 创建模板

由于模板提供的是一种对站点中文档的管理功能,因此在创建模板前应先创建站点。

图 3.191　制作完成后的学院概况网页

图3.192　图片快讯网页

创建模板后，应指定可选区域，否则整个文档都变成了不可编辑区域，无法对其进行编辑。创建模板有两种方式：直接创建空白模板和将现有网页另存为模板。

(1) 直接创建空白模板

空白网页模板就如空白网页文档一样，只是创建的模板文件的扩展名为.dwt。创建好空白网页模板文档后，可像编辑普通网页一样创建网页内容，然后再指定可编辑区域，保存模板文档后即可用该模板文档创建其他的网页了。具体步骤如下。

① 执行"文件"→"新建"命令，打开"新建文档"对话框。

② 在"空模板"选项卡的"模板类型"列表框中选择"HTML 模板"选项，在其他的列表框中选择"无"选项。

③ 单击"创建"按钮关闭对话框，完成空白网页模板的创建。

④ 像编辑普通网页一样创建网页文档内容。

⑤ 指定可编辑区域后，执行"文件"→"保存"命令，打开"另存为模板"对话框。

⑥ 在"站点"下拉列表框中选择保存模板的站点，在"名称"文本框中输入模板的名称。

⑦ 单击"保存"按钮，关闭对话框，模板文件即被保存在指定站点的 Templates 文件夹中。

(2) 将现有网页另存为模板

具体步骤如下。

① 在 Dreamweaver 中，打开需存为模板的已制作好的网页，选择"另存为模板"命令，打开"另存为模板"对话框。

② 在"站点"下拉列表框中选择保存模板的站点，在"名称"文本框中输入模板的名称。

③ 单击"保存"按钮，关闭对话框，模板文件即被保存在指定站点的 Templates 文件夹中，扩展名为.dwt。

(3) 创建可编辑区域

可编辑区域是指在通过模板创建的网页中可以进行添加、修改和删除网页元素等操作的区域，可以将模板中的任何对象指定为可编辑区域，如表格、表格行、文本及图像等网页元素。具体步骤如下。

① 在 Dreamweaver 中，打开创建的模板网页，将鼠标光标定位到需创建可编辑区域的位置或选择要设置为可编辑区域的对象。

② 在"常用"插入栏中，单击"创建模板"按钮后的按钮，在弹出的菜单中选择"可编辑区域"命令或执行"插入记录"→"模板对象"→"可编辑区域"命令，打开"新建可编辑区域"对话框。

③ 在"名称"文本框中输入可编辑区域的名称。

④ 单击"确定"按钮，关闭对话框，则模板中创建的可编辑区域以绿色高亮显示。

3. 应用模板

若要用模板创建新网页，则可以使用"从模板新建"对话框，并从任意站点中选择模板，也可以使用"资源"面板从已有模板创建新的网页，还可以给当前网页应用模板。

(1) 从"从模板新建"对话框创建新网页

在"从模板新建"对话框中可选择任一站点的模板创建新网页。具体步骤如下。

① 执行"文件"→"新建"命令，打开"新建文档"对话框。

② 在“模板中的页”选项卡的“站点”列表框中选择所需站点，然后从右侧的列表框中选择所需的模板。

③ 单击“创建”按钮，通过模板创建的新网页将出现在窗口中。

(2) 在“资源”面板中创建新网页

在“资源”面板中只能使用当前站点的模板创建网页。具体步骤如下。

① 选择“窗口”→“资源”命令或按 F11 键，打开“资源”面板。

② 在“资源”面板中，单击左侧的“模板”按钮，查看当前站点中的模板列表。

③ 右击所需的模板，在弹出的快捷菜单中选择“从模板新建”命令。

(3) 为网页应用模板

可以为已编辑的网页应用模板，即将已编辑的网页内容套用到模板中。具体步骤如下。

① 在 Dreamweaver 中，打开需应用模板的网页。

② 执行“窗口”→“资源”命令或按 F11 键，打开“资源”面板，单击左侧的“模板”按钮打开模板列表。

③ 在模板列表中选中要应用的模板，单击面板右下角的“应用”按钮。

④ 如果网页中有不能自动指定到模板区域的内容，会打开“不一致的区域名称”对话框。

⑤ 在该对话框的“可编辑区域”列表中，选择应用模板中的可编辑区域。

⑥ 在“将内容移到新区域”下拉列表框中选择将现有内容移到新模板中的区域，如果选择“不在任何地方”选项，表示将不一致的内容从新网页中删除。

⑦ 单击“确定”按钮，关闭对话框，将现有网页中的内容应用到指定的区域。

4. 更新模板

当模板中某些共用部分的内容不太合适时，可对模板进行修改，当对模板进行修改并进行保存时，会打开“更新模板文件”对话框。每次修改后，可以自动对这些文档进行更新。具体步骤如下。

(1) 打开模板文档，选中文字，在“属性”面板中的“链接”文本框中输入链接目标。

(2) 单击“创建”按钮，在菜单栏中选择“文件”→“保存”命令，弹出“更新模板文件”对话框，在该对话框中提示是否更新站点中用该模板创建的网页，单击“更新”按钮，可更新通过该模板创建的所有网页，单击“不更新”按钮，则只是保存该模板而不更新通过该模板创建的网页。

(3) 单击“更新”按钮，将弹出“更新页面”对话框。

5. 管理模板

(1) 重命名模板

对已经保存的模板，可对其名称进行重命名。具体步骤如下。

① 打开“资源”面板，单击左侧的“模板”按钮打开模板列表，选中要重命名的模板名称。

② 单击该模板名称或选中后右击，在弹出的快捷菜单中选择“重命名”命令，此时模板名称变为文本框状态，键入重新命名的文件名，然后在空白处单击即可。然后，弹出“更新文件”对话框，在该对话框中提示是否更新网页中创建的链接。

③ 单击“更新”按钮。

(2) 删除模板

对于未使用的模板，可以将其删除。具体步骤如下。

① 在“文件”面板中选中要删除的模板文件。

② 按 Delete 键或右击，选择快捷菜单中的“编辑”→“删除”命令，删除模板文件，在弹出的对话框中单击“是”按钮，如果站点中有通过该模板创建的网页，则会打开提示对话框。

③ 如果确认要删除，单击“是”按钮，如果不想删除则单击“否”按钮。

6. 应用库元素

库是一种用来存储要在整个站点上经常重复使用或者更新的页面元素的方法。通过库可以有效地管理和使用站点中的各种资源。

(1) 创建库项目

在 Dreamweaver 中，可以将文档页面中的元素创建成库项目，这些元素包括文本、表格、表单等。创建库项目的具体操作步骤如下。

① 执行“文件”→“新建”命令，打开“新建文档”对话框，在对话框中选择“空白页/库项目”选项。

② 编辑后，执行“文件”→“保存”命令，弹出“另存为”对话框，在对话框中的“文件名”文本框中输入“top. lbi”。

③ 单击“保存”按钮，创建库。

(2) 应用库项目

将库项目应用到文档，实际内容以及对项目的引用就会被插入到文档中。具体步骤如下。

① 打开网页文档。

② 将光标置于要插入库项目位置，打开“资源”面板，在该面板中选择其按钮，右击创建好的库项目文件名，在弹出的快捷菜单中选择“插入”命令，即可将库文件插入到文档中。

③ 保存网页，在浏览器中浏览网页。

(3) 设置库属性

选中库项目，在“属性”面板中可以对其进行相应的设置，如图 3.193 所示。

图 3.193　库属性设置

设置参数如下。

① Src：显示库项目所在的路径。

② 打开：可以打开库文件进行编辑。

③ 从源文件中分离：与库之间的连接状态被切断，并成为独立的元素。

④ 重新创建：用当前选定的项目来取代原来的项目。如果在库中删除了原来的项目就会在这里恢复。

(4) 编辑库项目和更新站点

在 Dreamweaver 中，可以编辑库项目，在编辑库项目时，可以选择更新站点中所有含有此库项目的页面，从而达到批量更改页面的目的。编辑与更新库项目的操作步骤如下。

① 执行“窗口”→“资源”命令，打开“资源”面板，在“资源”面板中单击“库”按钮，显示库文件。

② 对库文件进行编辑。编辑后，执行“修改”→“库”→“更新页面”命令，弹出“更新页面”对话框，在对话框中选择库文件所在的站点，“更新”选项勾选“库项目”复选框，然后单击“开始”按钮。

③ 更新完毕，单击“关闭”按钮。

3.9.4　举一反三练习

1. 完成自行制作项目的其他网页。

2. 完成“美食大嘴”首页模板的生成，从模板制作网站的家常菜网页(jcc. html)如图 3.194 所示。用同样的方法完成“中华菜”、“外国菜”、“各地小吃”、“烘焙”、“食材百科”、“厨房百科”等网页。其效果图分别如图 3.195～图 3.200 所示。

图 3.194　家常菜网页

图 3.195 中华菜网页

图 3.196 外国菜网页

图 3.197　各地小吃网页

图 3.198　烘焙网页

图 3.199 食材百科网页

图 3.200 厨房百科网页

任务3.10 使用框架布局网页

3.10.1 任务布置及分析

框架文件的优点是在保持菜单等一部分内容的情况下，可以更换其中的实际内容，因此比较容易维持网页的整体设计。但是，框架布局也有它的局限性，而不像表格布局那样灵活随意。那么，在利用表格来制作布局，可不可以像框架文件一样在固定一部分的同时只更改其中的实际内容呢？在这种情况下，可以应用内联框架，内联框架也可以称为“浮动框架”。信息学院网站中的“教学科研”系列的网页左边、上部和下部内容不变，右侧的内容则随着不同的链接而变化，如图3.201所示。

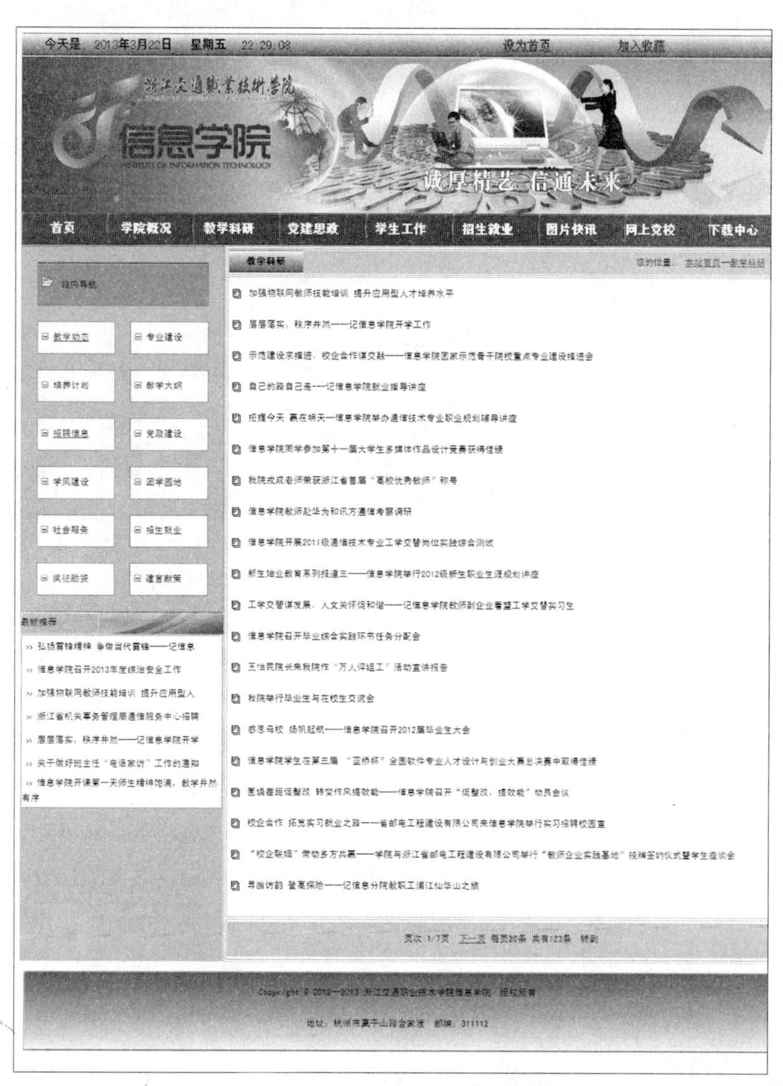

图3.201 信息学院的教学科研网页

3.10.2 操作步骤

(1) 新建科研动态网页(kydt. html)(图 3.202)和招聘信息网页(zpxx. html)(图 3.203)所示。

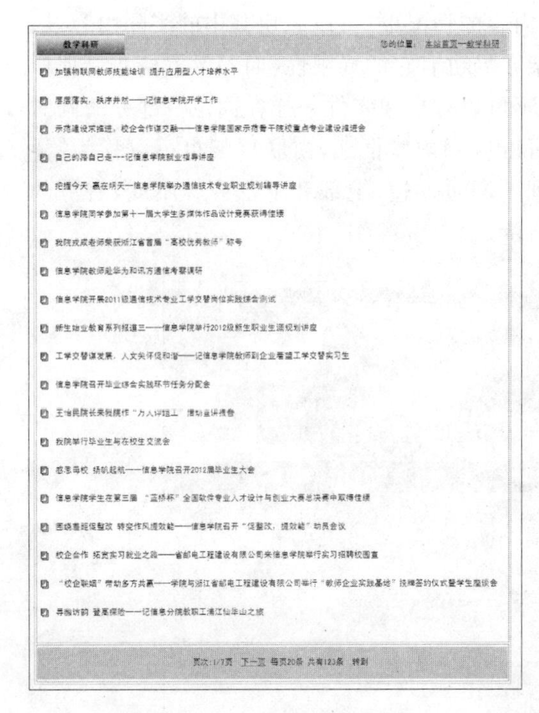

图 3.202 科研动态网页

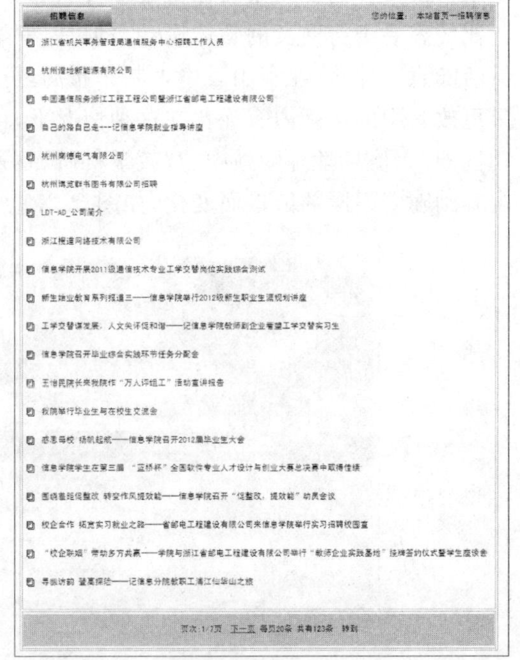

图 3.203 招聘信息网页

打开 Dreamweaver 软件,创建 jxdt. html 文件,该网页可以利用前面学过的表格布局方式来完成,操作步骤不再详述。用同样的方法制作类似的子网页。等 jxdt. html 建成后,首先把它另存为 zpxx. html,然后再对其内容做相应的修改。

(2) 新建教学科研(jxky. html)网页。

① 打开 Dreamweaver 软件,执行“文件”→“新建”命令,在弹出的“新建文件”对话框中选择“模板中的页”选项,如图 3.204 所示。单击“创建”按钮,新建一个基于模板 mb. dwt 的网页,如图 3.205 所示。

② 在该文件的可编辑区域中插入一个 1 行 2 列的表格,如图 3.206 所示。

在其中左边的单元格中利用表格嵌套表格的方法输入如图 3.207 所示内容。

③ 选择上面插入的 1 行 2 列的右边单元格,切换成“代码”窗口,在该单元格的<td>后面输入代码,如图 3.208 所示。按 F10 键预览该网页。

④ 制作超链接。选择该网页左边导航栏中的“教学动态”标签,在“属性检查器”链接一栏输入“jxdt. html”,目标一栏中输入“content”,如图 3.209 所示。用同样的方法,设置其中的“招聘信息”超链接属性如图 3.210 所示。然后,再用同样的方法制作导航栏中其他链接。

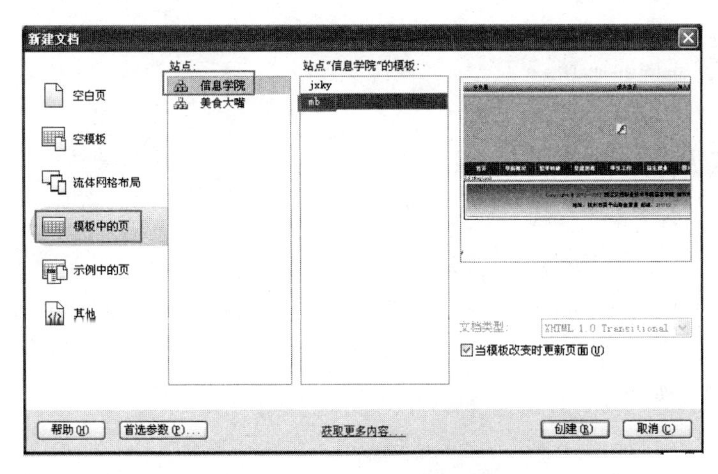

图 3.204 新建模板中的页

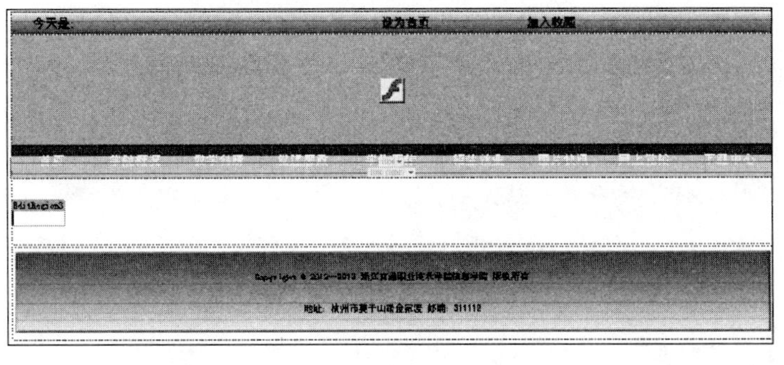

图 3.205 模板中的页

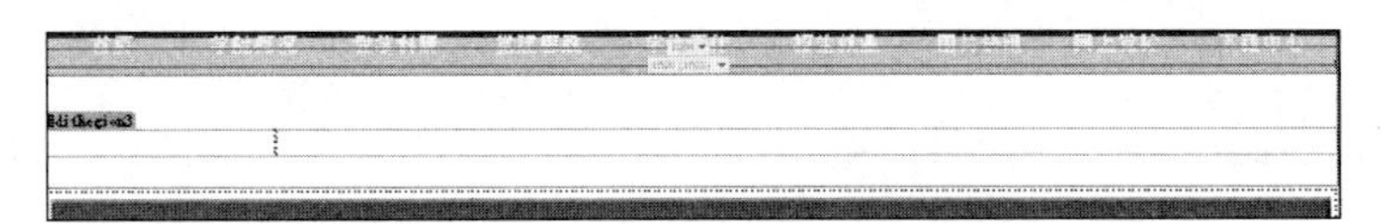

图 3.206 在编辑区域中插入表格

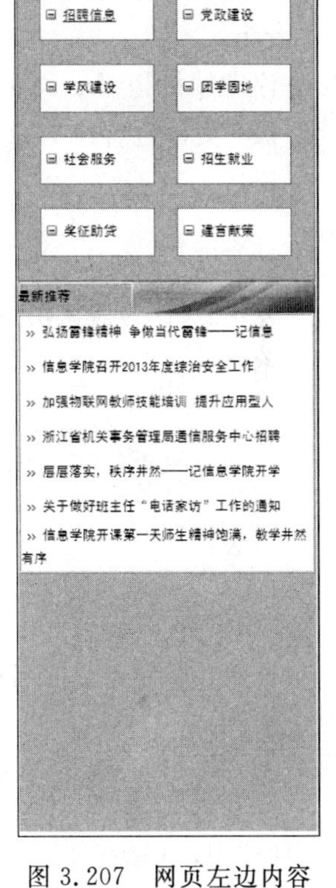

图 3.207 网页左边内容

```
<td width="73%"><iframe scrolling="no" frameborder="0" align="bottom" marginheight="0"name="content" width="100%"
height="950" src="jxdt.html" ></iframe></td>
```

图 3.208 代码

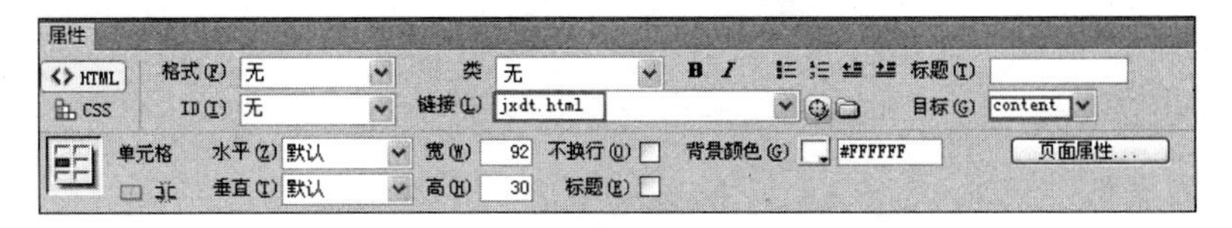

图 3.209 "教学动态"超链接属性设置

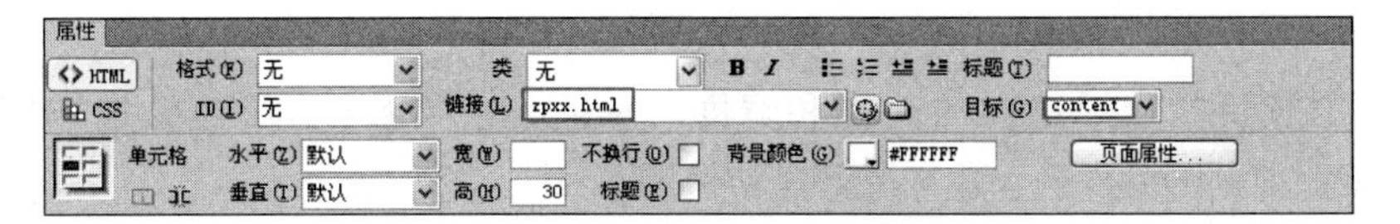

图 3.210 "招聘信息"超链接属性设置

⑤ 制作完毕，按 F10 键预览效果。单击左边的超链接，在右边显示相应的栏目内容，网页的整体内容不变，且加载速度非常快。

3.10.3 主要知识点及操作技能讲解

1. iframe 详解

浮动帧标签 iframe 必须成对出现，即有开始标记<iframe>就必须有结束标记</iframe>。

浮动帧标记 iframe 的属性如下。

(1) 文件位置

语法：

```
src=url
```

说明：url 为嵌入的 HTML 文件的位置，可以是相对地址，也可以是绝对地址。

示例：

```
<iframe  src="iframe.html">
```

(2) 对象名称

语法：

```
name=#
```

说明：# 为对象的名称。该属性给对象取名，以便其他对象利用。

示例：

```
<iframe  src="iframe.html"  name="iframe1">
```

(3) ID 选择符

语法：

```
id=#
```

说明：指定该标记的唯一 ID 选择符。

示例：

```
<iframe  src="iframe.html"  id="iframe1">
```

(4) 容器属性

语法：

```
height=#  width=#
```

说明：该属性指定浮动帧的高度和宽度。取值为正整数(单位为像素)或百分数。height 指定浮动帧的高度。width 指定浮动帧的宽度。

示例：

```
<iframe  src="iframe.html"  height=400  width=400>
```

(5) 尺寸调整

语法：

```
noresize
```

说明：IE专有属性，指定浮动帧不可调整尺寸。

示例：

```
<iframe  src="iframe.html"  noresize>
```

(6) 边框显示

语法：

```
frameborder=0|1
```

说明：该属性规定是否显示浮动帧边框。0，不显示浮动帧边框；1，显示浮动帧边框。

示例：

```
<iframe  src="iframe.html"  frameborder=0>
<iframe  src="iframe.html"  frameborder=1>
```

(7) 边框厚度

语法：

```
border=#
```

说明：该属性指定浮动帧边框的厚度，取值为正整数和0，单位为像素。为了将浮动帧与页面无缝结合，border一般等于0。

示例：

```
<iframe  src="iframe.html"  border=1>
```

(8) 边框颜色

语法：

```
bordercolor=color
```

说明：该属性指定浮动帧边框的颜色。color可以是RGB色(RRGGBB)，也可以是颜色名。

示例：

```
<iframe  src="iframe.html"  bordercolor=red>
```

(9) 对齐方式

语法：

```
align=left|right|center
```

说明：该属性指定浮动帧与其他对象的对齐方式。left，居左；right，居右；center，居中。

示例：

```
<iframe  src="iframe.html"  align=left>
<iframe  src="iframe.html"  align=right>
<iframe  src="iframe.html"  align=center>
```

(10) 相邻间距

语法：

```
framespacing=#
```

说明：该属性指定相邻浮动帧之间的间距。取值为正整数和0，单位为像素。

示例：

```
<iframe  src="iframe.html"  framespacing=10>
```

(11) 内补白属性

语法：

```
hspace=#  vspace=#
```

说明：该属性指定浮动帧内的边界大小。取值为正整数和0，单位为像素。两个属性应同时应用。hspace，浮动帧内的左右边界大小；vspace，浮动帧内的上下边界大小。

示例：

```
<iframe  src="iframe.html"  hspace=1  vspace=1>
```

(12) 外补白属性

语法：

```
marginheight=#  marginwidth=#
```

说明：该属性指定浮动帧的边界大小。取值为正整数和0，单位为像素。两个属性应同时应用。marginheight，浮动帧的左右边界大小；marginwidth，浮动帧的上下边界大小。

示例：

```
<iframe  src="iframe.html"  marginheight=1  marginwidth=1>
```

2. 关于框架和框架集

(1) 框架网页

框架网页是一种特殊的HTML网页，它可将浏览器窗口分成不同的区域，每个区域都可以显示不同的网页，而且在替换窗口中的网页文件时，各个窗口之间没有影响。一个框架结构由两部分网页文件构成：框架集(Frameset)和框架(Frame)。

(2) 框架

框架是指用来分隔网页的窗格。每个框架都是浏览器中的一个区域，它可以显示与浏览器窗口中所显示内容相关的 HTML 文档，是一个独立的 HTML 页面。每个框架包括框架高度、框架宽度、滚动条和框架边框。此外，还可指定框架的内边距（框架与网页正文之间的距离）。

(3) 框架集

框架集是指定义一组网页布局结构与属性的 HTML 页面，其中包含了显示在页面中框架的数目、尺寸、装入框架的页面的来源及其他可定义的属性的相关信息。框架集页面不会在浏览器中显示，只是向浏览器提供如何显示一组框架以及在这些框架中应显示哪些与文档的有关信息。

(4) 框架和框架集的关系

框架集文档调用（引用）各个框架文档。改变框架文件是指改变在框架中打开的文件。

为了更好地理解什么是框架和框架集，请看图 3.211 所示的框架示意图。这是一个左右结构的框架，其结构是由 3 个网页文件组成的。首先，外部的框架是一个文件，用“index. htm”命名。左框架为 A，指向的是一个网页 A. htm。右边命名为“B”，指向的是一个网页 B. htm。

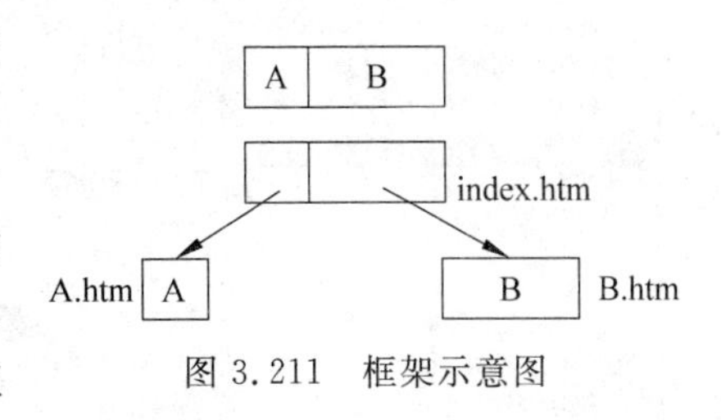

图 3.211　框架示意图

(5) 框架网页的优点

① 访问者的浏览器不需要为每个页面重新加载与导航相关的图形（即固定网页中的某些部分）。

② 框架集可以将网页的内容组织到相互独立的 HTML 页面内，相对固定的内容（如导航栏、标题栏）和经常变动的内容分别以不同的文件保存，将会大大提高网页设计和维护的效率。

③ 每个框架都有自己的滚动条，访问者可以独立滚动框架。

基于上述优点，框架通常用于创建网站导航。

(6) 框架网页的缺点

① 难以实现不同框架中各元素的精确图形对齐。

② 使用框架制作的网页很难被搜索引擎搜索到。

③ 对导航测试可能很费时间。

④ 各个带有框架的页面 URL 不显示在浏览器中，因此可能难以将特定网页设为书签，除非使用了服务器代码，允许访问者加载特定的带框架版本。

3. 创建框架集

在 Dreamweaver CS6 中创建框架集的方法如下：先新建一个 HTML 文档，然后打开“插入”→“HTML”→“框架”子菜单，从中选择所需选项，如图 3.212 所示。

4. 框架和框架集的基本操作

(1) 认识“框架”面板

利用“框架”面板可以对框架和框架集进行操作，选择“窗口”菜单中的“框架”命令，可以打开“框架”面板，如图 3.213 所示。

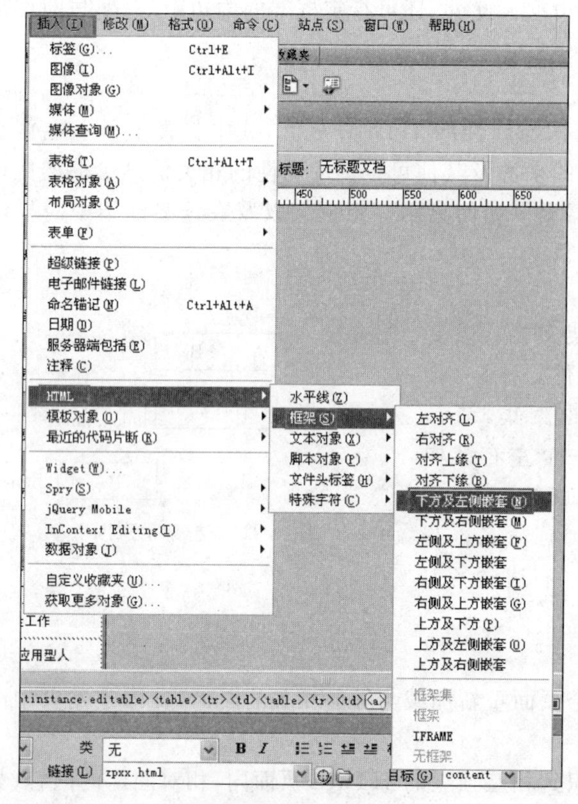

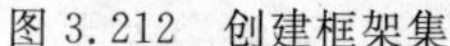
图 3.212 创建框架集

图 3.213 “框架”面板

(2) 选择框架和框架集

在文档窗口中选择框架的方法如下：按住 Alt 键，然后在要选择的框架内单击，被选中的框架边线将显示为虚线。

如要选择框架集，单击该框架集上的任意边框即可，此时框架集的所有边框都呈虚线显示。

利用“框架”面板选择框架时，直接在面板中相应区域单击即可。当选择框架集时，在面板中单击框架集的边框即可。

(3) 删除框架

将光标放在框架的边框上，当光标变成垂直箭头（或水平箭头）时，按住鼠标左键，将框架的边框拖出父框架或页面之外，即可将这个框架删除。

5. 框架和框架集的属性设置

(1) 设置框架属性

选中框架后，“属性”面板上将显示相应框架的属性，如图 3.214 所示。

(2) 设置框架集属性

选中框架集，“属性”面板中将显示框架集的属性，如图 3.215 所示。

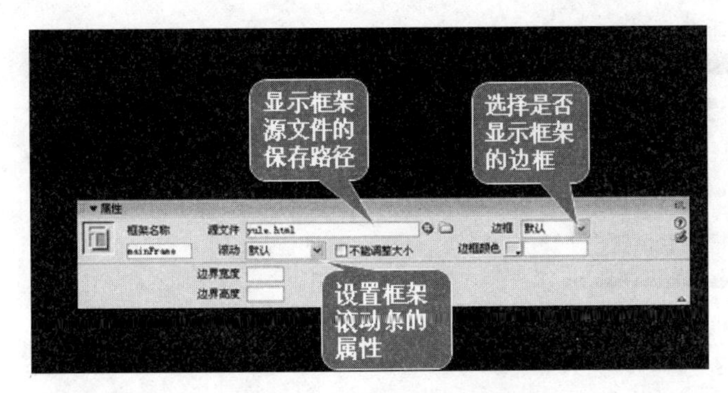

图 3.214　框架属性设置

图 3.215　框架集属性设置

该面板中各参数的含义同框架“属性”面板基本相同，不同的是在“行”或“列”文本框中可设置框架的行高或列宽，在“单位”下拉列表框中可选择具体单位。

6. 保存框架和框架集

保存框架和框架集：一个包含 n 个框架的网页实际上由 $n+1$ 个独立的 HTML 页面组成，1 个框架集文件和 n 个包含在框架中显示的文件。这 $n+1$ 个页面必须单独保存，才能在浏览器中正常工作。插入的网页元素位于哪个框架，就保存在哪个框架的网页中。

执行“文件”→“保存全部”命令，则打开几个另存为对话框，提示保存各个部分；设计视图中的选择线（或说成阴影）也会自动的移动到对应的被保存的框架中，据此可以知道正在保存的是哪一个框架文件。一般先保存框架集文件，再保存框架文件。若只保存了框架集，而未保存某个框架（即没指定该载入该框架的文档），可以直接选定该框架，然后创建链接来指向要载入的文档。类似于根据现有文档创建框架页。

3.10.4　举一反三练习

1. 建设信息学院网站的党政思政网页（djsz.html）。

操作步骤提示如下。

（1）建设党建思政子网页 djsz1.html 如图 3.216 所示。

（2）把 kyjx.html 另存为模板。打开 kyjx.html，把它另存为模板，取名为 kyjx.dat。打开 kyjx.dwt，添加可编辑区域如图 3.217 所示。

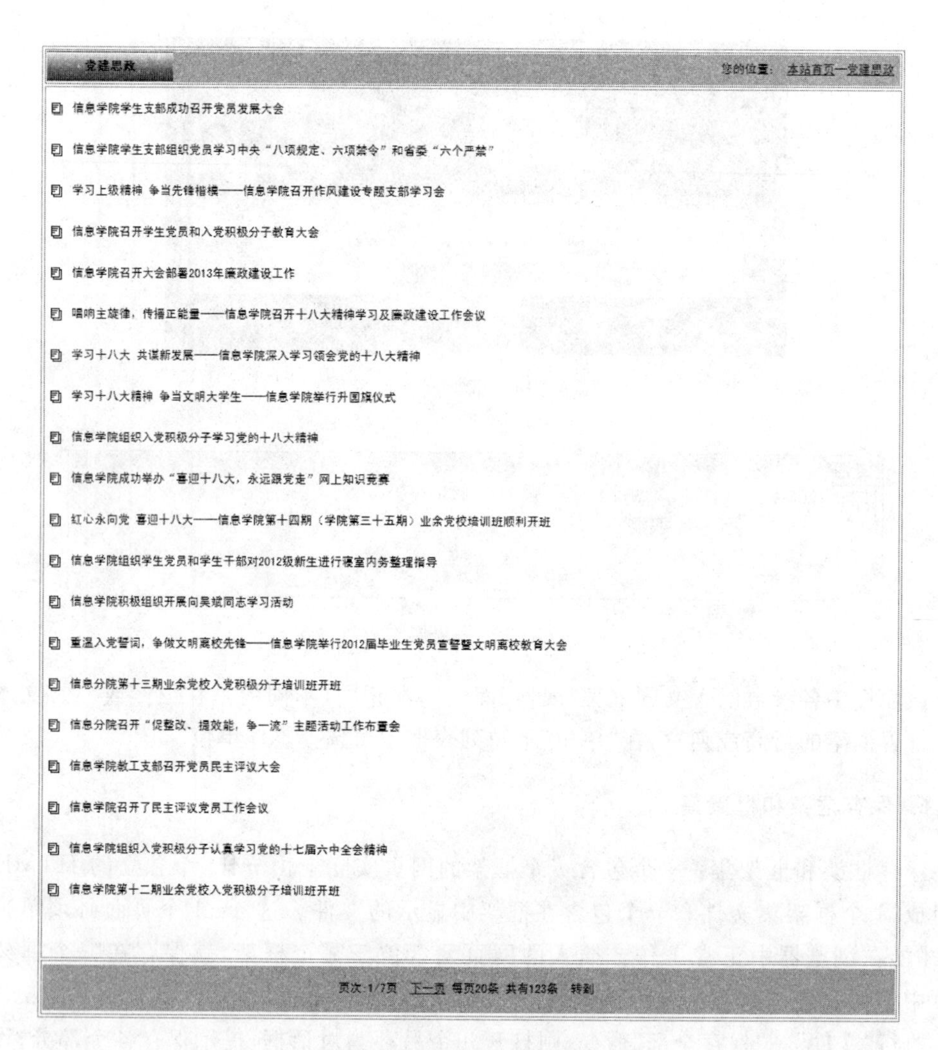

图 3.216　党建思政子网页

图 3.217　在模板中添加可编辑区域

(3) 制作 djsz. html 网页。打开 Dreamweaver,执行“文件”→“新建”→“模板中的页”命令,在弹出的对话框中选择 kyjx. dwt 选项,如图 3.218 所示。单击“创建”按钮后,新建一个基于 kyjx. dwt 的网页,并把它保存为 djsz. html。

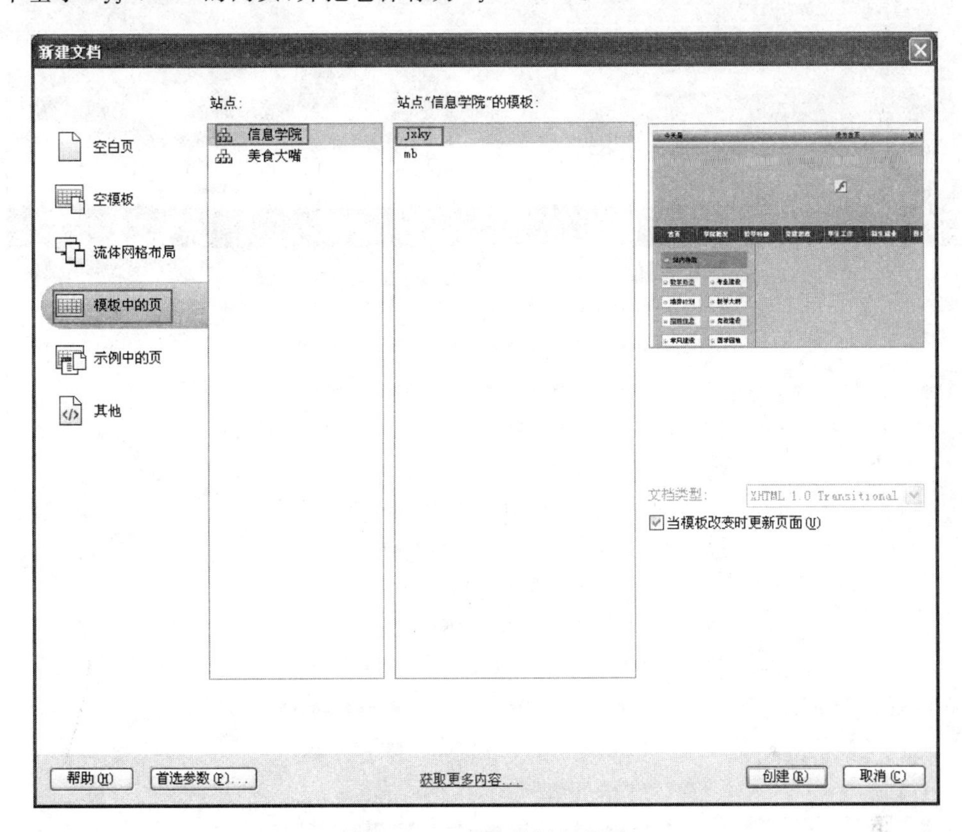

图 3.218　创建模板中的页

(4) 编辑 djsz. html。在 djsz. html 中,单击可编辑区域,切换到代码模式,在原先的 iframe 代码段中,把 Src="jxdt. htm"改为 Src="jxdt. html",如图,3.219 所示。

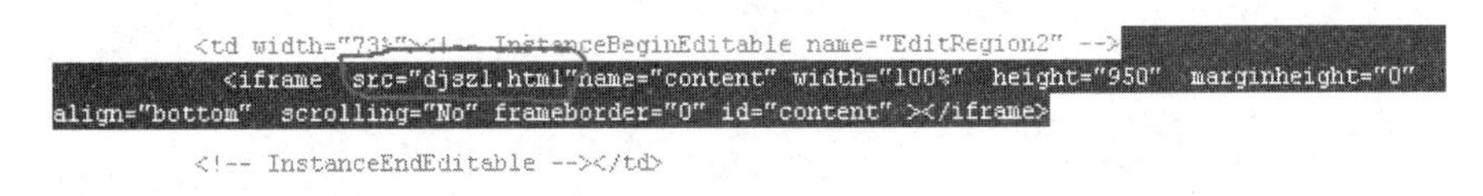

```
<td width="73%"><!-- InstanceBeginEditable name="EditRegion2" -->
    <iframe src="djsz1.html"name="content" width="100%" height="950" marginheight="0"
align="bottom" scrolling="No" frameborder="0" id="content" ></iframe>
    <!-- InstanceEndEditable --></td>
```

图 3.219　修改代码

(5) 预览:按 F12 键预览网页,得到该网页的效果图如图 3.220 所示。

2. 模仿上面制作的学生工作网页(xsgz. html)、招生就业网页(zxjy. html)、下载中心网页(xzzx. html),效果图分别如图 3.221～图 3.223 所示。

3. 利用框架制作美食大嘴“食尚社区”子网页如图 3.224 所示。

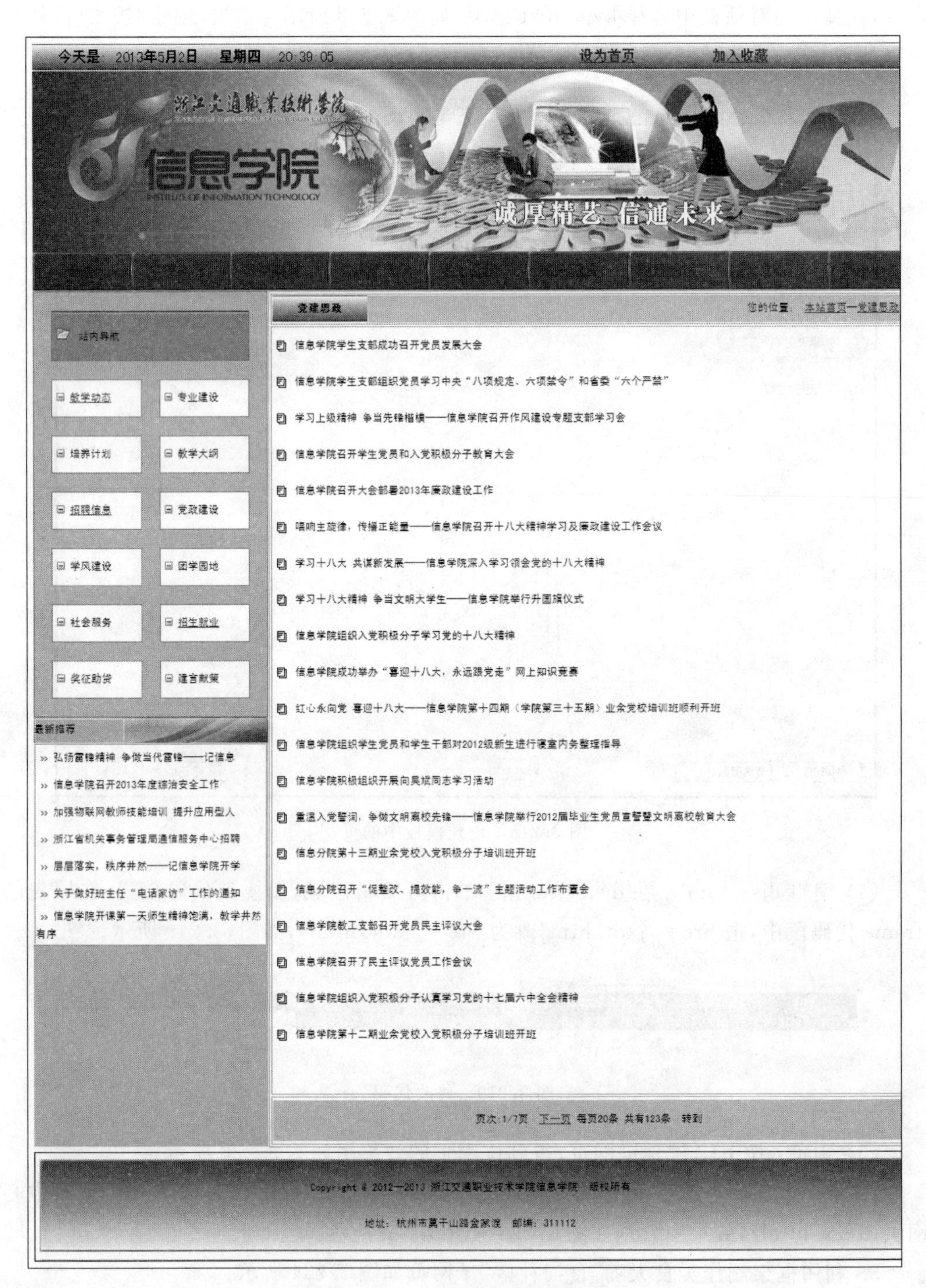

图 3.220 党建思政网页效果图

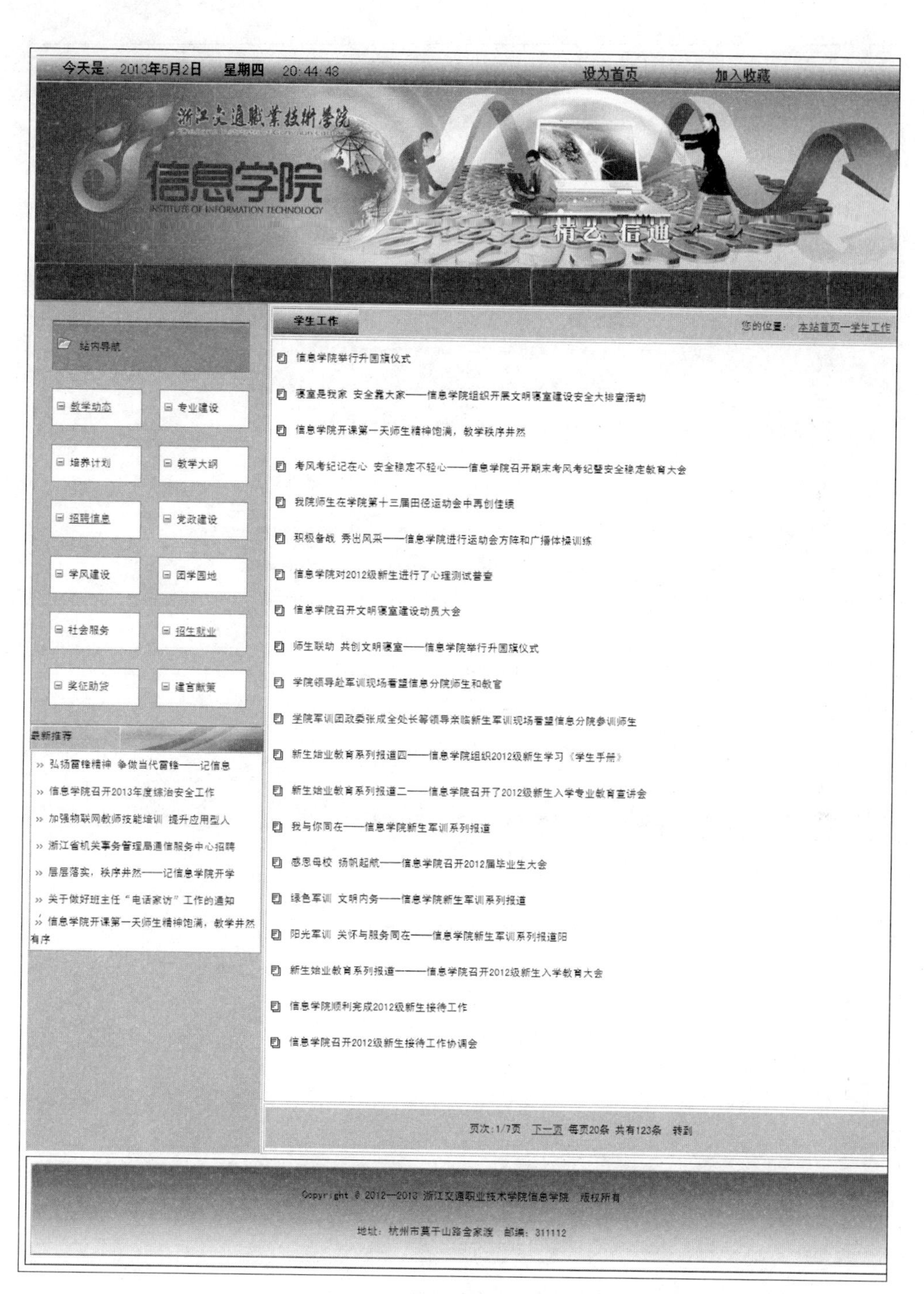

图 3.221　学生工作网页效果图

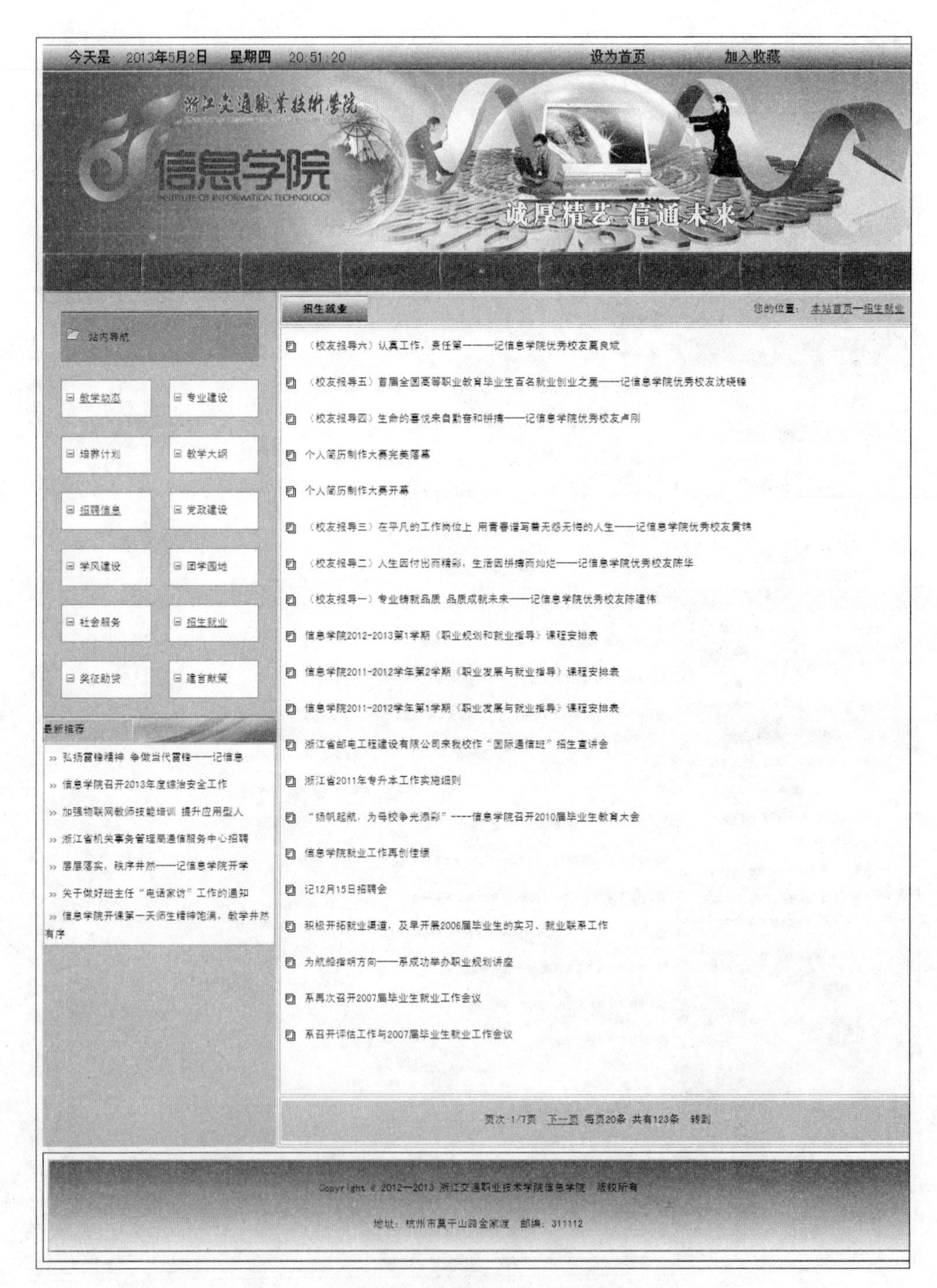

图 3.222 招生就业网页效果图

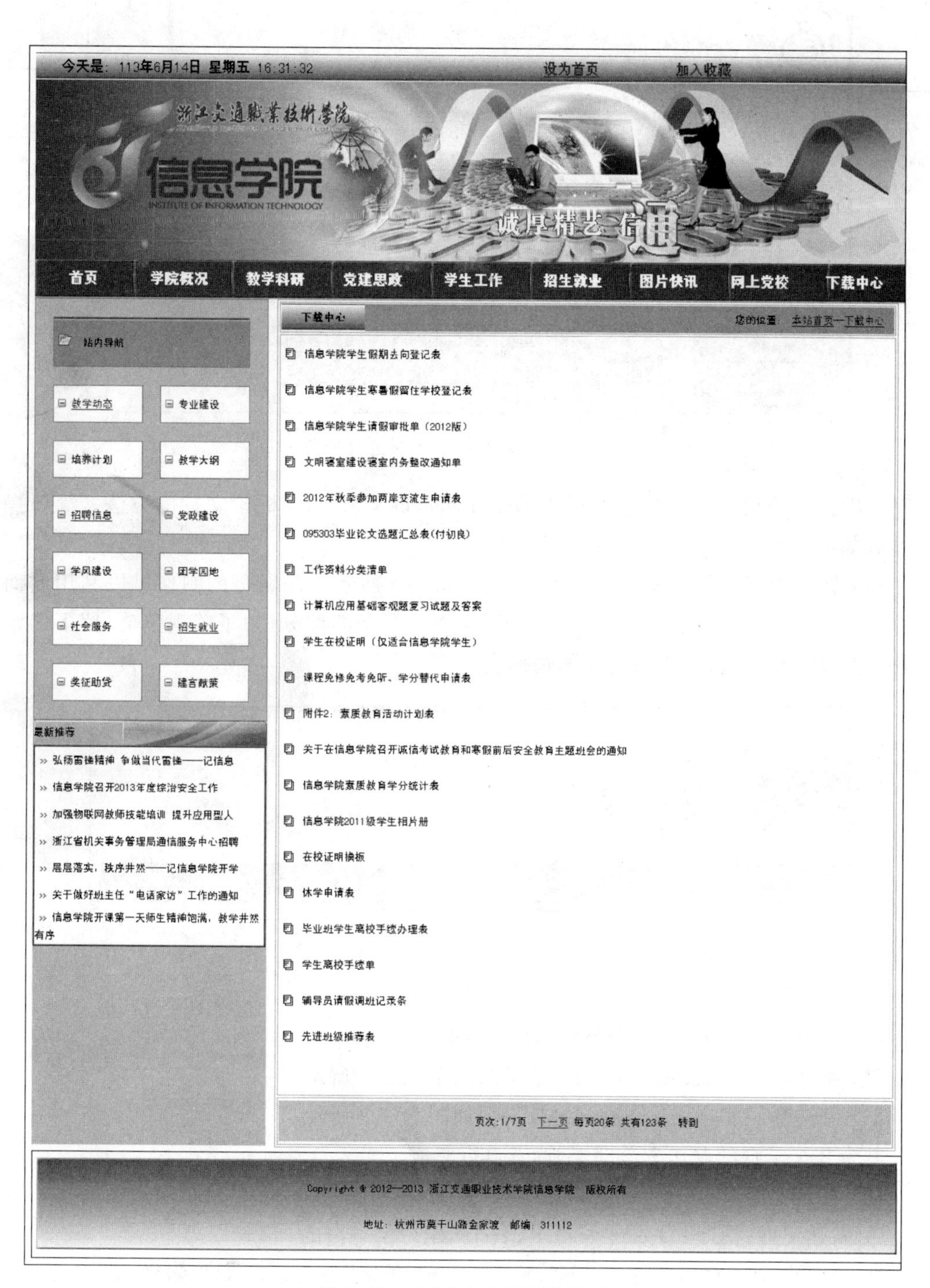

图 3.223 下载中心网页效果图

图 3.224 “食尚社区”子网页效果图

该案例主要让学者练习一下利用 Dreamweaver CS6 创建框架文件的方法。简要操作步骤如下。

(1) 新建顶部子页(top.html)，效果如图 3.225 所示。此网页的制作可以利用前面制作的 index.html，把它另存为“top.html”并删除多余的部分，为了美观整洁，留下的整个网页添加一个紫色的，大小为 2 的边框线。

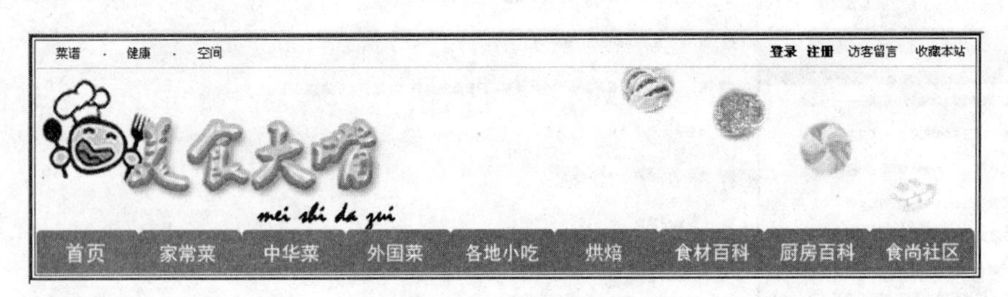

图 3.225 top.html

(2) 新建左边子页(left.html)，效果如图 3.226 所示。

(3) 新建右边子页(main.html)，效果如图 3.227 所示。

(4) 新建饮食资讯(yscx.html)，效果图如图 3.228 所示。

(5) 新建食品安全(spaq.html)，效果图如图 3.229 所示。

其余几个子页的制作方法同上，读者自行完成。

(6) 创建框架页(sssq.html)。

① 新建文件。打开 Dreamweaver CS6，新建一个空白的 HTML 文件。

② 插入框架。执行“插入”→“HTML”→“框架”→“上方及左侧嵌套”命令，如图 3.230 所示。

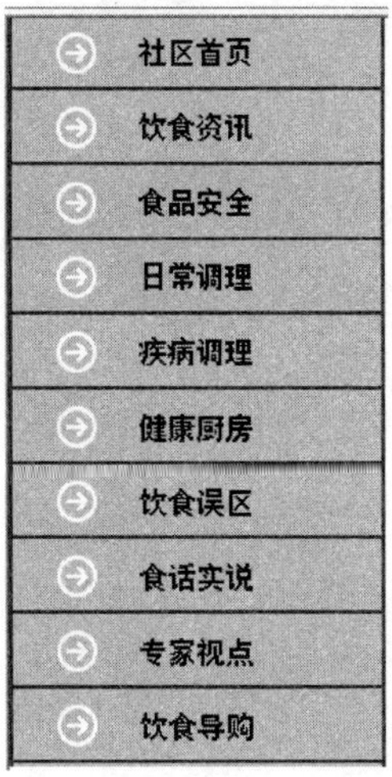

社区首页
饮食资讯
食品安全
日常调理
疾病调理
健康厨房
饮食误区
食话实说
专家视点
饮食导购

图 3.226 left.html

怎么喝汤更健康？常喝肉汤伤心脏

汤一直在中国人的饮食中占有重要的位置，喝汤是一种养生的好方式。但喝汤并不是一件简单的事，怎么喝汤才能既吸收营养，又避免体重增加呢？对此，《生命时报》记者邀请到中国农业大学食品科学与营养工程学院副教授范志红和大连市中心医院营养科主任王兴国为大家解析如何喝汤更健康。

王兴国指出，老百姓家中常见的汤一般有5种，其营养也有所不同，肉汤包括排骨汤、猪蹄汤等，是国人比较喜欢的汤，这类汤中的营养素丰富，比如蛋白质、维生素等，但肉汤中的脂肪含量很高，尤其对心血管有害的饱和脂肪含量很高，因此这类汤不要经常喝；鱼汤，比如鲫鱼汤等，本身脂肪含量少，蛋白质和维生素含量高，容易被人体吸收，营养成分高；蘑菇汤，各种营养素含量都很丰富，尤其还含有菌类多糖，对提升免疫力很有帮助；养生汤，比如花旗参乌鸡汤等，这类汤对身体有一定的滋补作用，但由于个人的体质不同，其原材料最好在医生的指导下使用；蔬菜汤，如紫菜蛋花汤等，这类汤的烹调时间短，其营养与烹调材料的种类和数量有关。

图 3.227 main.html

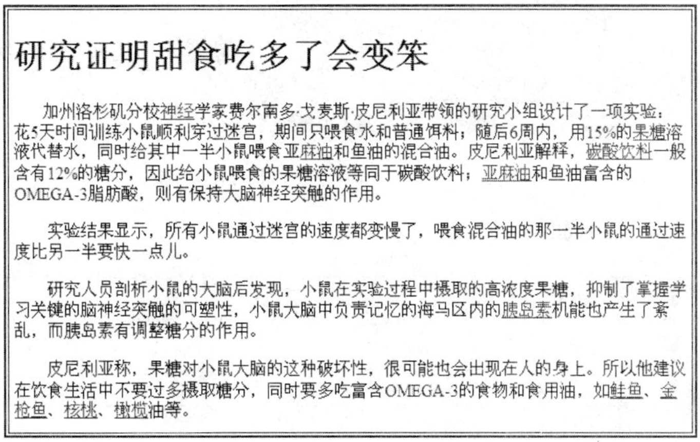

研究证明甜食吃多了会变笨

加州洛杉矶分校神经学家费尔南多·戈麦斯·皮尼利亚带领的研究小组设计了一项实验：花5天时间训练小鼠顺利穿过迷宫，期间只喂食水和普通饲料；随后6周内，用15%的果糖溶液代替水，同时给其中一半小鼠喂食亚麻油和鱼油的混合油。皮尼利亚解释，碳酸饮料一般含有12%的糖分，因此给小鼠喂食的果糖溶液等同于碳酸饮料；亚麻油和鱼油富含的OMEGA-3脂肪酸，则有保持大脑神经突触的作用。

实验结果显示，所有小鼠通过迷宫的速度都变慢了，喂食混合油的那一半小鼠的通过速度比另一半要快一点儿。

研究人员剖析小鼠的大脑后发现，小鼠在实验过程中摄取的高浓度果糖，抑制了掌握学习关键的脑神经突触的可塑性，小鼠大脑中负责记忆的海马区内的胰岛素机能也产生了紊乱，而胰岛素有调整糖分的作用。

皮尼利亚称，果糖对小鼠大脑的这种破坏性，很可能也会出现在人的身上。所以他建议在饮食生活中不要过多摄取糖分，同时要多吃富含OMEGA-3的食物和食用油，如鲑鱼、金枪鱼、核桃、橄榄油等。

图 3.228 yscx.html

吃正常处理和烹调肉是安全的

核心提示：H7N9使得很多人对能不能吃鸡肉产生怀疑，但实际上禽流感病毒在煮沸状态下两分钟即可灭活，只要将肉煮熟，就不会有安全隐患。

记者昨天从上海市公共卫生热线12320获悉，工作人员24小时为市民提供服务，近三日统计显示，总共接到市民关于H7N9禽流感的相关资讯千余例。从咨询情况看，市民最关心的有三方面的内容：预防H7N9禽流感措施，H7N9有哪些症状，禽类、肉类食品是否可食用。

"侬好，我想问问这个禽流感怎么预防比较安全？鸡蛋还能吃吗？"这是一位阿姨的声音。一位女话务员耐心地按照标准培训的禽流感预防措施进行解答："您好，煮熟的鸡蛋是可以吃的。禽流感病毒普遍对热敏感，对低温抵抗力较强，65℃加热30分钟或煮沸（100℃）2分钟以上可灭活，因此，吃正常处理和烹调的肉是安全的。不要食用生蛋或者半熟蛋。在处理完生肉后要用肥皂和水彻底洗手，清洗和消毒所有与生肉接触过的家用器皿。"

此外，工作人员会提醒市民注意饮食卫生，加工、保存食品时要注意生熟分开；不要购买未经检疫的禽肉制品，特别是可疑死禽制品；买回家的禽类制品要洗净、烧熟后才能食用，加工时要注意手部是否有伤口，如有伤口应带橡皮手套操作。保持室内空气流通，注意个人卫生，勤洗手、咳嗽和打喷嚏时遮掩口鼻，不随地吐痰，清洁口鼻后应及时洗手。

图 3.229 spaq.html

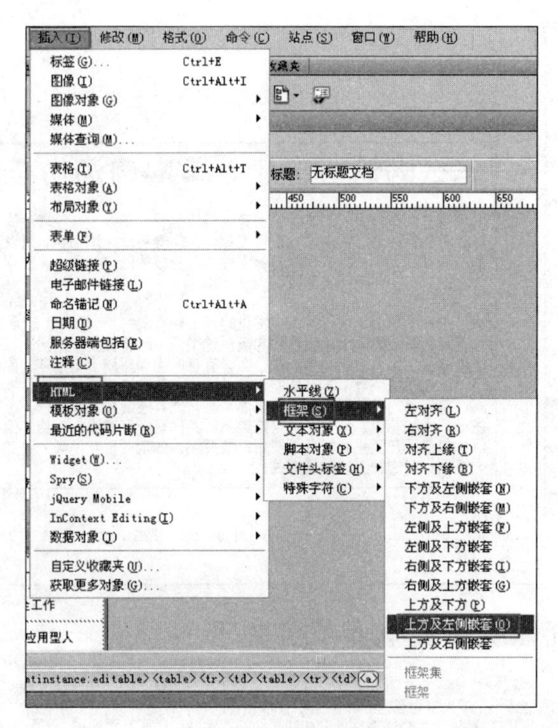

图 3.230 插入框架

插入框架后的效果图如图 3.231 所示。

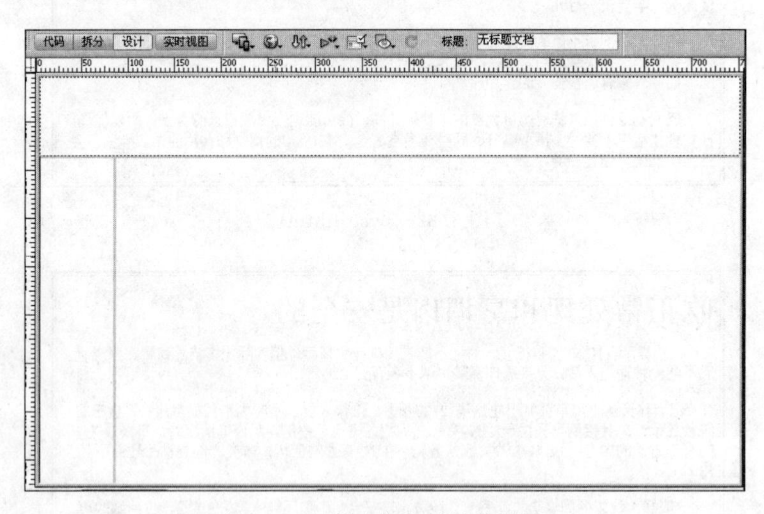

图 3.231 插入框架后的效果图

具体代码如下：

```
<!DOCTYPE html PUBLIC "-//W3C//DTD XHTML 1.0 Frameset//EN" "http: //www.w3.
org/TR/xhtml1/DTD/xhtml1-frameset.dtd">
<html xmlns="http: //www.w3.org/1999/xhtml">
<head>
<meta http-equiv="Content-Type" content="text/html; charset=utf-8"/>
```

```
<title>无标题文档</title>
</head>
<frameset rows="80,*" cols="*" frameborder="no" border="0" framespacing="0">
    <frame src="file: ///D|/msdz/UntitledFrame-26" name="topFrame"
    scrolling="no" noresize="noresize" id="topFrame" title="topFrame"/>
    <frameset cols="80,*" frameborder="no" border="0" framespacing="0">
        <frame src="file: ///D|/msdz/UntitledFrame-27" name="leftFrame"
        scrolling="no" noresize="noresize" id="leftFrame"
        title="leftFrame"/>
        <frame src="file: ///D|/msdz/Untitled 0" name "mainFrame" id=
        "mainFrame" title="mainFrame"/>
    </frameset>
</frameset>
<noframes><body>
</body></noframes>
</html>
```

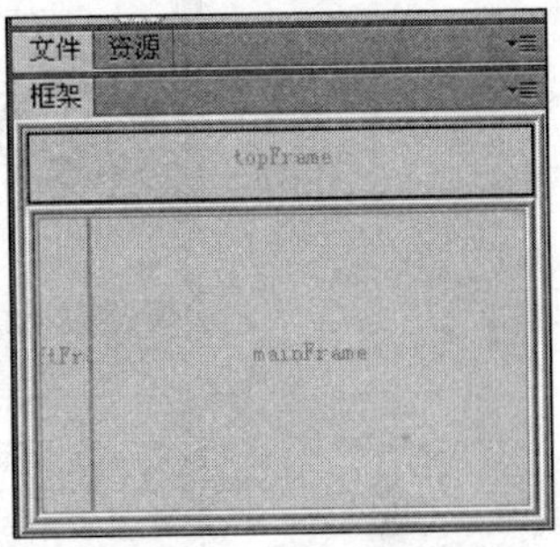

③ 设置框架。执行"窗口"→"视图"→"框架"命令，调出"框架"面板如图 3.232 所示。在"框架"面板中单击 topFrame 区域，在"属性检查器"中，输入源文件名为"top.html"。滚动设为"否"，边框设为"否"，如图 3.233 所示。把鼠标移到编辑区 topFrame 的下边线上，当鼠标形状变成箭头时，拖动鼠标调整框架大小，如图 3.234 所示。

图 3.232 "框架"面板

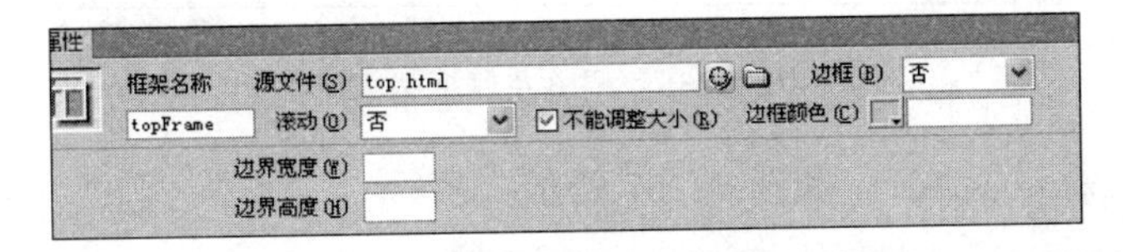

图 3.233 框架属性设置

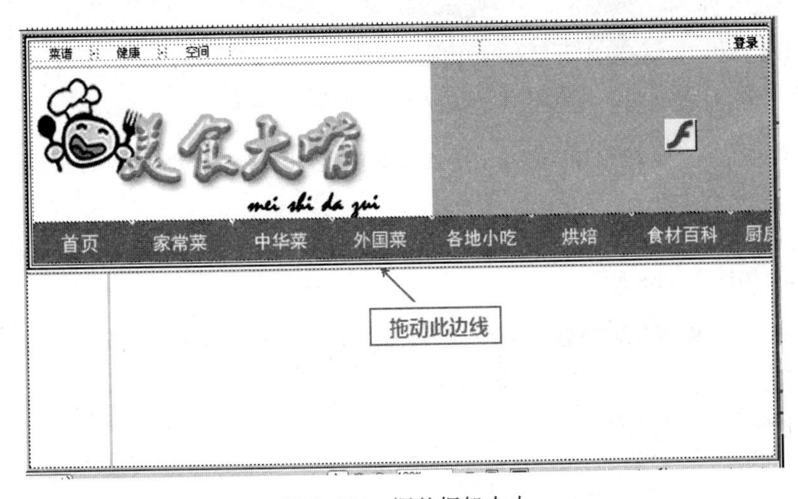

图 3.234 调整框架大小

用同样的方法，先单击"框架"面板中的 leftFrame 区域，再设置框架属性如图 3.235 所示。

图 3.235　设置左侧框架属性

设置 leftFrame 框架属性后,再调整框架的大小如图 3.236 所示。

图 3.236　调整左侧框架大小

设置 mainFrame 的属性,如图 3.237 所示。

图 3.237　mainFrame 的属性设置

执行“文件”→“保存全部”命令,在弹出的对话框中选择要保存的总框架文件名为 sssq.html,然后保存。

④ 设置链接:选择文本“社区首页”,在属性面板中设置链接为 main.html,目标为 mainFrame,如图 3.238 所示。

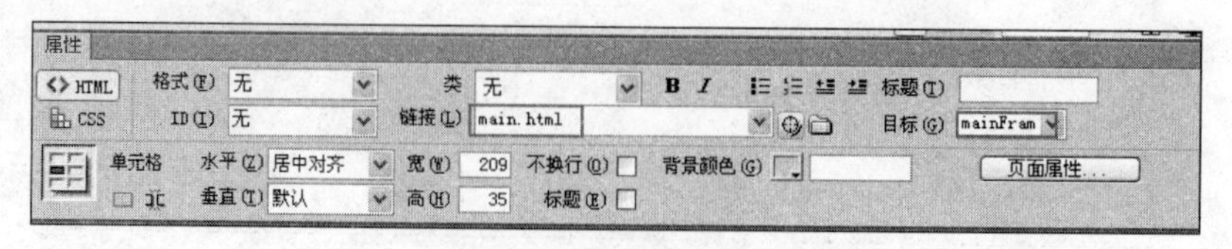

图 3.238　链接属性

用同样的方法设置其余几项的链接属性,特别要注意的是,目标一栏必须选择 mainFrame,否则链接的内容会显示在不正确的位置。

项目4

网站的整合与测试发布

在完成了本地站点所有页面的设计之后，接下来要做的是对这些页面进行整合与必要的测试工作。当网站能够稳定地工作后，就可以将站点上传到远程服务器上，使之成为真正的站点。

任务4.1 信息学院网站的整合

4.1.1 任务布置及分析

整合网站主要是指从全局角度设置网站的超链接，以便对网站进行全面的测试。当网站的所有页面都制作完毕后，用户一定要注意正确设置网站的超链接。

4.1.2 操作步骤

(1) 启动Dreamweaver，打开已建立的站点，打开网站首页index.html。

(2) 正确设置绝对路径链接。信息学院中的“便民网址”及“友情链接”这两栏均是绝对路径链接，因此在设置链接地址时，地址开头必须是以http://开始的，否则超链接将出现打不开目标页面的错误。

(3) 框架页面之间的链接。检查用框架或iframe建成的网页，单击网页内容的目录，看其显示是否正常。

(4) 将空链接或临时链接设置为实际链接地址。在前面制作案例中，由于许多超链接的目标页面尚未完成，因此应先设为空链接。重新检查这些链接并把它设置为实际链接的地址。

(5) 特殊文件的存放位置。在本网站中用到模板文件及外部的CSS文件，应特别注意模板文件和CSS文件是否存放在\Templates和CSS文件夹下面。

4.1.3 举一反三练习

1. 完成“美食大嘴”的站点测试及修改。
2. 完成自行设计网站的站点测试及修改。

任务 4.2　本地站点测试网站

4.2.1　任务布置及分析

在将站点上传到服务器并声明其可浏览之前，应在本地对其进行测试。实际上，在站点建设过程中，应经常对站点进行测试并解决所发现的问题，以避免重复出错。

在测试网站时，应该确保页面在浏览器中如预期的那样显示和工作，而且没有断开的链接，并且页面下载也不会占用太长时间。

网站测试的主要参数如下。

(1) 确保页面在浏览器中的显示达到预期效果。

(2) 在不同的浏览器上预览页面。

(3) 检查站点是否有断开的链接。

(4) 监测页面的文件大小以及下载时间。

(5) 运行站点报告来测试并解决整个站点的问题。

4.2.2　操作步骤

(1) 打开网站。启动 Dreamweaver，打开已经建立的站点 xxxy。

(2) 检测浏览器的兼容性。先在 Dreamweaver 中打开需要检查的 HTML 文档，然后执行"文件"→"检查页"→"浏览器兼容性"命令，稍后即可看到目标浏览器的兼容报告，如图 4.1 所示。

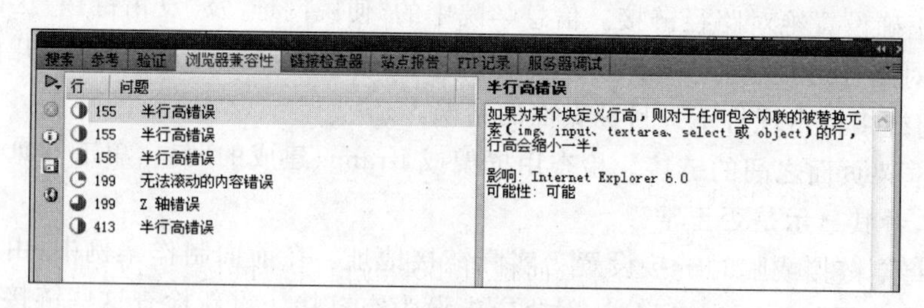

图 4.1　目标浏览器的兼容报告

(3) 检查站点的链接错误。执行"窗口"→"结果"→"链接检查器"命令，即可在"链接检查器"选项卡中看到链接检查结果，如图 4.2～图 4.4 所示分别显示断掉的链接、外部链接、孤立文件。

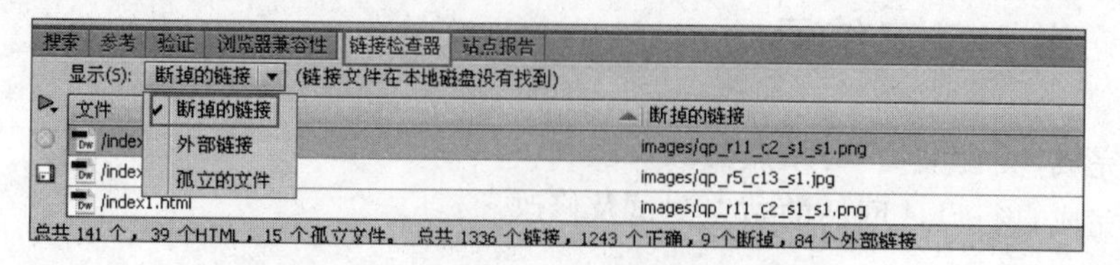

图 4.2　断掉的链接

图 4.3　外部链接

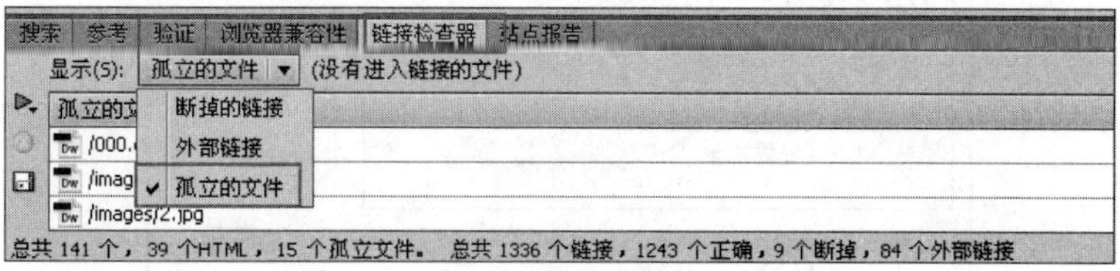

图 4.4　孤立的文件

在链接检查器的结果文件窗口右击，在弹出的快捷菜单中可以选择“检查整个当前本地站点的链接”或“检查站点中所选文件的链接”命令，如图 4.5 所示。从而达到检查整个站点的所有文件或检查单个文件的目的。

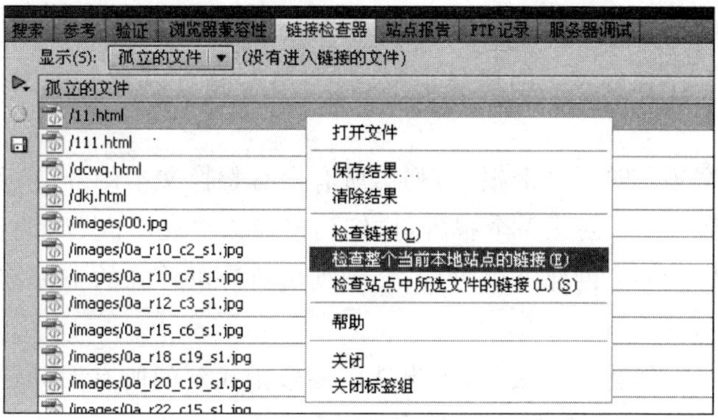

图 4.5　检查单个文件还是整个站点的所有文件

(4) 修复错误的链接。想要修复上面检查出来的错误的链接，可以在以上窗口中直接双击相应的选项进行修改。

(5) 运行报告测试站点。用户可以对当前文档、选定文件或整个站点的工作流程或 HTML 属性运行站点报告。还可以使用报告命令来检查站点中的链接。

工作流程报告可以改进 Web 小组各成员之间的协作。用户可以运行工作流程报告，这些报告可以显示谁取出了哪个文件、哪些文件具有与之关联的设计备注以及最近修改了哪些文件等。

运行报告测试站点的方法如下。

① 执行“站点”→“报告”命令，弹出“报告”对话框。

② 在“报告”对话框中，从“报告在”下拉列表中选择要报告的内容，并设置要运行的任意一种报告类型(工作流程或 HTML 报告)，如图 4.6 所示。

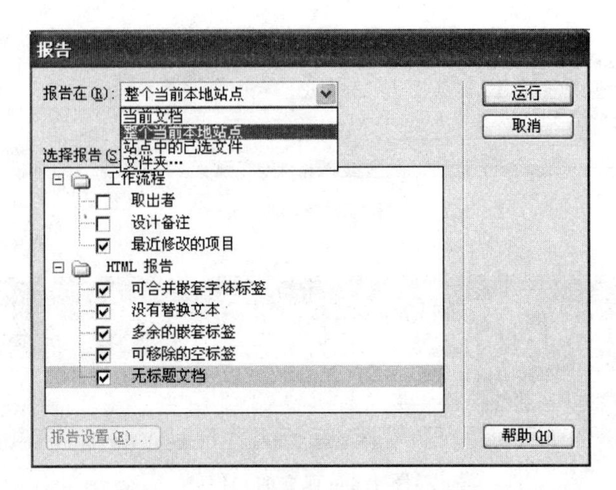

图 4.6　设置报告内容和报告类型

“报告”对话框中各选项的含义如下。

a. 取出者：创建一个报告，列出某特定小组成员取出的所有文档。

b. 设计备注：创建一个报告，列出选定文档或站点的所有设计备注。

c. 最近修改的项目：创建一个报告，列出在指定时间段内发生更改的文件。

d. 可合并嵌套字体标签：创建一个报告，列出所有可以合并的嵌套字体标签，以便清理代码。

e. 没有替换文本：创建一个报告，列出所有没有替换文本的 img 标签。

f. 多余的嵌套标签：创建一个报告，详细列出应该清理的嵌套标签。

g. 可移除的空标签：创建一个报告，详细列出所有可移除的空标签以便清理 HTML 代码。

h. 无标题文档：创建一个报告，列出选定参数中找到的所有无标题的文档。

③ 单击“运行”按钮，创建报告，“站点报告”选项卡中将显示一个结果列表如图 4.7 所示，同时将自动打开浏览器显示的报告结果，如图 4.8 所示。

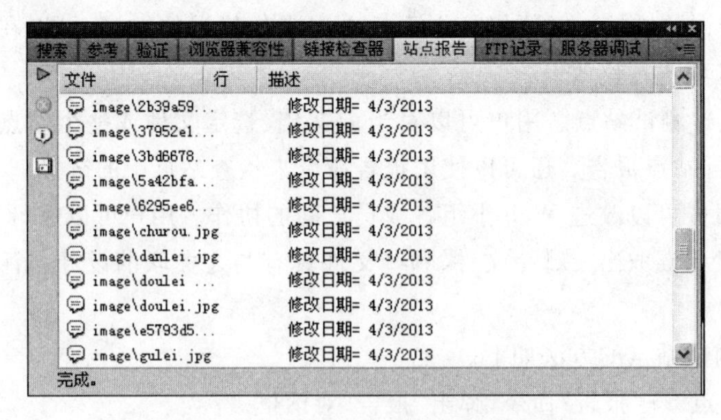

图 4.7　“站点报告”选项卡中的结果列表

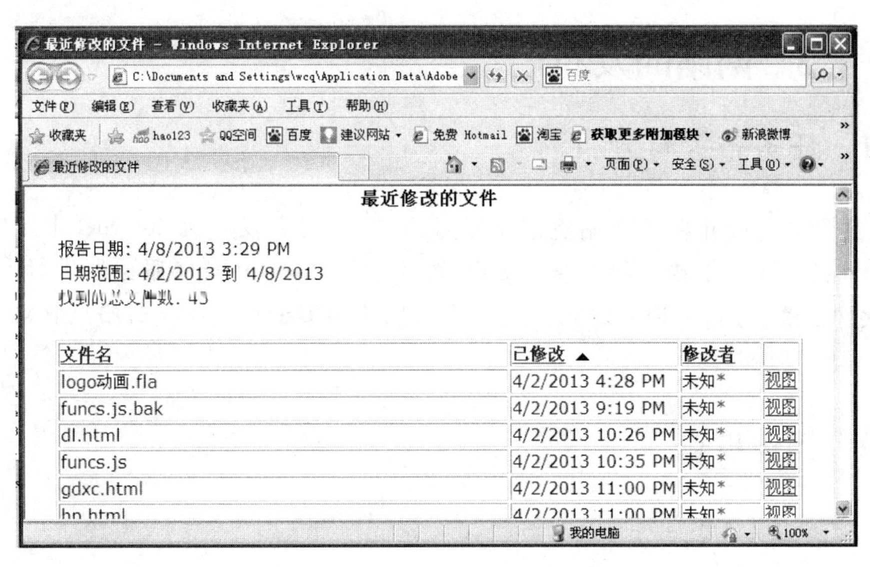

图 4.8　浏览器中的报告结果

④ 保存报告。运行报告后，用户可以单击“站点报告”选项卡左侧的“保存”按钮，如图 4.9 所示，将报告保存成一个 XML 文件。

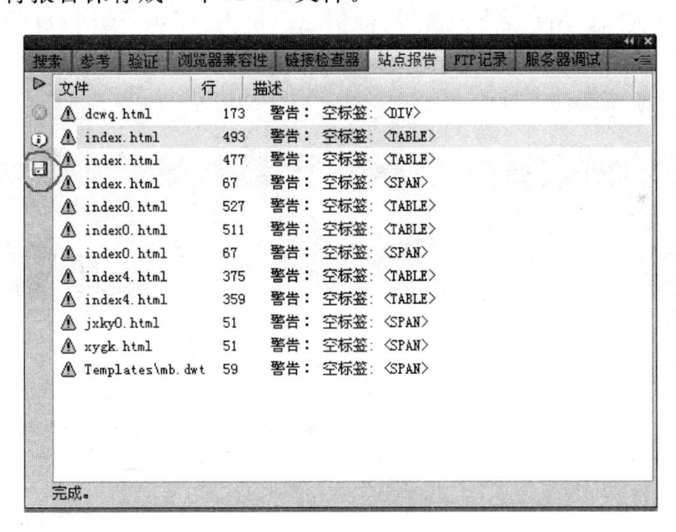

图 4.9　保存报告

4.2.3　举一反三练习

1. 完成“美食大嘴”的站点报告保存。
2. 完成自行设计网站的报告保存。

任务 4.3 网站的发布

4.3.1 任务布置与分析

网站设计完成并在本地站点测试通过后，必须把它发布到 Internet 上才能形成真正的网站。网页上传一般是通过 FTP 软件工具连接 Internet 服务器进行上传的。FTP 软件很多，有 CuteFtp、LeapFtp 等，也可以使用 Dreamweaver 的站点管理器上传网页。

4.3.2 操作步骤

1. 设置远程站点

执行"站点"→"管理站点"命令，打开"管理站点"对话框，如图 4.10 所示。选择"信息学院"站点后，再单击"编辑"按钮。进入"站点设置对象"对话框，如图 4.11 所示。选择其中的"服务器"，单击"添加新的服务器"按钮，进入如图 4.12 所示的对话框，输入从服务商处得到的"FTP 地址"、"用户名"、"密码"等信息。单击"测试"按钮，待测试成功后，再单击"保存"按钮。返回到图 4.13 所示的窗口。再单击"保存"按钮，返回到图 4.14 所示的窗口，再单击"完成"按钮。

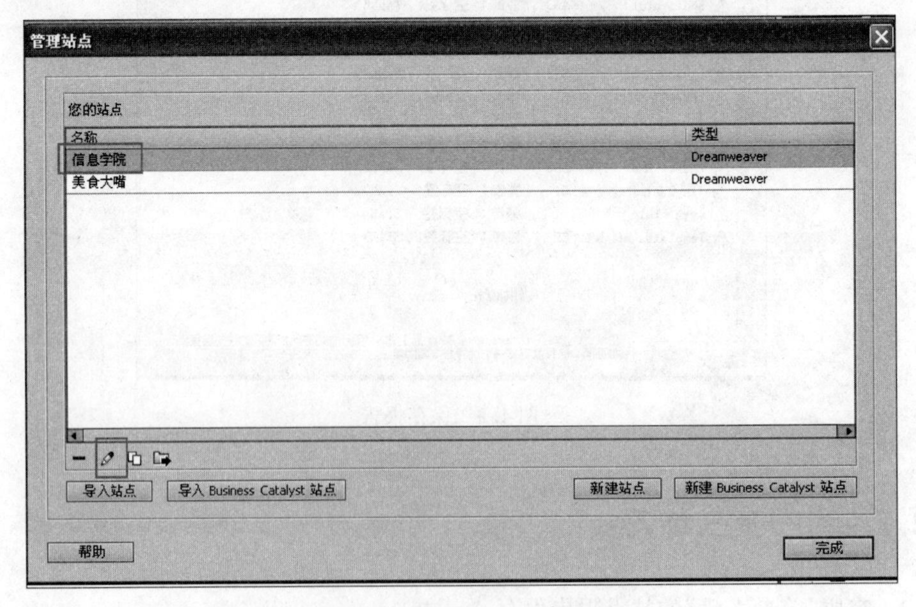

图 4.10 "管理站点"对话框

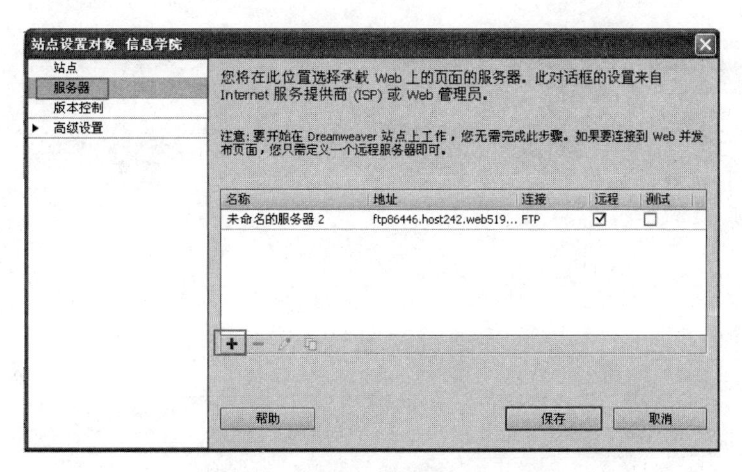

图 4.11　“站点设置对象”对话框

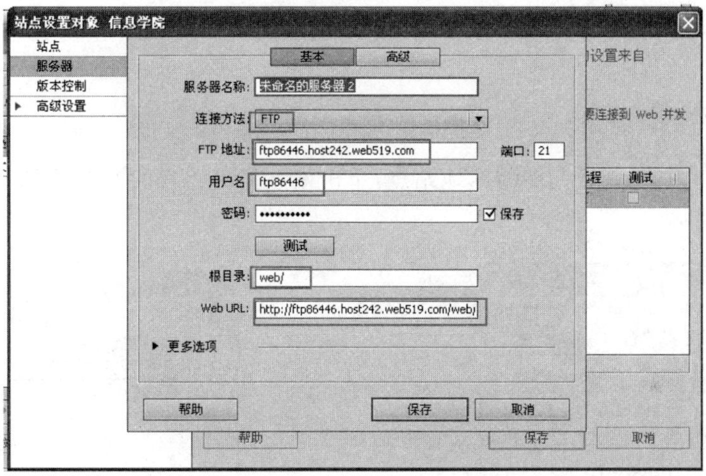

图 4.12　设置服务器信息

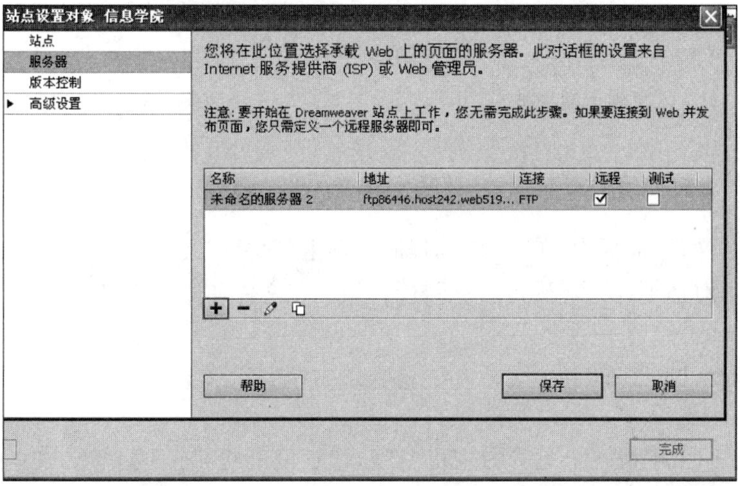

图 4.13　单击“保存”按钮

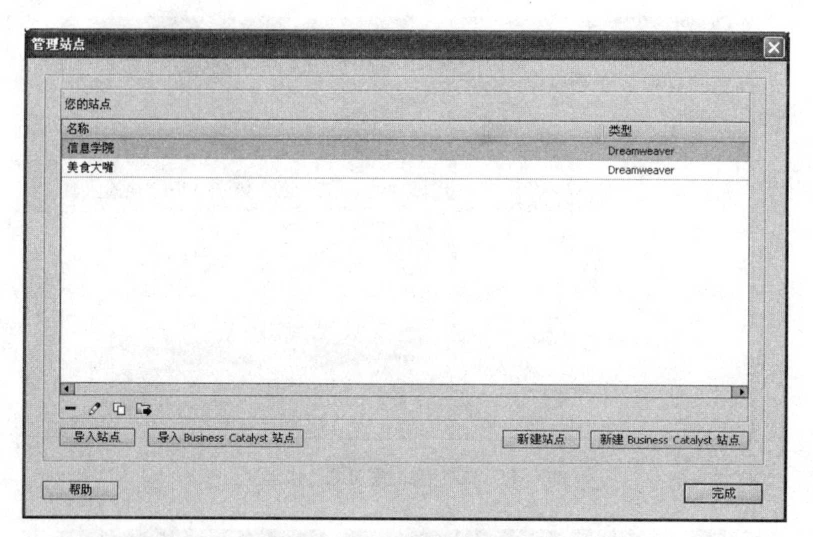

图 4.14 单击“完成”按钮

2. 连接服务器

在站点窗口中显示要上传的本地站点，单击站点窗口上方的“连接到远端主机”按钮，如图 4.15 所示。

图 4.15 连接到远端主机

图 4.16 上传文件

3. 文件的上传和下载

在站点的“文件”面板中，单击“向远程服务器上传文件”按钮，如图 4.16 所示，弹出如图 4.17 所示的对话框，单击“确定”按钮，便开始上传文件如图 4.18 所示。

4.3.3 举一反三练习

1. 到互联网上申请一个免费的主机空间，记下网站提供的域名及 FTP 服务器地址和 FTP 用户名及密码，并设置服务器信息。把“美食大嘴”上传到免费空间中。

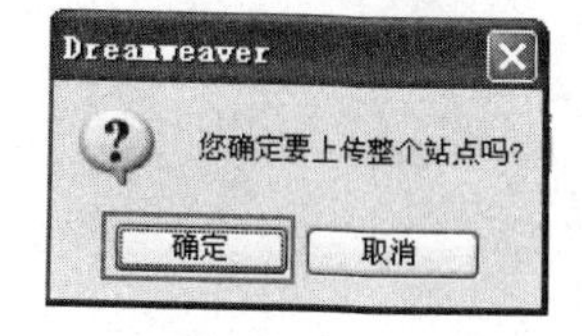

图 4.17　确定

图 4.18　文件上传中

2. 用以上同样的方法把自行制作的网站上传到免费空间中。

参考文献

[1] 刘瑞新.网页设计与制作教程[M].4版.北京:机械工业出版社,2012.
[2] 何福男.网站设计与网页制作项目教程[M].北京:电子工业出版社,2012.
[3] 王晓峰.网页美术设计原理及实战策略[M].北京:清华大学出版社, 2011.
[4] 黄爱娟.Dreamweaver CS5 完全自学一本通[M]. 北京:电子工业出版社,2010.